农业信息遥感监测理论与方法应用

主 编 李 颖
副主编 张成才 陈怀亮 罗蔚然
　　　 邹春辉 李军玲

黄河水利出版社
·郑州·

内 容 提 要

本书以作物生长过程监测、蒸散发反演、土壤墒情反演、作物产量估算、农业气象灾害监测、田块与作物精细识别等为核心,深度挖掘了遥感技术在农业领域的创新应用。

图书在版编目(CIP)数据

农业信息遥感监测理论与方法应用/李颖主编.—郑州:黄河水利出版社,2024.1
ISBN 978-7-5509-3835-9

Ⅰ.①农… Ⅱ.①李… Ⅲ.①遥感技术-应用-作物监测 Ⅳ.①S127

中国国家版本馆 CIP 数据核字(2024)第 041731 号

责任编辑	郭琼	责任校对	韩莹莹
封面设计	黄瑞宁	责任监制	常红昕

出版发行 黄河水利出版社
　　　　　地址:河南省郑州市顺河路 49 号　邮政编码:450003
　　　　　网址:www.yrcp.com　E-mail:hhslcbs@126.com
　　　　　发行部电话:0371-66020550
承印单位　河南新华印刷集团有限公司
开　　本　787 mm×1 092 mm　1/16
印　　张　18
字　　数　416 千字
版次印次　2024 年 1 月第 1 版　　2024 年 1 月第 1 次印刷
定　　价　108.00 元

序

当今世界，气候变化加剧，极端天气频现，给中国农业发展带来诸多不确定性。粮食安全作为"国之大者"的地位愈发凸显。遥感作为一种非接触性远距离探测技术，已成为农田管理、作物监测、产量估算、资源分配等方面不可或缺的重要手段。近年来，卫星遥感技术发展快速，一系列高空间、高时间和高光谱分辨率的遥感卫星，如我国 GF 系列卫星，被成功发射并投入使用，极大地提升了遥感数据的采集能力。中国的遥感技术和应用呈现出多元化、精确化、精细化的发展趋势，农业遥感也取得颇多理论研究与应用成果。

本书是作者多年科研创新与实践的结晶。全书介绍了遥感技术在农业监测中的应用，聚焦于作物生长过程监测、蒸散发与土壤墒情监测、作物模型的区域化应用与产量估算、农业气象灾害监测等关键领域。本书详细阐述了作物生长曲线重构及关键物候期监测方法，遥感技术如何用于作物蒸散发估计、作物缺水指数计算、土壤墒情反演，基于农业气候分区的作物模型本地化、作物模型（WOFOST、WheatSM 模型）与遥感信息同化应用，遥感技术应用于农业气象灾害实时监测和评估等内容，还阐述了高光谱技术在农业中的应用及深度学习技术在农田田块提取中的应用。本书在写作结构上，从研究背景、研究内容、数据获取、研究方法，到研究结果介绍，颇有特色。本书内容丰富、资料翔实、结构完整，提供了农业信息遥感监测理论与方法应用系统而详尽的知识内容。

本书的完成得益于作者长期致力于农业遥感监测理论与应用研究，作者在农业遥感技术的研究和应用方面有着丰富的经验，深知农业监测的重要性以及遥感技术在这一领域的巨大潜力。全书以专业知识和实践经验为基础，展示了农业遥感监测的实际应用成果和前沿技术。通过理论和实证研究的结合，读者可深入了解遥感技术在解决农业监测难题中的作用，而这些成果也可为农业生产科学、精准管理提供理论与技术支撑。

在农业管理和监测更为精准与快速的当今，本书的出版将是一件非常重要和有益的事情，在农业遥感监测理论、方法及应用方面将具有重要的学术意义和参考价值。

冯利平

2023 年 11 月 30 日

前　言

粮食安全是"国之大者"。历年来,我国各级政府高度重视粮食安全,始终把解决好十几亿人口的吃饭问题作为治国理政的头等大事,推进农业农村现代化,实施国家粮食安全战略,不断提高粮食综合生产能力。作为人口大国,我国的农业发展直接关系到区域乃至全球的粮食安全。遥感作为一种非接触性远距离观测技术,可以快速、直观和大范围地对农业种植区进行监测,在农田管理、作物监测、辅助决策等方面发挥着重要作用。近年来,随着卫星遥感技术的快速发展,特别是我国 GF 系列卫星的成功发射,形成了具有高空间分辨率、高时间分辨率、高光谱分辨率的对地观测系统,为农情监测提供了更高效、全面、精确的观测手段,也为加快发展精准农业、实现农业现代化提供了便利。

目前,针对农情监测的理论方法尚不完备,迫切需要发展智能化、精细化、精确化的监测技术。本书以作物生长过程监测、蒸散发反演、土壤墒情反演、作物产量估算、农业气象灾害监测、田块与作物精细识别等为核心,深度挖掘了遥感技术在农业领域的创新应用;深入剖析了作物生长过程的遥感监测案例,为读者提供了了解作物生长发展的关键技术;重点关注了农业干旱监测,包括蒸散发反演、作物缺水指数计算、土壤墒情反演,在这个关键领域,遥感技术的应用为我们提供了解决农业干旱问题的新途径。作物估产一直是农业决策的核心任务,本书聚焦于作物模型与遥感信息的同化技术,为作物估产提供了科学而实用的方法。本书同样关注于多种农业气象灾害监测,提供了灵敏而全面的灾害监测评估技术,有助于提高农业气象灾害发生时的应急响应水平。同时,田块与作物识别作为农业遥感的关键任务,本书也对其进行了深入探讨,为精细化的农田管理提供了技术支持。

这些研究成果是作者多年来科研创新与实践的结晶,成果的取得离不开国家自然科学基金及河南省基础与前沿技术研究计划项目等多个项目的大力支持。凭借基金和项目的支持,我们得以深入挖掘农业遥感的潜力,为农业现代化与可持续发展贡献一份微薄之力。本书内容丰富、逻辑严密,为读者提供了系统而详尽的知识体系和实用技术。全书共 8 章,包括六部分内容。

第一部分(第 1 章):作物生长过程监测。该部分详细探讨了作物生长曲线重建及关键物候期监测方法。面向长时间序列遥感数据,提出基于迭代 Savitzky-Golay(简称 S-G)滤波的作物生长曲线重建方法,建立了作物生长曲线特征点位与作物物候期之间的最佳匹配关系。

第二部分(第 2 章、第 3 章、第 4 章):蒸散发反演与土壤墒情反演。该部分深入研究了遥感技术如何用于实现蒸散发反演、作物缺水指数计算、土壤墒情反演。其中,第 2 章涉及的技术包括 SEBS 模型、改进作物缺水指数,第 3 章、第 4 章主要应用微波遥感数据进行土壤墒情反演,涉及的技术主要为水云模型和自适应极化分解。

第三部分(第 5 章):作物模型的区域化应用与产量估算。该部分聚焦于作物模型本地化及与遥感信息耦合估产,详细介绍了基于农业气候分区的作物模型本地化方法,以及 WOFOST、WheatSM 模型与遥感信息的同化应用。

第四部分(第 6 章):多种农业气象灾害监测。介绍了遥感技术在农业气象灾害监测中的应用,包括干热风、干旱、洪涝、阴雨、冻害等极端天气事件对农业影响的实时监测和评估。

第五部分(第 7 章):高光谱技术在农业中的应用。首先介绍了高光谱技术的基本原理和优势。随后详细探讨了高光谱数据在作物叶面积指数和叶绿素估算中的应用,为遥感农情监测提供更为详细的信息。

第六部分(第 8 章):深度学习技术在田块与作物识别中的应用。该部分首先介绍了深度学习的基本网络结构,之后重点介绍了遥感数据在深度学习支持下在农田地块提取和作物识别中的应用,包括精细化的田块分割、高光谱图像分类等技术。

本书各章节写作分工如下:第 1 章、第 2 章、第 5 章由李颖、陈怀亮编写;第 3 章、第 4 章由张成才、罗蔚然编写;第 6 章由邹春辉、李颖编写;第 7 章由李军玲编写;第 8 章由罗蔚然、李颖编写。全书由李颖和罗蔚然统稿。本书在资料收集、数据处理和文字整理过程中,得到了河南省气象科学研究所、郑州大学、中国农业大学各位同仁的大力支持和帮助,田宏伟、李彤霄、余卫东、方文松、郭其乐、胡程达等学者和李耀辉、梁辰、程耀达、张宇、张乐乐、李艳、韦原原、郑东东、娄洋、恒卫冬等研究生参与了较多相关研究工作,特此致谢。对其他参与了相关工作,对本书做出贡献,但未一一具名的学者们和同学们,在此一并表示感谢。

最后,希望本书有助于读者掌握更多农情遥感监测理论、方法及应用知识,激发更多读者对农业遥感领域的兴趣。鉴于作者水平有限,书中遗漏和错误之处在所难免,恳请广大读者批评指正。

编　者

2023 年 11 月

目 录

第1章　作物生长曲线重建与物候期监测 …………………………………………… (1)
　1.1　研究背景与研究内容 …………………………………………………………… (1)
　1.2　作物生长曲线重建 ……………………………………………………………… (2)
　1.3　夏玉米物候期监测 ……………………………………………………………… (10)
　参考文献 ………………………………………………………………………………… (17)

第2章　作物蒸散发反演与干旱监测 ………………………………………………… (20)
　2.1　研究背景与研究内容 …………………………………………………………… (20)
　2.2　研究区与数据源 ………………………………………………………………… (21)
　2.3　冬小麦区蒸散发反演 …………………………………………………………… (23)
　2.4　农业干旱遥感监测 ……………………………………………………………… (31)
　参考文献 ………………………………………………………………………………… (37)

第3章　基于改进水云模型的冬小麦土壤墒情反演 ………………………………… (41)
　3.1　研究背景与研究内容 …………………………………………………………… (41)
　3.2　研究区与数据处理 ……………………………………………………………… (42)
　3.3　植被含水量计算与土壤后向散射模拟 ………………………………………… (53)
　3.4　利用多模型耦合的冬小麦土壤墒情反演方法 ………………………………… (67)
　参考文献 ………………………………………………………………………………… (78)

第4章　基于自适应极化分解技术的冬小麦土壤墒情反演方法 …………………… (82)
　4.1　研究背景与研究内容 …………………………………………………………… (82)
　4.2　利用自适应极化分解技术估算土壤后向散射系数 …………………………… (82)
　4.3　土壤墒情反演及精度评价 ……………………………………………………… (87)
　参考文献 ………………………………………………………………………………… (96)

第5章　作物模型的区域化应用及与遥感信息耦合估产 …………………………… (99)
　5.1　研究背景与研究内容 …………………………………………………………… (99)
　5.2　基于农业气候分区的作物模型本地化 ………………………………………… (100)
　5.3　两种同化策略下的遥感信息与作物模型耦合估产 …………………………… (114)
　5.4　作物模型与遥感信息双变量同化 ……………………………………………… (128)
　参考文献 ………………………………………………………………………………… (145)

第6章　基于卫星遥感的农业气象灾害监测方法 …………………………………… (148)
　6.1　研究背景与研究内容 …………………………………………………………… (148)
　6.2　河南省主要农业气象灾害指标 ………………………………………………… (149)
　6.3　农业气象灾害监测与评估模型研究 …………………………………………… (155)
　6.4　主要粮食生产灾害监测预警信息系统 ………………………………………… (202)

参考文献 …………………………………………………………………（207）
第7章　高光谱遥感技术在农业中的应用 ……………………………………（209）
　7.1　研究背景 …………………………………………………………………（209）
　7.2　高光谱遥感介绍 …………………………………………………………（210）
　7.3　高光谱遥感技术在农业中的应用 ………………………………………（211）
　7.4　冬小麦越冬中期冻害高光谱敏感指数研究 ……………………………（213）
　7.5　冬小麦叶面积指数地面高光谱遥感模型研究 …………………………（223）
　　参考文献 …………………………………………………………………（231）
第8章　深度学习技术在田块与作物识别中的应用 …………………………（236）
　8.1　研究背景与研究内容 ……………………………………………………（236）
　8.2　全卷积网络与半监督学习 ………………………………………………（238）
　8.3　多任务学习网络的农田地块提取方法 …………………………………（241）
　8.4　深监督伪学习的高光谱影像分类方法 …………………………………（258）
　　参考文献 …………………………………………………………………（275）

第1章 作物生长曲线重建与物候期监测

1.1 研究背景与研究内容

1.1.1 研究背景

植被指数是根据植被对可见光和近红外波段不同光谱的响应特性,利用卫星不同波段探测数据组合而成的、能反映植物生长状况的表征参数,也称为植被绿度值。它是时间(太阳位置)、大气环境、地表环境和传感器状况的函数,常用的有归一化植被指数(normalized differential vegetation index,NDVI)、增强型植被指数(EVI)、差值植被指数(RVI)等。利用遥感对植被生长过程进行持续监测,可获得植被指数时间序列数据,进而可以获得植被生长过程曲线。该曲线在横向上(时间轴)与作物物候和种植模式相关,并具有年际和季节变化特征;在纵向上(强度轴)与植被生长状态和植被覆盖度相关,是植被整个生育期各种生物学特征的综合反映,广泛应用于土地覆盖分类、农作物种植面积遥测、生育期提取、长势监测和产量预测等。遥感植被指数具有空间覆盖范围广、时间序列长、数据具有一致可比性等优势,但由于大气、土壤和传感器角度等因素的影响,遥感获取的观测值不能准确反映地表影响信息,据之反演的植被指数普遍低于真实值,无法表达出地表植被准确的时间和强度特征。虽然各种遥感产品针对这种影响进行了相关处理,但由于实际情况复杂,残余噪声和由处理产生的相关噪声的影响仍不容忽略。因此,研究植被生长曲线重建技术,提高遥感数据的可靠性,对定量遥感应用意义重大。

关于植被生长曲线重建的研究,国内外学者提出了许多方法。根据选取空间域的不同可分为两大类:一种是基于时间域的重建方法,比较典型的有最小二乘滑动拟合(Savitzky-Golay)法、最大值合成(MVC)法、最佳指数斜率提取(BIAS)法、Logistic函数拟合法、非对称高斯模型拟合法等;另一种是基于频率域的重建方法,代表方法有快速傅里叶变换法和小波变换法等。基于时间域的方法,根据植被指数在时间上的相关性,按一定宽度将整个序列分为相同的时间段,对各段内的指数进行统计分析,将不符合统计特征的指数去除,恢复无噪声的时间序列数据;该方法重建的效果主要依赖分段宽度和统计模型的参数,这些参数主要根据操作者的经验来确定。基于频率域的方法是根据噪声往往存在于高频区域,经过小波或傅里叶变换获得时间序列的频率域信息,然后对高频区域进行处理,通过逆变换重建植被指数时间序列;该方法缺少对植被指数季节性突变导致的植被指数变化的描述,重建结果会导致数据有所偏移。

作物物候期是重要的农业生态系统特征,准确获取作物的物候信息是农业生产、田间精细管理、计划决策等的重要依据,对于监测作物长势、进行作物种植管理、预测作物产量等具有重要意义。遥感技术可用于监测植被对气候的响应和作物物候期的变化,利用遥感时间序列数据集提取物候信息在监测植被物候动态变化趋势、评估季节条件和季节变化下的植被覆盖与植被响应、预测作物产量、优化作物和生态等动力模型的状态变量等诸多方面有广泛的应用。尽管以高空间分辨率、高光谱分辨率遥感数据为主要信息源的农情精准监测已有大量研究,但对大尺度区域监测而言,无论是从数据获取难易程度,还是从数据成本、时间效率等方面来看,低空间分辨率的多光谱卫星遥感数据仍然具有应用优势,其中以 AVHRR 和 MODIS 等数据应用最为广泛,生成以归一化植被指数和增强型植被指数为代表的植被指数数据,因其具有良好的时间序列特性,可以较好地描述不同类型植被的生长过程,是物候期遥感监测中使用最多的数据。虽然此类数据的空间分辨率就中国中东部地区的农田规模化程度和农田破碎度而言相对较粗,但在相似的生态区内作物物候期进程相对一致,低空间分辨率影像仍可反映区域作物物候信息。由于植被指数时间序列受大气污染等的影响,在时间上和空间上存在不连续性,在物候研究之前需要对表征植被生长过程的遥感时间序列数据进行平滑,再根据去除噪声后的遥感植被生长曲线的特征提取物候信息。

1.1.2 研究内容

(1)利用 FY-3 MERSI 数据构建研究区植被指数时间序列数据,分别采用时域去噪的 S-G 迭代滤波取上包络线方法和频域去噪的小波方法,对原始序列进行滤波处理;对比两种方法的去噪效果,最终选取迭代 S-G 滤波作为作物生长曲线重建的优选去噪方法。

(2)综合采用最大值合成、改进的 S-G 迭代滤波方法和 Logistic 拟合法,提高对作物归一化植被指数生长曲线重构的质量和重构后数据的时间分辨率。提取重建后作物生长曲线的特征点位,通过比较分析不同特征点位对应日期与作物进入不同物候期的实际日期之间的匹配情况,建立作物生长曲线特征点位与作物物候期之间的最佳匹配关系。

1.2 作物生长曲线重建

1.2.1 研究区域与数据源

1.2.1.1 研究区域

研究区位于河南省北部的鹤壁市,该市处于太行山东麓向华北平原过渡带,地理范围为 35°26′~36°02′E、113°59′~114°45′N,南北长 67 km,东西宽 69 km,总面积 2 182 km²。该地区属暖温带半湿润型季风气候,四季分明,光照充足,温差较大,年平均气温 14.2~15.5 ℃,年降水量 349.2~970.1 mm,年日照时数 1 787.2~2 566.7 h。农业经济较为发达,是我国玉米主要种植区之一,其他主要农作物有小麦、棉花、油料等。

1.2.1.2 数据源与预处理

FY-3 气象卫星是我国新一代极轨气象卫星,其搭载的中分辨率光谱成像仪(MERSI)与美国的 MODIS 传感器的光谱通道相似。其空间分辨率在可见光到近红外波段为 250 m,但其时间分辨率较高,对同一地点可以进行一天一次的访问,因此 MERSI 数据十分适合作为构建植被指数时间序列的数据源。本节所用的 MERSI 数据为 2013 年 5 月 1

日到 10 月 15 日共 79 幅影像数据（部分日期无数据），所有影像的地表反射率数据都经过了几何校正、辐射校正和大气纠正。MERSI 数据和 MODIS 数据波段相似，因此可以直接利用 MERSI 数据来计算增强型植被指数（EVI）。MERSI 增强型植被指数计算公式如下：

$$EVI = G \times \frac{\rho_{NIR} - \rho_{red}}{\rho_{NIR} + C_1 \times \rho_{red} - C_2 \times \rho_{blue} + L} \tag{1-1}$$

式中：ρ_{NIR}、ρ_{red}、ρ_{blue} 分别为近红外光、红光和蓝光通道的反射率值，分别对应 MERSI 的 3、4、1 波段；系数（与 MODIS 的 EVI 公式系数相同）$L=1$、$C_1=6$、$C_2=7.5$、$G=2.5$。

将计算结果按时间顺序分别叠加到一幅影像中，获得鹤壁市的 EVI 时间序列数据。图 1-1 为鹤壁市某一典型冬小麦-夏玉米像元的 EVI 时间序列。云层和大气对红外波段和近红外波段的屏蔽作用缩小了两个波段的反射信号差异，对植被指数起到了抑制作用，加上太阳和传感器位置及地表环境等其他不利因素影响，导致图 1-1 中的 EVI 时间序列数据存在大量的突降噪声点。为了反映作物的自然生长规律、获得较平滑的生长曲线，需要对该曲线进行去噪平滑处理。

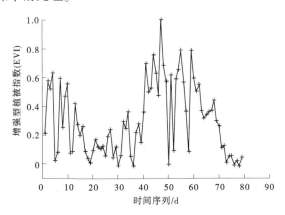

图 1-1　原始 EVI 时间序列数据

1.2.2　研究方法

1.2.2.1　最大值合成

本节首先采用 MVC 对 EVI 时间序列数据进行合成处理以减少云层的影响，时间间隔采用应用较广泛的 10 d 进行旬最大值合成。8 月中旬、9 月中旬和下旬缺少数据，利用 2012 年同一时间的数据来代替 2013 年 9 月中旬和下旬的数据（相邻年份大面积农作物地区地表覆盖变化不会太大）；但 8 月中旬在 2012 年也没有可用影像数据，因此用 2013 年 8 月上旬和 8 月下旬的平均值来代替。图 1-2 为图 1-1 原始 EVI 数据经过旬最大值合成得到的 EVI 时间序列数据。

图 1-2 中的 EVI 生长曲线虽然已经去除了大部分的噪声，但仍然存在一些较为明显的噪声点，如 7 月中旬和 9 月上旬，在这两点处 EVI 值突然降低。通过查阅历史气象数据发现：2013 年 7 月中旬和 9 月上旬鹤壁市为连续的阴雨天气，由于云层的遮挡，在这两段

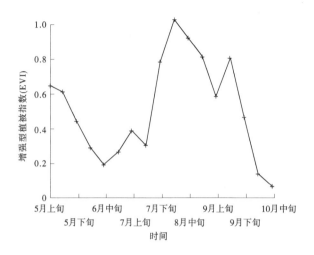

图 1-2　MVC 合成的 EVI 时间序列数据

时间内的 EVI 值明显降低,因而需要对旬最大值合成的 EVI 时间序列进行进一步的去噪平滑处理,以获取更加准确的 EVI 时间序列数据。

1.2.2.2　Savitzky-Golay 滤波及其改进

Savitzky 和 Golay(1964)提出 S-G 滤波器,又称最小二乘法或平滑多项式滤波器。该滤波方法实际上是一种局部多项式最小二乘法的曲线拟合,拟合后的数据能够提高较低值。这种算法可以简单理解为权重滑动平均滤波,其权重取决于滤波窗口宽度和做多项式最小二乘法拟合的多项式次数。Madden 等于 1978 年提出构造 S-G 滤波器的简单算法,该算法根据输入的滤波窗口宽度和多项式次数生成滤波器。然后利用该滤波器对原始序列进行卷积计算,卷积公式如下:

$$Y_j^* = \frac{\sum_{i=-m}^{m} C_i Y_{j+i}}{N} \tag{1-2}$$

式中:Y 为 EVI 的原始值;Y_j^* 为 EVI 的拟合值;C_i 为第 i 个 EVI 值滤波时的系数(由 Madden 算法计算);N 为卷积的数目,也等于滤波窗口的宽度($2m+1$)。S-G 滤波效果与两个输入参数有关,一个是滤波器窗口宽度,另一个是多项式次数。通过试验发现,当 $m=4$ 即窗口宽度为 9,多项式次数为 2 时对 EVI 时间序列数据的平滑效果较好。图 1-3 为经过一次 S-G 滤波后的 EVI 时间序列数据。

图 1-3 中 ▫ 为 MVC 合成后的 EVI 时间序列,▲ 为经过 1 次 S-G 滤波后获得的 EVI 时间序列。滤波后的 EVI 时间序列在 7 月中旬和 9 月上旬(图中 8 号和 13 号点)处将噪声点提高,但在部分其他非噪声点处却将值降低了,这明显是不合理的。因而,在 S-G 方法的基础上,本节提出了一种迭代滤波取上包络线的方法,对 MVC 合成的 EVI 时间序列进行平滑去噪处理。

该方法将 EVI 时间序列数据中的点分为"真"值点(大值点)和"假"值点(小值点),通过循环迭代的方式使"假"值点(小值点)被 S-G 滤波后的"真"值点(比滤波前值大的

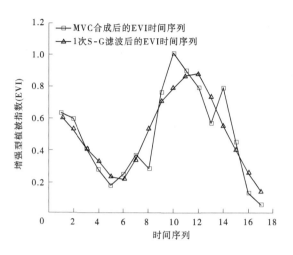

图 1-3 一次 S-G 滤波后的 EVI 时间序列数据

数据点)取代,与"真"值点重新合成新的较为平滑的 EVI 时间序列(在收割季节进行取小值处理),然后重复上述步骤,逐步拟合以更接近于 EVI 时间序列的上包络线值,其流程如图 1-4 所示。

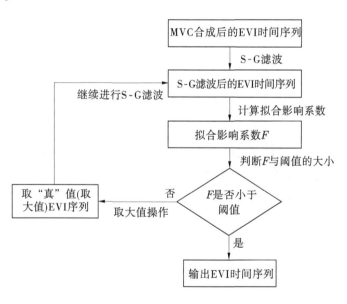

图 1-4 S-G 滤波迭代流程

随着迭代次数的增加,拟合值与"真"值越来越接近,拟合效果也越来越不明显,本节引进拟合影响系数来确定拟合效果,当拟合影响系数小于某一阈值时停止滤波。该拟合影响系数的计算公式如下:

$$F_j = \sum_{i=1}^{N} (Y_i^* - Y_i)^2 \qquad (1\text{-}3)$$

式中：F_j 为第 j 次 S-G 滤波拟合影响系数；Y_i^* 为第 j 次拟合后的值；Y_i 为第 $j-1$ 次拟合后取真值的数据。随滤波次数的增加，拟合影响系数 F 的值越来越小，并且其变化幅度也越来越小。当滤波次数达到 6 次时再进行滤波，EVI 时间序列基本再没有什么变化，因此本节选第 6 次滤波后的拟合影响系数 0.02 作为拟合影响系数的阈值条件。

1.2.2.3 小波去噪

1986 年著名数学家 Y. Meyer 构造出第一个小波基，并与 S. Mallat 合作建立了构造小波基的统一方法，小波分析便迅速发展起来。在去噪领域，小波理论受到了许多学者的重视，应用小波进行去噪获得了非常好的效果。小波去噪方法的成功主要得益于小波变换的低熵性、多分辨率、去相关性和小波基的灵活性。小波去噪主要分为三个基本步骤：对信号进行小波变换；对变换后的小波系数进行处理，去除包含噪声的系数；对处理后的小波系数进行小波的逆变换，得到去噪后的信号。Mallat 在 1988 年开发了一种快速离散小波变换的方法，该算法实际上是一种信号的滤波，在数字信号处理中称为双通道子带编码。其滤波过程如图 1-5 所示。

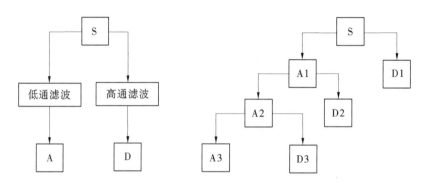

图 1-5　Mallat 小波变换滤波过程

图 1-5 中原始信号 S 经过低通滤波器获得近似信号，经过高通滤波器得到细节信号（噪声信号）。继续对获得的近似信号进行滤波获得下一层的近似信号 A2 和细节信号 D2，如此循环获得各层的近似信号和细节信号。然后对各层分解得到的细节信号进行取舍、抽取等非线性处理，最后利用小波逆变换获得去噪后的信号。Matlab 软件中提供了高效的小波分析工具箱，本节在 Matlab 中进行小波去噪试验。

1.2.3　结果与分析

1.2.3.1　Savitzky-Golay 迭代滤波效果

本节在 IDL8.0 平台下实现上述 S-G 迭代滤波取上包络线的算法，并对前文中 MVC 合成的 EVI 时间序列进行处理。滤波效果如图 1-6(a) 所示，━ 为 MVC 合成后的 EVI 时间序列，▲ 为经过 S-G 滤波处理后的 EVI 序列，━ 为经过取"真"值（取大值）后的序列。第一次 S-G 滤波效果十分明显，将原始 EVI 曲线中明显的两个噪声点修复了，但同时在其他点却将 EVI 值降低了。根据本节提出的迭代滤波算法获得取"真"值的 EVI 曲线，该曲线虽然去除了原始 EVI 中的噪声点且将各处的 EVI 值都有所提高，但其仍不够平滑，特别在 8—9 月（第 10 个到第 15 个点之间）又出现了两个新的突降点。将第一次取"真"

值后的 EVI 时间序列作为输入序列继续进行 S-G 滤波和取"真"值处理获得第二次迭代的结果,取"真"值后的 EVI 时间序列已经比较光滑,但仍有提高的空间[见图 1-6(b)]。随着迭代次数的增加,S-G 滤波后的 EVI 序列不断逼近 MVC 合成后的 EVI 时间序列的上包络线,取"真"值后的 EVI 时间序列越来越平滑且与 S-G 滤波后的结果也越来越接近[见图 1-6(c)~(e)]。进行到第 6 次滤波,计算其拟合影响系数小于设定的阈值停止迭代滤波,同时从图 1-6 中可以发现第 5 次 S-G 滤波后的结果和第 6 次 S-G 滤波后的结果基本没有什么变化[见图 1-6(f)]。

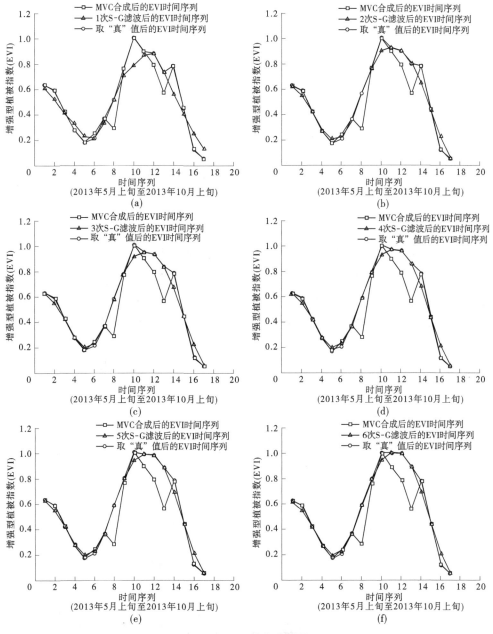

图 1-6　S-G 迭代滤波效果

1.2.3.2 小波去噪效果

本节的 EVI 时间序列的长度为 17,不符合 Mallat 算法的要求,利用 Matlab 小波分析工具箱中的信号扩展工具对原始序列进行向右扩展。选用较为常用的 db 系列小波对 EVI 时间序列进行小波分解,选择软阈值去除信号细节部分(去除噪声),分别进行 1~3 层小波分解。去噪效果如图 1-7 所示,─□─为 MVC 合成后的 EVI 时间序列,─○─为利用 db1 小波对 MVC 合成后的 EVI 时间序列进行一层小波分解去噪结果,─△─为 db1 小波对 MVC 合成后的 EVI 时间序列进行二层小波分解去噪结果,─★─为 db1 小波对 MVC 合成后的 EVI 时间序列进行三层小波分解去噪结果。

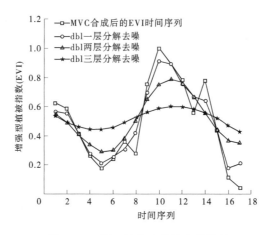

图 1-7 不同层数小波分解去噪效果

选用同一个 db 小波进行分解去噪时,随着小波分解层数的增加,去噪后的序列变得越来越平滑,但序列变形过大。经过一层分解获得的去噪序列在几个噪声点处的 EVI 值都有所提高,去噪后的序列与原序列形状也非常接近。因此,选取一层分解来对 EVI 时间序列进行去噪处理。

确定分解层次后,就要确定用来去噪的母小波。图 1-8 为分别利用 db1、db2、db3 对 MVC 合成的 EVI 时间序列进行一层小波分解后获得的去噪序列,图中 ─□─ 为原始 EVI 曲

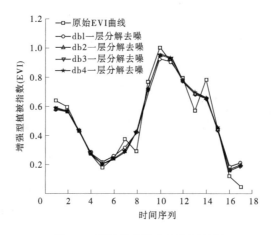

图 1-8 不同母小波分解去噪效果

线,-○-为利用db1进行一层分解去噪后的EVI曲线,-▲-为利用db2进行一层分解去噪后的EVI曲线,-+-为利用db3进行一层分解去噪后的EVI曲线,-+-为利用db4进行一层分解去噪后的EVI曲线。由图1-8可知,随着db小波阶数的增加,去噪后的EVI曲线变化越来越不明显,db3和db4去噪后的曲线就已经几乎重合。选取更高阶数的小波只能增加计算的复杂度且去噪效果也不会再有所变化,因此只需选取db3小波对原始EVI曲线进行分解去噪就可以获得满意的结果。

1.2.3.3 改进Savitzky-Golay滤波与小波去噪效果对比分析

图1-9为改进S-G滤波和小波滤波的效果对比。图中-□-为MVC合成后的EVI时间序列,-○-为本节提出的S-G滤波取上包络线方法处理后的EVI曲线,-▲-为小波去噪后的EVI曲线。7月中旬和9月上旬(连续阴雨天气)、8月中旬(缺少遥感数据)三个时间段的EVI数据均可视为噪声点。经过两种方法去噪后的曲线在这三点均有所提高,均将突降的噪声点去除了。根据遥感植被指数的原理,去噪后的EVI时间序列应当总体上高于原始的EVI时间序列数据。两种滤波方法在噪声点都将EVI值提高了,但小波滤波在其他不是噪声点的地方反而将EVI值降低了,并且在最后一个数据点将EVI值突然提高,没有达到提高EVI时间序列的要求。而本节提出的改进S-G滤波方法在噪声点将EVI值提高,并且在其他非噪声点也将EVI值适当提高,这样的EVI时间序列数据更加符合地面作物的真实EVI时间序列。还有小波去噪的计算过程要比S-G滤波的计算过程复杂,耗时也比较长。综合考虑两种滤波方法的去噪效果和计算效率,最终选取改进S-G迭代滤波的方法对鹤壁市冬小麦-夏玉米原始EVI时间序列数据进行去噪处理。

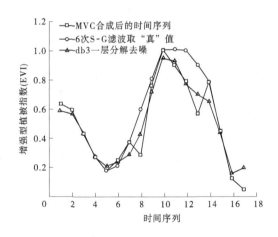

图1-9 S-G滤波和小波去噪效果对比

1.2.4 小结

本节利用FY-3卫星的MERSI中分辨率数据,构建了增强型植被指数(EVI)的时间序列数据,利用旬最大值合成法对原始EVI时间序列数据进行了初步去噪,然后利用经典S-G滤波、改进S-G迭代滤波和小波去噪的方法对MVC合成后的EVI时间序列数据进行进一步的平滑去噪处理。发现改进S-G滤波能够获取原始MVC时间序列数据的较为平滑的上包络线,该包络线比经典S-G滤波和小波去噪后的EVI时间序列更符合地面作物的生长曲线特征,并且该滤波算法易于实现,计算时间要远低于小波去噪。

本节对S-G滤波的输入参数滑动窗口的宽度和拟合多项式次数的选取,是利用试验的方法根据目视效果来选取的。这种参数的选取与原始曲线的形态有关,若整幅影像中的所有曲线都采用相同的滤波参数,有些曲线可能无法获得最优的去噪结果。因此,在今后的研究中,希望获得一种根据输入时间序列的形态自动计算滤波参数的方法来进行整幅影像的S-G滤波方法。在小波去噪方面,本节只选取了db小波来进行去噪,而不同的小波基进行去噪会产生不同的去噪效果。在下一步的研究中,将选取更多的小波基对时间序列数据进行去噪试验,希望找到一种去噪效果更好的小波基。

1.3 夏玉米物候期监测

1.3.1 研究区和数据源

1.3.1.1 研究区

本节以河南省为研究区,以夏玉米为研究对象。河南省位于我国中部偏东的黄河中下游地区,西起太行山和豫西山地东麓,南至大别山北麓,与冀、晋、陕、鄂、皖、鲁等六省毗邻,东西长约580 km,南北宽约550 km,空间范围在110°21′~116°39′E、31°23′~36°22′N,全省总面积为16.7万 km^2。河南省内中部、东部和北部平原属于由黄河、淮河和海河冲积而成的黄淮海平原,黄淮海平原面积广阔,土壤肥沃,是我国重要的农耕地区,也是我国夏播玉米种植面积最大的区域。夏玉米为河南省主要秋收粮食作物。

1.3.1.2 遥感数据

选用的遥感数据源为MODIS的地表反射率数据MOD09GA,数据级别为L2G(经过大气校正和几何校正)。使用空间分辨率为250 m的第1波段(中心波长为659 nm)数据和第2波段(中心波长为865 nm)数据进行归一化植被指数计算。MOD09GA产品使用的投影坐标系为正弦投影,应用前需要进行坐标系转换。对2013年、2014年和2015年共计1 095幅MOD09GA数据进行投影转换及研究区域裁剪的批量处理操作,转换为等面积圆锥投影。研究区内夏玉米于5月下旬至6月上旬种植,9月下旬至10月上旬收获。为获取夏玉米全生育期生长曲线,选取每一年年积日为第121~304 d(5—10月)的数据,经等面积圆锥投影、归一化植被指数计算和裁剪后,将其按时间顺序叠加在一起,构建2013—2015年夏玉米生长季的归一化植被指数时间序列数据集,并与基于多源数据利用决策树方法生成的河南省玉米种植区掩膜叠加。

1.3.1.3 地面观测数据

以2013年和2014年河南省内23个农业气象观测站的物候期观测数据作为分析建模数据,以2015年各站点的物候期观测数据作为验证数据,图1-10为观测站在研究区内的分布情况。每个观测站记录了站点附近当年种植的夏玉米进入各个物候期的时间,观测的物候期包括播种期、出苗期、三叶期、七叶期、拔节期、抽雄期、吐丝期、开花期、乳熟期和成熟期。

图 1-10 河南省农业气象观测站位置分布

1.3.2 研究方法

1.3.2.1 时间序列数据平滑

原始归一化植被指数时间序列数据存在大量的噪声点,时间与空间不连续,无法直接使用,需对其进行去噪平滑处理。本节选用旬最大值合成对原始归一化植被指数时间序列进行初步去噪,该方法对超过 10 d 的连续归一化植被指数低值噪声(通常由连续阴雨天气造成)只能减弱而无法消除。需要对最大值合成后的时序数据做进一步的去噪处理。

使用 S-G 滤波对最大值合成后的归一化植被指数时间序列做进一步的平滑处理。S-G 滤波属于时间域内的去噪平滑算法,可以理解成一种利用滑动窗口进行局部多项式最小二乘法拟合的方法。在这里可以使用一种考虑收割期限制改进的 S-G 迭代滤波方法以真实还原作物的归一化植被指数生长曲线,编者在前期研究中详细给出了该方法的处理流程。本节利用 IDL 语言实现改进的 S-G 迭代滤波方法,在达到迭代终止条件时完成归一化植被指数曲线平滑。

经过 S-G 迭代滤波后的归一化植被指数时间序列数据可用于描述夏玉米的生长过程,该序列的时间间隔为 10 d,为了提高物候期提取的时间分辨率,对该时间序列进行 Logistic 曲线拟合。仅对夏玉米生长周期中归一化植被指数时间序列数值增加的阶段进行拟合,并将日期转换为计数值后输入 Logistic 函数计算得到作物生长阶段任意一天的归一化植被指数值。经 Logistic 拟合后,作物生长过程曲线的时间分辨率提高到了 1 d。

原始归一化植被指数时间序列数据经旬最大值合成、改进的 S-G 迭代滤波和 Logistic

拟合后,原数据序列中的低值噪声点被去除,高值点则被保留,归一化植被指数曲线得到平滑且时间分辨率达到 1 d。利用本节方法平滑后的归一化植被指数时间序列数据与作物的真实生长过程更为吻合,为作物物候期的准确提取提供了更精准的数据支持。

1.3.2.2 曲线特征点位提取

完成夏玉米生长曲线重构后,使用动态阈值法和曲率法两种方法提取曲线的特征点位。使用动态阈值法时,参考 Jonsson 等的研究,根据作物生长规律,在归一化植被指数时间序列中数值增加的阶段,定义距离最小值为曲线增幅 10% 的位置为代表作物快速生长期开始的特征点位,记为动态阈值 1,定义距离最小值为曲线增幅 90% 的位置为代表作物营养生长基本停止点位,转向以生殖生长为中心的时期的特征点位,记为动态阈值 2。使用曲率法时,定义第一个曲率最大值点位为代表作物快速生长期开始的特征点位,记为曲率最大值 1,定义曲率最小值点位为代表作物生长最快的特征点位,定义第二个曲率最大值点位为代表作物营养生长基本停止点位,转向以生殖生长为中心的时期的特征点位,记为曲率最大值 2。以研究区内某一典型夏玉米像元为例,使用动态阈值法和曲率法提取曲线特征点位(见图 1-11)。

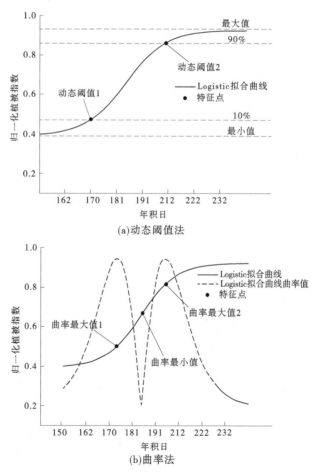

图 1-11 利用两种方法提取曲线特征点位

1.3.2.3 特征点位与物候期匹配

研究区内每个夏玉米像元重构后的生长曲线均可利用动态阈值法和曲率法提取出 5 个特征点位，这些特征点位蕴含着作物生长的农学规律，需进一步明确其与作物具体物候期的对应关系。筛选 2013、2014 年 23 个农业气象观测站的实测物候期数据，去除 4 个异常站点(存在缺测、误测，导致数据不完整)，使用剩余 19 个站点的观测数据进行特征点与物候期匹配。将遥感数据与观测数据进行对比时，选取离农业气象观测站的空间位置最近且落入玉米种植区掩模内的像元(最临近玉米像元，若有多个像元则取平均光谱)。将每个站点位置提取出的 5 个特征点位时间分别与实地观测的进入各物候期时间进行均方根误差计算，计算结果见表 1-1。某个特征点与某个物候期的匹配关系越好，均方根误差就越小。由表 1-1 可知，均方根误差最小时，动态阈值 1 和曲率最大值 1 均对应七叶期，动态阈值 1 与七叶期对应关系更好；曲率最小值对应拔节期；动态阈值 2 和曲率最大值 2 均对应抽雄期，动态阈值 2 与抽雄期对应关系更好。综上所述，最优匹配关系为，动态阈值 1 对应七叶期，均方根误差为 5.4 d；曲率最小值对应拔节期，均方根误差为 6.4 d；动态阈值 2 对应抽雄期，均方根误差为 6.0 d。分析对应的农学规律，在非胁迫条件下，抽雄期前归一化植被指数表征的以叶面积指数为代表的玉米群体生长参量持续增长，其中七叶期以前增长缓慢，因此七叶期对应邻近归一化植被指数最小值的动态阈值 1 位置，之后玉米群体生长参量开始快速增长，至拔节期前后增长速率达到最大，因此拔节期对应作物生长曲线斜率最大值即曲率最小值位置，抽雄期后叶面积指数基本停止增长，生物量持续增加，因此抽雄期对应邻近归一化植被指数最大值的动态阈值 2 位置。

表 1-1 2013 年和 2014 年曲线特征点位与各物候期的均方根误差　　　　单位:d

特征点	动态阈值 1	动态阈值 2	曲率最大值 1	曲率最小值	曲率最大值 2
播种期	23.0	54.3	29.0	38.6	48.2
出苗期	16.9	48.0	22.8	32.3	42.0
三叶期	12.6	43.6	18.4	27.9	37.5
七叶期	**5.4**	32.4	**8.2**	16.9	26.4
拔节期	15.0	19.2	9.6	**6.4**	13.5
抽雄期	32.0	**6.0**	25.9	16.5	**8.2**
开花期	33.4	6.4	27.3	17.9	9.4
吐丝期	34.5	6.9	28.4	19.0	10.4
乳熟期	57.0	26.3	50.9	41.4	32.0
成熟期	79.8	48.6	73.7	64.0	54.5

注：表中黑体数据为最小均方根误差。

1.3.3 物候期监测结果分析

根据各特征点位与各物候期的均方根误差大小,选择利用动态阈值 1 提取七叶期,利用曲率最小值提取拔节期,利用动态阈值 2 提取抽雄期。筛选 2015 年 23 个农业气象观测站的实测物候期数据,去除 5 个异常站点,使用剩余 18 个站点的观测数据对遥感提取的 3 个物候期进行精度验证。经验证,动态阈值 1 提取七叶期的均方根误差为 5.9 d,动态阈值 2 提取抽雄期的均方根误差为 4.9 d,曲率最小值提取拔节期的均方根误差为 5.3 d。3 个关键物候期的遥感监测误差在 6 d 以内,各验证站点的误差分布情况如图 1-12 所示。

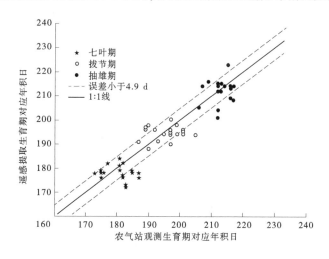

图 1-12　2015 年遥感提取生育期与观测生育期的误差分布

利用上述方法对研究区 2015 年夏玉米物候期进行监测,图 1-13 为利用遥感提取夏玉米进入七叶期、拔节期和抽雄期的时间分布情况。监测结果显示,研究区内夏玉米进入七叶期的日期以 6 月 25—27 日为最多,在这 3 d 进入七叶期的像元数占夏玉米种植像元总数的 45.6%;夏玉米像元进入拔节期的日期多分布在 7 月 10—17 日,这 8 d 进入拔节期的像元数占夏玉米种植总像元数的 66.8%;夏玉米像元进入抽雄期的日期以 7 月 27 日至 8 月 2 日为最多,这 7 d 进入抽雄期的像元数接近夏玉米种植总像元数的 71%。从监测得到的夏玉米进入 3 个关键物候期的时间分布情况和空间分布情况来看,七叶期和抽雄期的时间和空间一致度较高,而进入拔节期的时间和空间变异度相对较大,这可能与拔节期前玉米生长速率受环境因素影响较大,且研究区夏玉米苗期经常遭遇初夏旱等灾害有关,由于各田块灌溉条件不同,不同的土壤墒情下进入拔节期的时间早晚不同。夏玉米花期则主要受光周期和积温影响,因此同一七叶期对应的花期相对一致。本节利用遥感监测研究区夏玉米进入关键物候期的时空分布结果符合农学规律。

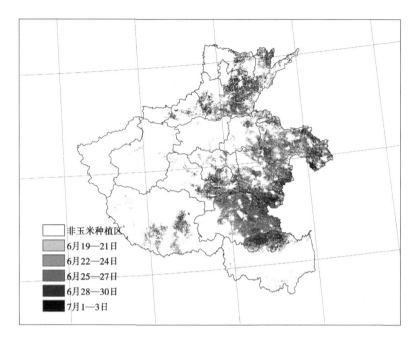

(a)七叶期

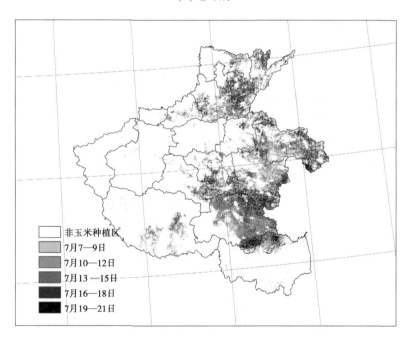

(b)拔节期

图 1-13 2015 年利用 MODIS NDVI 时序数据监测夏玉米进入关键物候期的时间

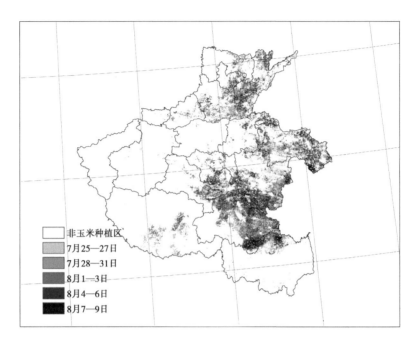

(c) 抽雄期

续图 1-13

1.3.4 小结

本节以 MODIS 为数据源对夏玉米的归一化植被指数生长曲线进行重建,提取夏玉米 3 个关键物候期的结果进行精度验证,误差在 6 d 以内,比权文婷等使用 S-G 滤波法对小麦物候期监测的精度提高了 4 d,与 Sakamoto 等的系列同类研究相比,比其采用小波变换方法对水稻物候期监测的精度提高了 6 d,比其采用 Two-Step Filtering 方法对玉米和大豆物候期监测的精度提高了 1 d,比其采用 Shape Model Fitting 方法对美国 35 个州的玉米物候期监测的精度提高了 3 d。

本节方法较国内外同类研究对物候期监测精度有所改进的原因包括:①本节综合采用旬最大值合成、改进的 S-G 迭代滤波方法和 Logistic 拟合优化重构夏玉米归一化植被指数生长曲线,重构后的作物生长曲线既消除了噪声,又符合作物的生长规律,同时数据的时间分辨率提高了 1 d;而仅使用 S-G 滤波、小波去噪等方法校正作物生长过程线时,虽然可以有效消除噪声,但未对作物生长规律进行曲线拟合,曲线形态的农学意义不够明确,并且使用离散点滤波方法校正后数据的时间分辨率不会发生改变,通常保持在 MODIS 植被指数标准产品的周期(8 d 左右),以此时间分辨率提取作物物候期精度受到制约;②不同于前人研究中往往直接定义作物生长曲线上的特征位置与作物物候期的匹配关系,本节根据各特征点位与各物候期的均方根误差大小来匹配特征点位与物候期,更具有客观性。

本节所使用 MODIS 数据的空间分辨率为 250 m,在此空间分辨率上混合像元普遍存在,而混合像元的植被指数过程线不仅包含作物的生长信息,还包含其他地物信息,这就导致作物生长信息提取中可能存在一定的不确定性,且混合像元中目标作物端元组分的丰度越低,像元光谱体现出的作物生长信息就越少,不确定性就越大。相比之下,遥感数据的空间分辨率越高,耕地像元中的混合信息就越少,相同方法下物候期监测的精度也越高,比如杨浩等采用了 30 m 分辨率的环境卫星 CCD 数据监测水稻的播种期、抽穗期、收获期,均方根误差减少到 3.4 d。但在大尺度区域监测应用时,高空间分辨率遥感数据存在时空分辨率矛盾这一难题。后续研究中,拟应用多源遥感数据来提高作物物候期监测的精度。此外,由于 Logistic 函数是单增函数,难以模拟花期后植被指数值下降的发育进程,故该函数不能满足对夏玉米全生育期的准确监测。在后续研究中,还需进一步对 Logistic 模型进行扩充或使用分段函数,以实现对作物全生育期的准确监测。

参考文献

[1] ATKINSON P M, JEGANATHAN C, DASH J, et al. Inter-comparison of four models for smoothing satellite sensor time-series data to estimate vegetation phenology[J]. Remote Sensing of Environment, 2012, 123: 400-417.

[2] BECK P S, ATZBERGER C, HØGDA K A, et al. Improved monitoring of vegetation dynamics at very high latitudes: A new method using MODIS NDVI[J]. Remote Sensing of Environment, 2006, 100(3): 321-334.

[3] CHEN J, JÖNSSON P, TAMURA M, et al. A simple method for reconstructing a high-quality NDVI time-series data set based on the Savitzky-Golay filter[J]. Remote Sensing of Environment. 2004, 91: 332-334.

[4] GALLO K P, FLESCH T K. Large-area crop monitoring with the NOAA AVHRR: estimating the silking stage of corn development[J]. Remote Sensing of Environment, 1989, 27(1): 73-80.

[5] GENG L, MA M, WANG X, et al. Comparison of eight techniques for reconstructing multi-satellite sensor time-series NDVI data sets in the Heihe river basin, China[J]. Remote Sensing, 2014, 6(3): 2024-2049.

[6] HILL M J, DONALD G E. Estimating spatio-temporal patterns of agricultural productivity in fragmented landscapes using AVHRR NDVI time series[J]. Remote Sensing of Environment, 2003, 84(3): 367-384.

[7] HIRD J N, MCDERMID G J. Noise reduction of NDVI time series: An empirical comparison of selected techniques[J]. Remote Sensing of Environment, 2009, 113(1): 248-258.

[8] HMIMINA G, DUFRÊNE E, PONTAILLER J Y, et al. Evaluation of the potential of MODIS satellite data to predict vegetation phenology in different biomes: An investigation using ground-based NDVI measurements[J]. Remote Sensing of Environment, 2013, 132: 145-158.

[9] HOLLBEN B N. Characteristics of maximum-value composite images for temporal AVHRR data[J]. International Journal of Remote Sensing, 1986, 7: 1435-1445.

[10] JÖNSSON P, EKLUNDH L. Seasonality extraction by function fitting to time-series of satellite sensor data[J]. IEEE Transactions on Geoscience and Remote Sensing, 2002, 40(8): 1824-1832.

[11] JÖNSSON P, EKLUNDH L. Timesat-a program for analyzing time-series of satellite sensor data[J]. Computers and Geoscience, 2004, 30: 833-845.

[12] KANDASAMY S, FERNANDES R. An approach for evaluating the impact of gaps and measurement errors on satellite land surface phenology algorithms: Application to 20 years NOAA AVHRR data over Canada[J]. Remote Sensing of Environment, 2015, 164: 114-129.

[13] MACBEAN N, MAIGNAN F, PEYLIN P, et al. Using satellite data to improve the leaf phenology of a global terrestrial biosphere model[J]. Biogeosciences, 2015, 12(23): 7185-7208.

[14] MICHISHITA R, JIN Z, CHEN J, et al. Empirical comparison of noise reduction techniques for NDVI time-series based on a new measure[J]. ISPRS Journal of Photogrammetry and Remote Sensing, 2014, 91: 17-28.

[15] PAN Z, HUANG J, ZHOU Q, et al. Mapping crop phenology using NDVI time-series derived from HJ-1 A/B data[J]. International Journal of Applied Earth Observation and Geoinformation, 2015, 34: 188-197.

[16] QIU B, FENG M, TANG Z. A simple smoother based on continuous wavelet transform: comparative evaluation based on the fidelity, smoothness and efficiency in phenological estimation[J]. International Journal of Applied Earth Observation and Geoinformation, 2016, 47: 91-101.

[17] ROERINK G J, MENENTI M, VERHOEF W. Reconstructing cloud free NDVI composites using gourier analysis of time series[J]. International Journal of Remote Sensing, 2000, 21(9): 1911-1917.

[18] SAKAMOTO T, GITELSON A A, ARKEBAUER T J. MODIS-based corn grain yield estimation model incorporating crop phenology information[J]. Remote Sensing of Environment, 2013, 131: 215-231.

[19] SAKAMOTO T, WARDLOW B D, GITELSO A A, et al. A two-step filtering approach for detecting maize and soybean phenology with time-series MODIS data[J]. Remote Sensing of Environment, 2010, 114(10): 2146-2159.

[20] SAKAMOTO T, YOKOZAWA M, TORITANI H, et al. A crop phenology detection method using time-series MODIS data[J]. Remote Sensing of Environment, 2005, 96(3-4): 366-374.

[21] VERGER A, FILELLA I, BARET F, et al. Vegetation baseline phenology from kilometric global LAI satellite products[J]. Remote Sensing of Environment, 2016, 178: 1-14.

[22] WU C, GONSAMO A, GOUGH C M, et al. Modeling growing season phenology in North American forests using seasonal mean vegetation indices from MODIS[J]. Remote Sensing of Environment, 2014, 147: 79-88.

[23] ZHOU J, JIA L, MENENTI M. Reconstruction of global MODIS NDVI time series: Performance of harmonic analysis of time series (HANTS)[J]. Remote Sensing of Environment, 2015, 163: 217-228.

[24] 顾娟, 李新, 黄春林. NDVI 时间序列数据集重建方法述评[J]. 遥感技术与应用, 2006, 21(4): 391-395.

[25] 顾晓鹤, 宋国宝, 韩立建, 等. 基于变化向量分析的冬小麦长势变化监测研究[J]. 农业工程学报, 2008, 24(4): 159-165.

[26] 侯东, 潘耀忠, 张锦水, 等. 农区 MODIS 植被指数时间序列数据重建[J]. 农业工程学报, 2010, 26(S1): 206-212.

[27] 李秋元, 孟德顺. Logistic 曲线的性质及其在植物生长分析中的应用[J]. 西北林学院学报, 1993, 8(3): 81-86.

[28] 李耀辉. 风云气象数据在农情定量监测中的应用研究[D]. 郑州: 郑州大学, 2016.

[29] 李颖, 陈怀亮, 李耀辉, 等. 一种利用 MODIS 数据的夏玉米物候期监测方法[J]. 应用气象学报, 2018, 29(1): 111-119.

[30] 李颖, 李耀辉, 王金鑫. 夏玉米生长过程曲线重建研究——以鹤壁市为例[J]. 气象与环境科学,

2016, 39(4): 7-13.

[31] 林忠辉, 莫兴国. NDVI 时间序列谐波分析与地表物候信息获取[J]. 农业工程学报, 2006, 22(12): 138-144.

[32] 权文婷, 周辉, 李红梅, 等. 基于 S-G 滤波的陕西关中地区冬小麦生育期遥感识别和长势监测[J]. 中国农业气象, 2015, 36(1): 93-99.

[33] 王长耀, 林文鹏. 基于 MODIS EVI 的冬小麦产量遥感预测研究[J]. 农业工程学报, 2005, 21(10): 90-94.

[34] 王正兴, 刘闯, HUETE Alfredo. 植被指数研究进展:从 AVHRR-NDVI 到 MODIS-EVI[J]. 生态学报, 2003, 23(5): 979-987.

[35] 吴炳方, 张峰, 刘成林, 等. 农作物长势综合遥感监测方法[J]. 遥感学报, 2004, 8(6):498-514.

[36] 许文波, 张国平, 范锦龙, 等. 利用 MODIS 遥感数据监测冬小麦种植面积[J]. 农业工程学报, 2007, 23(12):144-149.

[37] 杨浩, 黄文江, 王纪华, 等. 基于 HJ-1A/1BCCD 时间序列影像的水稻生育期监测[J]. 农业工程学报, 2011, 27(4): 219-224.

[38] 于海达, 杨秀春, 徐斌, 等. 草原植被指数遥感监测研究进展[J]. 地理科学进展, 2012, 31(7): 885-894.

[39] 张明伟. 基于 MODIS 数据的作物物候期监测及作物类型识别模式研究[D]. 武汉:华中农业大学, 2006.

[40] 张霞, 焦全军, 张兵, 等. 利用 MODIS-EVI 图像时间序列提取作物种植模式初探[J]. 农业工程学报, 2008, 24(5):161-165.

第 2 章　作物蒸散发反演与干旱监测

2.1　研究背景与研究内容

2.1.1　研究背景

农田蒸散发量包括植株的蒸腾量和土壤的蒸发量,是农田水碳交换过程的关键变量。准确估算农田 ET,对于掌握农田水分的动态变化,监测预测旱情,制定科学的灌溉管理措施,提高农田水分利用效率,促进农业可持续发展等具有重要意义。我国小麦种植面积占粮食作物种植总面积的 22% 左右,水分条件是制约小麦生长发育的关键因素之一,大尺度冬小麦 ET 的准确估算对于保障我国粮食安全具有重要意义。利用大型蒸渗仪、涡动相关法、通量仪法等传统方法可获得地表点尺度 ET,但这类方法无法反映 ET 的空间分布格局。利用卫星遥感技术估算 ET 具有快速、宏观、动态、空间连续监测等优点,近年来取得了许多研究成果,其中一类代表性方法是利用遥感反演的地表温度和气象观测的大气温度进行感热通量计算,并进一步通过地表能量平衡方法计算潜热通量和 ET。

地表能量平衡系统(surface energy balance system,SEBS)是地表能量平衡方法中单层模型的一种,由荷兰 Wageningen 大学的苏中波(2002)在地表能量平衡算法(surface energy balance algorithm for land,SEBAL)基础上发展而来,近年来在国内外获得了广泛应用。在当前研究中,中低空间分辨率的 MODIS 数据和高空间分辨率的 ASTER、HJ、Landsat 卫星数据均得到有效应用,其中 MODIS 数据因高时间分辨率在大尺度 ET 估算中具有应用优势。国家极地轨道卫星 Suomi NPP (National Polar-orbiting Partnership)由美国国家航空航天局(NASA)等机构研发,其搭载的可见光红外成像辐射仪(visible infrared imaging radiometer suite,VIIRS)是对 MODIS 传感器的继承与发展,具有优于 400 m 的星下点分辨率,每 12 h 可提供一次全球影像,在陆地、海洋和大气参数的全球性观测等方面具有很大的应用潜力,VIIRS 数据在估算农田 ET 方面有很大的应用潜力。

在准确反演农田 ET 的基础上,计算并改进作物缺水指数,可有效应用于农业干旱的监测与评估。

2.1.2　研究内容

(1)将 VIIRS 数据反演的地表温度等参数和优化计算的归一化植被指数(NDVI)数据代入 SEBS 模型,通过运行 SEBS 模型估算了河南省冬小麦农田 ET,并进行了精度验证,进而开展了河南冬麦区 ET 时空特征分析。一方面探究 NPP VIIRS 卫星数据应用于 ET 估算的适用性,为利用 NPP VIIRS 数据和 SEBS 模型估算 ET 提供方法、技术上的支持;另一方面通过研究 ET 的时空分布格局,为河南省冬小麦干旱监测评估、农田灌溉管理及农业可持续发展等提供科学依据。

(2) 通过引入叶面积指数(leaf area index, LAI)变化项来改进作物缺水指数(crop water stress index, CWSI),通过对比改进前后作物缺水指数与 20 cm 土壤相对湿度的相关性进行验证,基于改进后的作物缺水指数 $CWSI_{IMP}$ 进行旱情等级划分,应用于河南省冬小麦干旱监测,为大范围农田干旱监测与评估、农田灌溉管理及农业可持续发展等提供科学依据。

2.2 研究区与数据源

2.2.1 研究区

选取我国农业大省河南省为研究区,河南省冬小麦种植面积居全国第一,产量约占全国总产量的四分之一以上。河南省地理位置位于 110°21′~116°39′E,31°23′~36°22′N,属暖温带至亚热带、湿润至半湿润的季风气候。全省年平均气温普遍在 12~16 ℃,气温分布大体呈东高西低、南高北低趋势,1 月全省平均气温最低且少雨雪,7 月全省平均气温最高且雨量丰沛。河南麦区的耕作模式主要为冬小麦和夏玉米轮作,其中冬小麦播期一般在 10 月上中旬,其收获期一般为次年的 5 月底至 6 月初。近年来气候变化加剧,以干旱为代表的农业气象灾害频发且呈增强趋势,河南省作为全国粮食生产大省,水资源严重不足,在河南麦区掌握农田水分的动态变化规律,进行科学的灌溉管理尤为重要。在蒸散反演的基础上,准确监测河南省冬小麦干旱情况对于保障河南省乃至全国的粮食安全具有重要意义。研究区位置及本节使用农业气象观测数据的站点位置分布情况如图 2-1 所示。

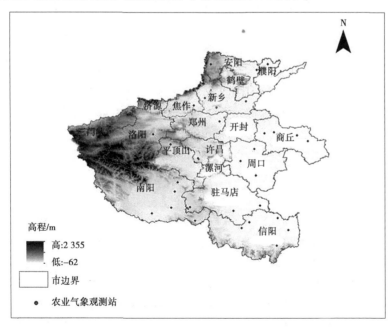

图 2-1 研究区与农业气象观测站位置分布

2.2.2 数据源与预处理

2.2.2.1 遥感数据

1. NPP VIIRS 数据

NPP VIIRS 传感器设置了 22 个波段,包括 9 个可见光至近红外波段,8 个短波、中波红外波段,4 个热红外波段和 1 个日夜波段(day-night band,DNB),每天提供两次全球影像。VIIRS 传感器相较 MODIS 传感器具有更高的灵敏度,且大多数波段分辨率高于 MODIS 传感器,其星下点空间分辨率为 371 m,扫描幅宽为 3 000 km。从美国宇航局戈达尔德航天中心(LAADS DAAC)网站下载覆盖 2016—2018 年冬小麦关键生育时期河南省范围的 VIIRS 产品级数据,利用 HEG(HDF-EOS to GeoTIFF)软件从 VIIRS L2 级数据 VNP09GA、VNP21A1D 和 VNP43A1 中分别提取地表温度(land surface temperature,LST)、比辐射率(emissivity)、地表反照率(albedo)、太阳天顶角(sun zenith angle)等波段,将这些地表参数数据统一重采样为 0.01°,重投影为 WGS-84 坐标系,使用 ENVI5.6 软件进行辐射定标和研究区裁剪。VIIRS 传感器主要技术指标见表 2-1。

表 2-1 VIIRS 传感器主要技术指标

参数	技术指标
光谱波段数	22(0.3~14 μm)
星下点空间分辨率	371 m
扫描带边缘空间分辨率	800 m
扫描幅宽	±56°,3 000 km

2. MODIS 数据

以 TERRA 星搭载的 MODIS 传感器获取的 4 日合成叶面积指数(leaf area index,LAI)产品 MOD15A2 作为基础 LAI 数据来源。MOD15A2 属于 MOD15 陆地 3 级标准数据产品,内容为 LAI 和光合有效辐射(FPAR),空间分辨率为 1 km。覆盖河南省范围的影像,对应的 MODIS 行列号为 H27V05。

3. GF-1 WFV 数据

GF-1 卫星搭载了 4 台 WFV 传感器,可获取空间分辨率为 16 m 的多光谱影像,幅宽为 800 km。从中国资源卫星应用中心网站下载 2018 年冬小麦生长季覆盖河南省境内的晴空影像,产品等级为 Level 2 几何校正影像产品。使用 ENVI5.6 软件对 WFV 影像进行辐射定标、大气校正和以省辖市行政区划为处理单元的晴空影像拼接。利用支持向量机(support vector machine,SVM)方法对河南省各省辖市 WFV 影像进行监督分类,将土地利用类型划分为冬小麦田、水田、林草地、水体、建筑用地、其他用地等共 6 类。在各省辖市的分类影像上提取冬小麦田并拼接为河南省冬小麦种植区掩模,用于在预处理后的 VIIRS 数据上提取研究区。

2.2.2.2 气象数据

气象数据包括气温、气压、相对湿度、辐射量、2 m 高度风速等,来源于 2016—2018 年冬小麦关键生育时期河南省 119 个国家气象观测站的实测数据,其中辐射量根据文献由日照时数计算得到,2 m 高度风速由气象观测站实测 10 m 风速转换计算得到。采用反距离插值法将站点尺度的气象观测数据拓展为面尺度气象数据,在 ArcGIS10.2 软件中实现。

2.2.3 农业气象数据

研究区土壤墒情实测数据和作物观测数据来源于河南省内 23 个农业气象观测站,包括作物品种、生育期、长势和 20 cm 土壤相对湿度等。

2.3 冬小麦区蒸散发反演

2.3.1 研究方法

2.3.1.1 基于 SEBS 模型的 ET 估算

地表能量平衡理论是 SEBS 模型的理论基础,地表能量平衡方程为:

$$R_n = H + G_0 + \lambda E \tag{2-1}$$

式中:R_n 为地表净辐射通量;H 为感热通量;G_0 为土壤热通量;λE 为潜热通量;λ 为水的汽化潜热;E 为蒸散量。

地表净辐射通量 R_n 指长、短波辐射经过相互抵消后地表所得到的净能量,是驱动水分交换和大气运动的主要能量,其计算公式为:

$$R_n = R_{nl} + R_{ns} = (1-\alpha)R_{swd} + \varepsilon_a R_{lwd} - \varepsilon\sigma T_0^4 \tag{2-2}$$

式中:α 为地表反照率,来源于遥感影像;R_{swd} 为下行的太阳短波辐射;ε_a 为大气比辐射率;ε 为地表比辐射率,来源于遥感影像;R_{nl} 为地表长波净辐射;R_{lwd} 为下行的大气长波辐射;σ 为斯蒂芬-波尔兹曼(Stefan-Boltzmann)常数,取值为 2.68 10^{-8} W·m^{-2}·k^{-4};T_0 为地表温度;R_{ns} 为地表短波净辐射。

土壤热通量 G_0 计算公式为:

$$G_0 = R_n \times [\Gamma_c + (1-f_c)(\Gamma_s - \Gamma_c)] \tag{2-3}$$

式中:Γ_c 为植被覆盖区参数;Γ_s 为裸土区参数;f_c 为植被覆盖率,由 VIIRS NDVI 影像计算得到。

感热通量(H)的计算根据大气边界层相似理论,由以下公式推导得到:

$$u = \frac{u_*}{k}\left[\ln\left(\frac{z-d_0}{z_{0m}}\right) - \Psi_m\left(\frac{z-d_0}{L}\right) + \Psi_m\left(\frac{z_{0m}}{L}\right)\right] \tag{2-4}$$

式中:u 为风速;u_* 为摩擦速度;k 为卡尔曼常数,本节取 0.4;z 为参考高度;d_0 为零平面位移高度;z_{0m} 为动量传输粗糙长度;Ψ_m 为动力学稳定度修正函数;L 为由感热通量(H)计算得到的奥布霍夫长度。

SEBS 模型的输入参数来源于气象数据、DEM 数据和遥感数据,通过式(2-2)~

式(2-4)可分别计算得到地表净辐射通量、感热通量和土壤热通量,进而可通过式(2-1)得到潜热通量 λE,进而估算 ET。

2.3.1.2 VIIRS NDVI 优化

NDVI 数据是 SEBS 模型的一项重要的输入参数,用于反演 LAI,并进一步计算得到冠层内风速廓线消光系数。由遥感影像计算得到的单日 NDVI 易受天气情况的影响,本节在利用 VNP09GA 产品的 I1 和 I2 波段计算 NDVI 影像时做出了优化。采用最大值合成法(maximum value composite,MVC)对单日 NDVI 数据进行校正,选择应用较广泛的周最大值合成策略,即利用研究日当天及其前后 3 d 的影像分别计算 NDVI,取一周内的最大值合成 VIIRS NDVI 取代单日 NDVI。

2.3.1.3 彭曼-蒙特斯公式

利用彭曼-蒙特斯(Penman-Monteith,P-M)公式结合气象观测数据计算河南省冬小麦农田 ET,用于基于 VIIRS 数据的 ET 估算结果的验证。彭曼-蒙特斯公式如下:

$$\mathrm{ET}_0 = \frac{0.408\Delta(R_n - G_0) + \gamma \dfrac{900}{T+273} u_2(e_s - e_a)}{\Delta + \gamma(1 + 0.34 u_2)} \tag{2-5}$$

式中:ET_0 为参考作物的潜在蒸散量;R_n 为地表净辐射;u_2 为 2 m 高处的风速;Δ 为饱和水气压曲线斜率;γ 为干湿系数;T 为 2 m 高处日均气温;e_s 为饱和水汽压,e_a 为实际水汽压。

由彭曼-蒙特斯公式计算得到参考作物的潜在蒸散量 ET_0,实际 ET 可由 ET_0 乘以作物系数得到,本节根据文献得到冬小麦不同生育时期相应的作物系数,进而计算得到实际 ET,记为 P-M ET。

2.3.2 结果与验证

2.3.2.1 研究区 ET 估算

利用荷兰国际地球观测研究所开发的陆地及水体集成系统 ILWIS 软件中的 SEBS 模块,输入气象观测数据、90 m 空间分辨率的 SRTM DEM 数据和 NPP VIIRS 数据,对河南省冬小麦 ET 进行估算,空间分辨率为 0.01°,研究时段为 2016—2018 年冬小麦关键生育时期(返青期至灌浆期)。以 2018 年为例,以 8 d 为时间间隔且尽量选取晴空遥感影像,对 3 月 8 日至 5 月 19 日河南省冬小麦日蒸散量进行估算(见图 2-2)。图 2-2 中无 ET 数据的区域除山区等非冬小麦种植区外,还有少量冬小麦种植区内的像元因局部云影响等遥感数据质量问题赋为空值。采用 ArcGIS10.2 软件中的自然断点分级法将每幅影像的 ET 值分为 4 级,可直观显示冬小麦 ET 在空间上的分布情况。其在空间格局上大体呈现中部和东南部较高,向西北部和西南部逐渐降低的趋势,在时间格局上呈现由返青期开始上升,至抽穗期达到最大值,灌浆期开始下降的趋势。

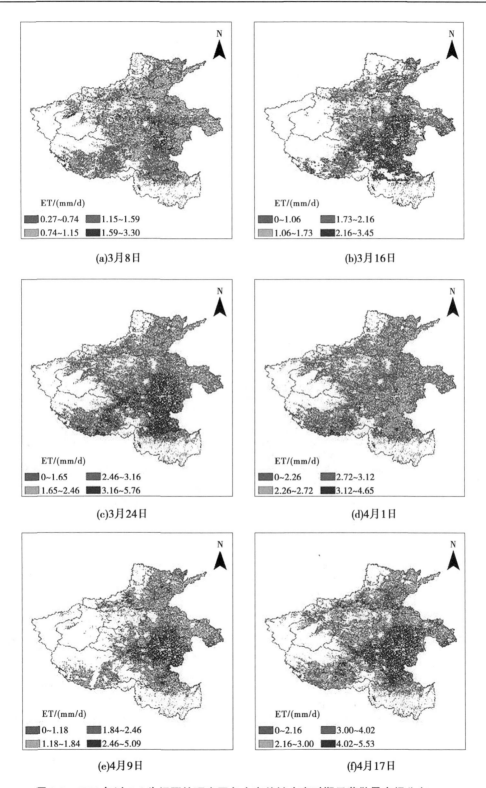

图 2-2 2018 年以 8 d 为间隔的研究区冬小麦关键生育时期日蒸散量空间分布

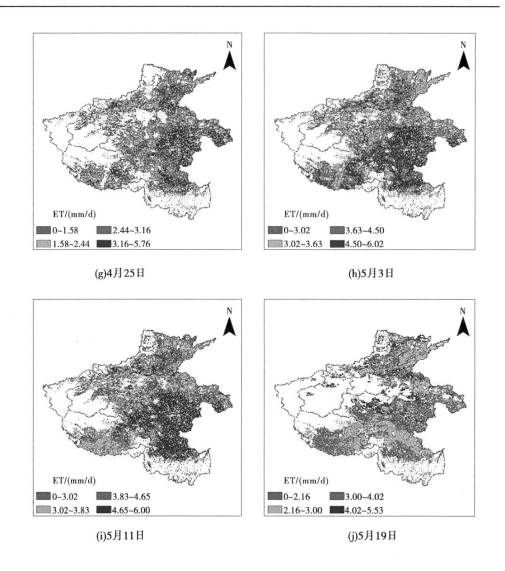

续图 2-2

2.3.2.2 结合彭曼-蒙特斯公式进行精度验证

在返青期、拔节期和抽穗期分别采用 P-M ET 对本节利用 SEBS 模型和 VIIRS 数据估算的 VIIRS ET 进行验证。VIIRS ET 为面尺度数据，P-M ET 则为点尺度数据，为使两种数据表征相同位置的冬小麦农田 ET，根据周边环境选取研究区内具有代表性的 9 个国家气象站，确保站点位于冬小麦种植区掩膜内，利用彭曼-蒙特斯公式计算其站点 ET_0，冬小麦返青期、拔节期和抽穗期的平均作物系数分别为 0.8、0.9 和 1.1，进而计算得到 P-M ET，再根据站点经纬度提取其对应像元的 VIIRS ET，对比两种方法估算的日蒸散发如表 2-2 所示。

表 2-2 2018 年冬小麦返青期(3 月 8 日)、拔节期(3 月 24 日)和抽穗期(4 月 17 日)
可见光红外成像辐射仪数据估算蒸散与彭曼-蒙特斯公式估算蒸散对比

站点	返青期(3月8日)				拔节期(3月24日)				抽穗期(4月17日)			
	VIIRS ET/(mm/d)	P-M ET/(mm/d)	绝对偏差/(mm/d)	相对偏差/%	VIIRS ET/(mm/d)	P-M ET/(mm/d)	绝对偏差/(mm/d)	相对偏差/%	VIIRS ET/(mm/d)	P-M ET/(mm/d)	绝对偏差/(mm/d)	相对偏差/%
民权	0.967	0.802	0.165	20.6	2.338	2.493	0.155	6.2	4.249	4.869	0.620	12.7
新蔡	0.949	0.868	0.081	8.1	2.155	2.216	0.061	2.8	3.432	4.080	0.648	15.9
许昌	1.209	1.033	0.176	17.0	2.471	2.483	0.012	0.5	3.483	4.094	0.611	14.9
登封	1.088	1.012	0.076	7.5	2.870	2.857	0.013	0.5	3.510	4.571	1.061	23.2
伊川	1.475	1.231	0.244	19.8	2.374	2.519	0.145	5.8	4.369	5.033	0.664	13.2
孟州	1.134	0.930	0.204	21.9	2.385	2.396	0.011	0.5	3.774	4.635	0.861	18.6
濮阳	1.330	1.235	0.095	7.7	2.510	2.518	0.008	0.3	3.492	3.945	0.453	11.5
长垣	1.047	1.032	0.015	1.4	2.320	2.279	0.041	1.8	3.904	4.688	0.784	16.7
武陟	0.974	0.916	0.058	6.3	2.027	2.152	0.125	5.8	4.178	4.962	0.784	15.8
平均值	1.130	1.006	0.124	12.3	2.383	2.435	0.063	2.7	3.821	4.54	0.721	15.8

表 2-2 显示,2018 年 3 月 8 日、3 月 24 日和 4 月 17 日 3 个时相的日 VIIRS ET 与 P-M ET 对比,平均绝对偏差分别为 0.124 mm/d、0.063 mm/d 和 0.721 mm/d,总的平均绝对偏差为 0.303 mm/d;平均相对偏差分别为 12.3%、2.7%及 15.8%,总的平均相对偏差为 10.1%。本节使用 SEBS 模型和 VIIRS 数据估算的 VIIRS ET 与采用联合国粮食及农业组

织(FAO)推荐的彭曼公式计算得到的 P-M ET 的相对偏差随作物的不同生育时期在 2%~16%内波动。相对偏差的波动较大,主要因为难以在时间上和空间上准确确定作物系数。作物系数的测定过程复杂,适用于反映特定区域多年平均值。总体来看,VIIRS ET 与 P-M ET 的总体偏差在 10%左右,且两者的变化趋势具有较高的一致性。

2.3.2.3 结合大型土壤蒸渗仪实测蒸散量进行精度验证

研究区内郑州农业气象试验站(113°39′0″E,34°43′12″N)安装有大型称重式蒸渗仪,可获得冬小麦试验田蒸散发量的实测数据,记为 Real ET,用于本节 VIIRS ET 精度的验证。于 2018 年冬小麦返青期至灌浆期,以 8 d 为间隔,在郑州农业气象试验站对比 VIIRS ET 与 Real ET 如表 2-3 所示。

表 2-3 2018 年冬小麦返青期至灌浆期可见光红外
成像辐射仪数据估算蒸散与大型称重式蒸渗仪实测蒸散对比

日期(月-日)	实测 ET/(mm/d)	VIIRS ET/(mm/d)	绝对偏差/(mm/d)	相对偏差/%
03-08	2.06	1.89	0.17	8.25
03-16	2.23	2.16	0.07	3.14
03-24	3.52	3.22	0.30	8.52
04-01	2.81	3.05	0.24	8.54
04-09	2.66	2.84	0.18	6.77
04-17	3.73	3.30	0.43	11.53
04-25	3.07	2.74	0.33	10.75
05-03	4.29	4.32	0.03	0.70
05-11	2.16	2.02	0.14	6.48
05-19	2.24	2.18	0.06	2.68
平均值	2.88	2.77	0.2	6.74

表 2-3 显示,2018 年 3 月 8 日至 5 月 19 日期间,VIIRS ET 对比郑州农业气象试验站实测 ET 平均绝对偏差为 0.2 mm/d,平均相对偏差为 6.74%。以实测 ET 为基准,进一步计算 VIIRS ET 的均方根误差 RMSE 为 0.203 mm/d。证明本节方法得到的 VIIRS ET 具有较高精度。

2.3.2.4 VIIRS ET 与 MODIS ET 对比分析

利用 MODIS 数据估算 ET 的精度已得到广泛验证,可作为基准来评价其他遥感数据源估算 ET 的效果,如赵红等将 FY-3 VIRR 数据反演的日 ET 与同区域、同时段的 EOS MODIS 数据反演的日 ET 进行对比分析,通过证实两种产品的一致性较好,指出利用国产 FY-3 卫星资料估算 ET 是可行的。因 MODIS ET 产品 MOD16 是空间分辨率

1 km 的 8 d、月、年尺度数据，与本节 0.01°空间分辨率的单日 VIIRS ET 数据时空分辨率不一致，因此对比分析时未直接使用 MOD16 产品，而是采用本节中 VIIRS ET 的计算方法处理同一日期的 MODIS 地表反射率产品 MOD09GA 数据等，运行 SEBS 模型计算 MODIS ET，空间分辨率统一设为 0.01°，以准确评估两种传感器数据反演 ET 的一致性。本节选择 2016—2018 年冬小麦抽穗期中代表性的一天（4 月 17 日），将相同技术方法反演的当日 VIIRS ET 与 MODIS ET 进行对比分析，每年在研究区随机且均匀选择 40~50 个影像质量较好的像元作为对比样本点，2016—2018 年 VIIRS ET 与 MODIS ET 对比如图 2-3 所示。

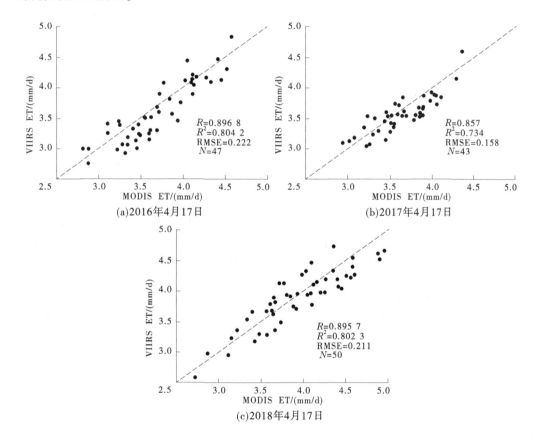

图 2-3　可见光红外成像辐射仪数据估算日蒸散量与中分辨率成像光谱仪数据估算日蒸散量对比

图 2-3 中 VIIRS 估算日蒸散量与 MODIS 估算日蒸散量对比散点图显示，大部分样本点分布在 1:1 线附近，对 VIIRS ET 与 MODIS ET 进行线性回归分析，2016—2018 年相关系数 R 分别为 0.896 8、0.857、0.895 7，决定系数 R^2 分别为 0.804 2、0.734、0.802 3，以 MODIS ET 为基准验证 VIIRS ET 的 RMSE 分别为 0.222 mm/d、0.158 mm/d、0.211 mm/d。结果表明，VIIRS ET 与 MODIS ET 具有较好的一致性。

2.3.3 河南省冬小麦农田蒸散量时空特征

2.3.3.1 农田蒸散量的空间特征

利用 VIIRS 数据,结合 SEBS 模型估算 2016—2018 年河南省冬小麦关键生育期农田 ET,进而分析研究区日蒸散量的时空分布格局。结果显示,河南冬小麦区蒸散量空间分布大体呈现中部和东南部较高,向西北部和西南部逐渐降低的趋势。分析河南省的地形地貌,西部、西南部和西北部多山地与丘陵,这些区域的冬小麦种植区多为雨养区,易发生春旱和秋旱,供给蒸发与散发的水分不足,ET 相对较低;中部和东南部则多平原,这些区域的冬小麦种植区多为灌溉区,水热条件较好,ET 相对较高。蒸散量时空格局受人类活动影响的分析一致,河南省冬小麦区蒸散量的空间变化特征与灌溉条件亦具有较好的对应性,受农业管理活动影响明显。

2.3.3.2 农田蒸散量的时间特征

计算 2016—2018 年河南省冬小麦关键生育期代表性日期的麦区平均日蒸散量(见表 2-4),分析返青期至灌浆期农田日蒸散量的时间变化特征。河南省冬小麦农田日蒸散量的时间变化趋势在 2016 年、2017 年和 2018 年保持一致,在关键生育期均以返青期的平均日蒸散量为最低,其后日蒸散量逐渐上升,抽穗期达到最大值,灌浆期开始下降。分析冬小麦农田蒸散量时间变化特征与冬小麦生长发育规律的关系,在冬小麦生育初期,蒸散主要来自于土壤蒸发,在快速生长期至生育中期,植株的蒸腾量变大,特别是抽穗期至灌浆期,冬小麦日均蒸散量达到最大,此时作物对水分亏缺敏感,应保证该生育阶段水分充分供应以满足作物生长需要,到了作物生育后期,冬小麦灌浆期至成熟期,随着籽粒开始成熟,叶子变黄,植株的蒸腾量随之降低,应减少该生育阶段的田间灌水量,有助于提高作物产量。

表 2-4　2016—2018 年河南省冬小麦关键生育时期麦区平均日蒸散量

年份	返青期(3月8日)	拔节期(3月24日)	抽穗期(4月17日)	灌浆期(5月11日)
2016	1.219	1.655	3.623	2.983
2017	1.451	1.933	3.873	3.83
2018	1.13	2.749	3.576	3.41

2.3.4 小结

本小节通过 MVC 方法优化计算 VIIRS NDVI,将 VIIRS NDVI 和 VIIRS 数据反演的地表温度等参数与 SRTM DEM、气象观测数据等输入 SEBS 模型,估算了 2016—2018 年河南省冬小麦返青期至灌浆期的 VIIRS ET,验证了 VIIRS ET 与 P-M ET、Real ET 和 MODIS ET 结果的一致性。前人研究中主要利用 MODIS 数据和 Landsat 卫星数据估算 ET,本节利用 NPP VIIRS 数据实现了河南省冬小麦 ET 的高精度估算,展示了这种新型遥感数据源用于农田 ET 反演的适用性,为今后研究中利用 NPP VIIRS 数据和 SEBS 模型估算 ET 提供了方法、技术上的支持。本节得到河南省中部 ET 较高、西北部 ET 较低的特点,原因在于本节研究去除了西南部和西北部等山地、丘陵后的冬小麦 ET,且仅研究冬小麦关键生育时期的田间 ET。河南省中部地区灌溉条件良好,在冬小麦关键生育时期由于作物生长旺盛且灌溉供水充足,田间 ET 较高,西北部则为冬小麦雨养区,田间 ET 相对较低。通过上述讨论,在排除研究对象和研究时段不同的影响后,本节得到的河南省冬小麦 ET 分布特点与前人研究具有良好的一致性。本节开展了针对农作物关键生育时期的田间 ET 估算,可为指导河南省农业水资源管理、分配和高效利用等提供重要依据。主要结论如下:

(1)利用 NPP VIIRS 数据,结合 SEBS 模型估算了 2016—2018 年河南省冬小麦关键生育时期蒸散量。将本节方法估算的 VIIRS ET 与彭曼-蒙特斯公式计算的 P-M ET 进行比较,两者的总体偏差在 10% 左右,且两者的变化趋势具有较高的一致性。将大型土壤蒸渗仪 Real ET 用于精度验证,计算 VIIRS ET 的均方根误差 RMSE 为 0.203 mm/d,验证结果表明,新型遥感数据 NPP VIIRS 数据适用于蒸散量反演,本节方法估算的 VIIRS ET 具有较高精度。

(2)将利用相同技术方法反演的 VIIRS ET 与 MODIS ET 进行线性回归分析,2016—2018 年 R^2 分别为 0.804 2、0.734 和 0.802 3;以 MODIS ET 为基准验证 VIIRS ET,3 年的 RMSE 分别为 0.222 mm/d、0.158 mm/d 和 0.211 mm/d。表明 VIIRS ET 与 MODIS ET 具有较好的一致性,VIIRS 数据可以作为 MODIS 数据的有效补充与替代遥感数据源,在农田蒸散量估算中发挥积极作用。

(3)河南省冬小麦区蒸散量空间分布大体呈现中部和东南部较高,向西北部和西南部逐渐降低的趋势,蒸散量的空间变化特征与灌溉条件具有较好的对应性。研究区冬小麦关键生育时期农田蒸散量的时间变化特征以返青期的平均日蒸散量为最低,其后日蒸散量逐渐上升,抽穗期达到最大值,灌浆期开始下降。河南省冬小麦农田蒸散量的时空特征与冬小麦生长发育规律和田间管理密切相关,准确估算河南省冬小麦农田蒸散量,可为设计灌溉管理制度提供科学依据,对保障区域粮食安全具有重要意义。

2.4 农业干旱遥感监测

2.4.1 农业干旱遥感监测指数

干旱可划分为气象干旱、水文干旱、农业干旱、社会经济干旱等类型。农业干旱是其中最复杂且研究最为集中的一种类型,也是我国农业气象灾害中受灾面积和成灾面积最大的灾种。1950—2008 年,我国干旱时空演替情况显示,干旱对农业生产的影响呈加重趋势,黄淮海地区农业干旱平均受灾面积和成灾面积居全国 6 大耕作区首位。

农业干旱直接影响农作物的生长发育和产量,大面积实时监测农业干旱对保障国家粮食安全具有重要意义。为准确掌握农业干旱发生、发展和消退情况,指导抗旱减灾,评估旱灾损失,国内外学者建立了众多农业干旱监测指标。传统农业干旱监测主要依赖于地面站点的观测数据,主要包括降水量实测数据和土壤墒情实测数据,难以提供空间连续的监测结果。遥感技术具有高时空分辨率大面积同步观测的优势,为农业干旱监测提供了新方法,近年来,农业干旱遥感监测指标蓬勃发展,不同遥感监测指标在不同研究区域、不同作物的不同生育期应用效果存在差异,当前并没有某一种监测指标被认为在所有情况下均优于其他指标,且缺乏干旱指数适用性比较。孙灏等(2012)将典型农业干旱遥感监测指数划分为土壤水分变化、冠层温度变化、作物形态及绿度变化、植被水分变化等四类,推荐在土壤干旱型农业干旱监测中使用修正的垂直干旱指数(modified perpendicular drought index,MPDI),在作物生理及大气干旱型农业干旱监测中使用温度植被干旱指数(temperature vegetation dryness index,TVDI)。Du 等(2013)使用主成分分析的方法,综合植被条件指数(vegetation condition index,VCI)、温度条件指数(temperature condition index,TCI)和标准降水指数(standardized precipitation index,SPI)提出一种综合干旱指数监测气象和农业综合干旱。Ezzine 等(2014)比较了标准化水分指数(standardized water index,SWI)、基于 TRMM 卫星降水量数据的 SPI 和标准植被指数(standard vegetable index,SVI)等 3 种气象与农业干旱指数的响应和空间一致性。黄友昕等(2015)将农业干旱遥感监测指标归纳为环境供水指标(降水量和土壤含水量指标)、作物需水指标(作物的生理和形态指标)和综合干旱指标。Huang 等(2020)比较了植被健康指数(vegetation health index,VHI)、TVDI 和干旱强度指数(drought severity index,DSI)在冬小麦种植区农业干旱监测中的应用效果。王蔚丹等(2021)将常用的农业干旱遥感监测指数划分为降水型、土壤型和作物型,提出作物生长季的不同时期适用不同的农业干旱遥感监测指数。其中,作物缺水指数(CWSI)综合考虑了土壤水分蒸发和植被冠层蒸腾,对降水有较强的敏感性,是一种较为有效的农业干旱监测指标。但以冠层温度和植被指数为基础的监测指标对农业干旱的响应存在一定滞后性,且 CWSI 易受地形、植被状况和气象条件等的影响。叶面积指数(LAI)是反映植被群体生长状况的重要指标,LAI 的变化反映了植被的生长发育状况和水分胁迫状况。本小节通过引入 LAI 变化项来改进 CWSI,通过对比改进前后作物缺水指数与 20 cm 土壤相对湿度的相关性进行验证,基于改进后的作物缺水指数 $CWSI_{IMP}$ 进行旱情等级划分,应用于河南省冬小麦干旱监测,以期为大范围农田干旱监测与评估、农田灌溉管理及农业可持续发展等提供科学依据。

2.4.2 改进作物缺水指数监测农业干旱

2.4.2.1 作物缺水指数

IDSO 等(1981)由冠层温度和空气温度的差值与空气水汽压之间的关系给出了作物缺水指数(CWSI)的定义,指出当实际蒸散与潜在蒸散的比值从 1 到 0 变化时,CWSI 从 0 到 1 变化,值越大,表示干旱越严重。Jackson 等(1981)给出了 CWSI 的计算公式:

$$CWSI = 1 - \frac{E}{E_p} = \frac{\gamma(1 + r_c/r_a) - \gamma^*}{\Delta + \gamma(1 + r_c/r_a)} \tag{2-6}$$

式中:E 为实际蒸散;E_p 为潜在蒸散;γ 为温度计算常数;Δ 为饱和蒸汽压与温度的相关关系,可由空气温度估算;r_c/r_a 根据净辐射、冠层温度、空气温度、水汽压差和空气动力阻力计算得到。

2.4.2.2 作物缺水指数改进方法

CWSI 是一种从作物冠层温度变化出发来反映作物对干旱的响应的监测指数。因目前尚未有一种监测指标可以精确、完整地表达农业干旱,采用综合性的干旱监测指数或对现有从单一要素出发的农业干旱监测指数进行改进有望提高干旱监测评估精度。以 TVDI 指数为例,当前研究认为综合考虑冠层结构和冠层温度的 TVDI 指数在农业干旱监测中有较好的表现,同时 LAI-LST 特征空间优于 EVI-LST 特征空间和 NDVI-LST 特征空间。在改进一些反映土壤水分变化的干旱指数和反映冠层温度变化的干旱指数时,通常采用加入植被覆盖度、植被指数(vegetation indexes,VIs)、叶面积指数(leaf area index,LAI)等冠层结构参数的方式,MPDI 在垂直干旱指数(perpendicular drought index,PDI)的基础上引入了植被覆盖度因子 f_v(Abduwasit 等,2007),表达式为:

$$\mathrm{MPDI} = \frac{R_\mathrm{Red} + MR_\mathrm{NIR} - f_v(R_{v,\mathrm{Red}} + MR_{v,\mathrm{NIR}})}{(1 - f_v)\sqrt{M^2 + 1}} \tag{2-7}$$

式中:R_Red 和 R_NIR 分别为植被在红光波段和近红外波段的反射率;$R_{v,\mathrm{Red}}$ 和 $R_{v,\mathrm{NIR}}$ 为田间测量系数,M 为土壤线的斜率。

f_v 可由植被指数计算得到,其中一种计算形式如下(权文婷 等,2021):

$$f_v = \frac{\mathrm{NDVI} - \mathrm{NDVI}_\mathrm{min}}{\mathrm{NDVI}_\mathrm{max} + \mathrm{NDVI}_\mathrm{min}} \tag{2-8}$$

式中:NDVI 为归一化植被指数;$\mathrm{NDVI}_\mathrm{max}$ 和 $\mathrm{NDVI}_\mathrm{min}$ 分别为研究区内植被覆盖像元的 NDVI 最大值和裸土的 NDVI 值。

本节参考 TVDI 和 MPDI 指数的构建方法分析改进 CWSI。原始 CWSI 体现了作物的蒸腾和土壤的蒸发情况,主要反映了植被供水状况的变化,具有一定的综合性。当前研究表明,植被供水状况与植被水分实际状况之间存在一定的滞后性,作物形态及绿度变化等反映植株水分实际状况的指标是干旱影响评估中的重要指标,原始 CWSI 因缺乏表征作物形态和绿度变化的因子,在应用于农业干旱监测时存在局限性。改进的作物缺水指数在 CWSI 的基础上考虑了水分变化导致的作物形态变化,增加了 LAI 变化项表征作物形态的变化,反映了干旱对作物生长的实际影响。改进后的作物缺水指数 $\mathrm{CWSI}_\mathrm{IMP}$ 表达式为:

$$\mathrm{CWSI}_\mathrm{IMP} = 1 - \left(\alpha \frac{E}{E_\mathrm{p}} + \beta \frac{\Delta \mathrm{LAI}}{\Delta \mathrm{LAI}_\mathrm{max}}\right) \tag{2-9}$$

式中:E 为实际蒸散;E_p 为潜在蒸散;$\Delta\mathrm{LAI}$ 代表任一像元位置对比上一监测时相的 LAI 变化量,取 8 d;$\Delta\mathrm{LAI}_\mathrm{max}$ 为同时期研究区作物 LAI 的最大正向变化量;α、β 为调整系数,其和为 1,本节采用试错法确定 α 值为 0.797、β 值为 0.203。

2.4.3 改进前后作物缺水指数比较

在河南省冬小麦种植区利用 SEBS 模型结合 Suomi NPP 卫星遥感数据计算实际蒸散与潜在蒸散,数据的空间分辨率均为 0.01°,利用 MODIS LAI 标准数据集计算 LAI 变化量,进而计算研究区的 $\mathrm{CWSI}_\mathrm{IMP}$ 和 CWSI 两种指数,如图 2-4 所示。

由图 2-4 可以看出,改进前后的河南省作物缺水指数分布图存在较明显差异,2018 年 3 月 22 日和 4 月 14 日研究区 $\mathrm{CWSI}_\mathrm{IMP}$ 均普遍低于 CWSI,特别是河南省西部、西南部、西北部地区 $\mathrm{CWSI}_\mathrm{IMP}$ 监测的干旱程度显著轻于 CWSI 的监测结果。分析原因,$\mathrm{CWSI}_\mathrm{IMP}$ 加入了 LAI 变化量来表征作物形态变化,而水分变化导致的 LAI 变化具有一定的滞后性,如果

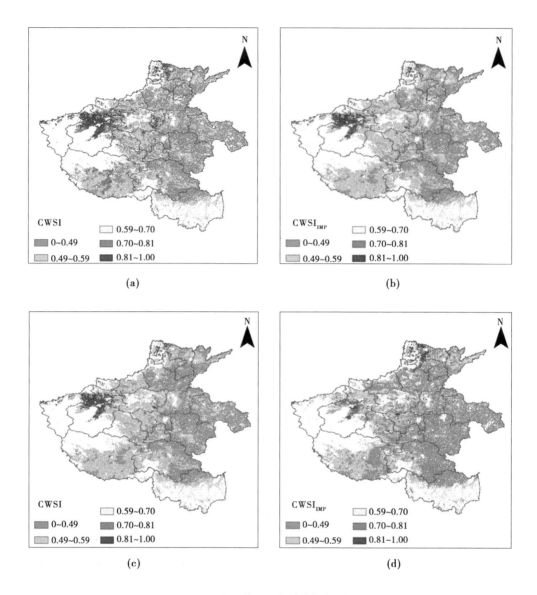

图 2-4 改进前后作物缺水指数对比

前期农田墒情适宜,短期干旱下 LAI 等指标不会剧烈下降,当作物经历一定时间的生理干旱时,作物形态才逐渐发生变化。图 2-4 中 CWSI 指数较高的地区多分布在河南省西部、西南部、西北部山地、丘陵地带的农田区域,这些区域多为雨养区,发生气象干旱时因田间灌溉不足,农田 ET 快速下降,因而 CWSI 指数迅速升高,如果该地区前期并未发生持续性干旱,则作物冠层 LAI 不会快速变化,因而 $CWSI_{IMP}$ 指数较同像元计算得到的 CWSI 指数低,即反映农业干旱程度较轻。上述分析表明,$CWSI_{IMP}$ 指数可反映干旱对作物实际生长的影响程度。

为进一步比较改进前后作物缺水指数对农业干旱的监测效果,选择判断农业干旱等级的重要指标 20 cm 土壤相对湿度为参照,获取 2016 年、2017 年和 2018 年 4 月 17 日商丘、信阳、周口等 23 个观测站点代表性日期 20 cm 土壤相对湿度实测数据,分别计算对应日期 $CWSI_{IMP}$ 和 CWSI 与 20 cm 土壤相对湿度的相关系数,如图 2-5 所示。结果显示,$CWSI_{IMP}$ 与 20 cm 土壤相对湿度的拟合程度更好,相关系数 R^2 为 0.856,较 CWSI 与 20 cm 土壤相对湿度的 $R^2 = 0.803$ 有明显提高。

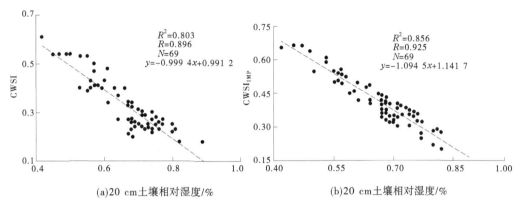

图 2-5 改进前后作物缺水指数与 20 cm 土壤相对湿度拟合分析

2.4.4 基于 $CWSI_{IMP}$ 的农业干旱监测

根据 CWSI 与 $CWSI_{IMP}$ 和 20 cm 土壤相对湿度的拟合方程,参照干旱等级划分标准(张强 等,2006),将以 20 cm 土壤相对湿度为指标的干旱等级划分标准分别转换为以 CWSI 与 $CWSI_{IMP}$ 为指标的干旱等级划分标准。其中,作物缺水指数 CWSI 与 20 cm 土壤相对湿度的拟合公式为 $y = -0.999\,4x + 0.991\,2$($R^2 = 0.803$),改进后的作物缺水指数 $CWSI_{IMP}$ 与 20 cm 土壤相对湿度的拟合公式为 $y = -1.094\,5x + 1.141\,7$($R^2 = 0.856$),分别计算得到以 CWSI 和 $CWSI_{IMP}$ 为标准的干旱等级阈值(在实际应用中可选择保留两位小数),如表 2-5 所示。

表 2-5 基于 $CWSI_{IMP}$ 的干旱等级划分标准

等级	类型	20 cm 土壤相对湿度/%	CWSI	$CWSI_{IMP}$
1	无旱	>60	0~0.392	0~0.485
2	轻旱	50~60	0.393~0.492	0.486~0.594
3	中旱	40~50	0.493~0.592	0.595~0.704
4	重旱	30~40	0.593~0.692	0.705~0.813
5	特旱	<30	0.693~1.000	0.814~1.000

以 2018 年 3 月 22 日为例,分别利用 20 cm 土壤相对湿度、CWSI 与 $CWSI_{IMP}$ 等三种指标制作研究区冬小麦干旱监测图,其中,因 20 cm 土壤相对湿度数据为站点数据,利用反距离权重法将站点干旱监测数据插值为面数据,三种冬小麦干旱监测图如图 2-6 所示。

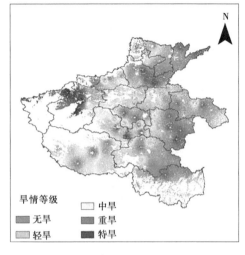
(a)20 cm土壤相对湿度干旱等级

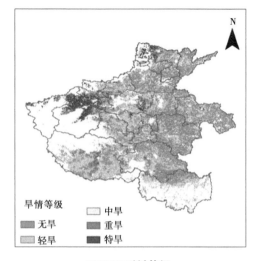
(b)CWSI干旱等级

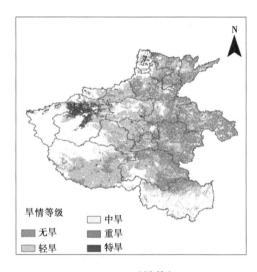
(c)$CWSI_{IMP}$干旱等级

图2-6 2018年3月22日河南省冬小麦干旱监测分级

如图2-6所示,在河南省冬小麦种植区,基于$CWSI_{IMP}$的干旱等级监测结果相较基于CWSI的干旱等级监测结果整体偏低,与基于20 cm土壤相对湿度的干旱监测分级图一致性更高。其中,在河南省西部、西南部和西北部等山地区域的农田地带,基于$CWSI_{IMP}$监测的干旱等级与基于CWSI监测的干旱等级差异最为明显,前者监测到的干旱情况明显轻于后者。前人的研究指出,CWSI易受地形和植被状况影响,且在降水少的季节得到的干旱结果略高于实际情况,与本节得出$CWSI_{IMP}$监测结果轻于CWSI监测结果的结论一致。河南省西部、西南部和西北部山地周边的耕地因为缺乏有效灌溉,在气候干旱发生时,其农业干旱发生程度往往高于河南省中部、东部等灌溉区,但繁茂的森林植被具有涵养水源的功能,在一定程度上可以缓解其周边农田的干旱程度,这解释了在上述区域

CWSI$_{IMP}$ 监测结果明显轻于 CWSI 监测结果的原因。分析表明,在河南省冬小麦种植区利用 CWSI$_{IMP}$ 监测农业干旱等级具有较高的可靠性。

2.4.5 小结

主要农业干旱遥感监测指标在不同研究区域、不同作物的不同生育期应用效果存在差异。近年来,CWSI 在农业干旱监测中取得了良好的应用效果,但现有研究表明,CWSI 主要反映了植被供水状况,在反映植被水分实际状况时存在一定的滞后性。本节参考经典农业干旱遥感监测指标的改进方法,从 CWSI 的物理意义出发,通过增加 LAI 变化项,提出一种改进的作物缺水指数 CWSI$_{IMP}$。在研究区分别生成相同日期的 CWSI$_{IMP}$ 分布图和 CWSI 分布图,从分布特点来看,前者较后者更为合理。选用河南省 23 个农业气象观测站的 20 cm 土壤相对湿度实测数据,分别建立对应日期 CWSI 和 CWSI$_{IMP}$ 与 20 cm 土壤相对湿度的拟合方程,结果显示,CWSI$_{IMP}$ 与 20 cm 土壤相对湿度的相关系数为 0.856,较 CWSI 与 20 cm 土壤相对湿度的相关系数 0.803 有明显提高。本节参照干旱等级划分标准,将以 20 cm 土壤相对湿度为指标的干旱等级划分标准分别转换为以 CWSI 和 CWSI$_{IMP}$ 为指标的干旱等级划分标准,基于 CWSI 与 CWSI$_{IMP}$ 阈值指标分别制作了河南省冬小麦干旱监测等级图,区域分析表明在河南省冬小麦种植区利用 CWSI$_{IMP}$ 指标监测农业干旱等级较 CWSI 指标具有更高的可靠性和合理性。本节结论中 CWSI$_{IMP}$ 较 CWSI 的改进之处与前人研究中指出的 CWSI 不足之处有良好的对应关系,进一步证明了加入 LAI 变化项改进的作物缺水指数 CWSI$_{IMP}$ 在河南省冬小麦干旱监测中取得了优于 CWSI 的应用效果。

参考文献

[1] ALLEN R G, PEREIRA L S, RAES D, et al. Crop evapotranspiration-guidelines for computing crop water requirements-FAO irrigation and drainage paper 56 [J]. FAO, Rome, 1998, 300(9): D05109.

[2] DU L, TIAN Q, YU T, et al. A comprehensive drought monitoring method integrating MODIS and TRMM data[J]. International Journal of Applied Earth Observation and Geoinformation, 2013, 23(1): 245-253.

[3] EZZINE H, BOUZIANE A, OUAZAR D. Seasonal comparisons of meteorological and agricultural drought indices in Morocco using open short time-series data[J]. International Journal of Applied Earth Observation and Geoinformation, 2014, 26: 36-48.

[4] FONG B N, REBA M L, TEAGUE T G, et al. Eddy covariance measurements of carbon dioxide and water fluxes in US mid-south cotton production [J]. Agriculture, Ecosystems & Environment, 2020, 292: 106813.

[5] GHULAM A, QIN Q, TEYIP T, et al. Modified perpendicular drought index (MPDI): a real-time drought monitoring method[J]. ISPRS Journal of Photogrammetry and Remote Sensing, 2007, 62(2): 150-164.

[6] HUANG J, ZHUO W, LI Y, et al. Comparison of three remotely sensed drought indices for assessing the impact of drought on winter wheat yield[J]. International Journal of Digital Earth, 2020, 13(4): 504-526.

[7] IDSO S B, JACKSON R D, PINTER P J, et al. Normalizing the stress degree day for environmental varia-

bility [J]. Agricultural Meteorology, 1981, 24: 45-55.

[8] JACKSON R D, IDSO S B, REGINATO R J, et al. Canopy temperature as a crop water stress indicator [J]. Water Resources Research, 1981, 17(4): 1133-1138.

[9] LI F, WANG Q, HU W, et al. Rapid assessment of disaster damage and economic resilience in relation to the flooding in Zhengzhou, China in 2021[J]. Remote Sensing Letters, 2022, 13(7): 651-662.

[10] LI Z L, TANG R, WAN Z, et al. A review of current methodologies for regional evapotranspiration estimation from remotely sensed data[J]. Sensors, 2009, 9(5): 3801-3853.

[11] MA W, HAFEEZ M, ISHIKAWA H, et al. Evaluation of SEBS for estimation of actual evapotranspiration using ASTER satellite data for irrigation areas of Australia[J]. Theoretical and Applied Climatology, 2013, 112: 609-616.

[12] MOHAMMADIAN M, ARFANIA R, SAHOUR H. Evaluation of SEBS algorithm for estimation of daily evapotranspiration using landsat-8 dataset in a semi-arid region of central Iran[J]. Open Journal of Geology, 2017, 7(3): 335-347.

[13] SU Z. The Surface Energy Balance System (SEBS) for estimation of turbulent heat fluxes[J]. Hydrology and Earth System Sciences, 2002, 6(1): 85-100.

[14] TANG R, LI Z L, TANG B. An application of the Ts-VI triangle method with enhanced edges determination for evapotranspiration estimation from MODIS data in arid and semi-arid regions: implementation and validation[J]. Remote Sensing of Environment, 2010, 114(3): 540-551.

[15] WANG M, WANG Y, TENG F, et al. Estimation and analysis of PM2.5 concentrations with NPP-VIIRS nighttime light images: a case study in the Chang-Zhu-tan urban agglomeration of China[J]. International Journal of Environmental Research and Public Health, 2022, 19(7): 4306.

[16] WILHITE D A, GLANTZI M H. Understanding the drought phenomenon: The role of definitions[J]. Water International, 1985, 10(3): 111-120.

[17] WU X, ZHOU J, WANG H, et al. Evaluation of irrigation water use efficiency using remote sensing in the middle reach of the Heihe River, in the semi-arid Northwestern China[J]. Hydrological Processes, 2015, 29(9): 2243-2257.

[18] 曾丽红, 宋开山, 张柏, 等. 松嫩平原不同地表覆盖蒸散特征的遥感研究[J]. 农业工程学报, 2010, 26(9): 233-242, 388.

[19] 陈方藻, 刘江, 李茂松. 60年来中国农业干旱时空演替规律研究[J]. 西南师范大学学报(自然科学版), 2011, 36(4): 111-114.

[20] 褚荣浩, 李萌, 谢鹏飞, 等. 安徽省近20年地表蒸散和干旱变化特征及其影响因素分析[J]. 生态环境学报, 2021, 30(6): 1229-1239.

[21] 丁梦娇, 丘仲锋, 张海龙, 等. 基于NPP-VIIRS卫星数据的渤黄海浊度反演算法研究[J]. 光学学报, 2019, 39(6): 17-25.

[22] 韩淑敏, 程一松, 胡春胜. 太行山山前平原作物系数与降水年型关系探讨[J]. 干旱地区农业研究, 2005, 23(5): 152-158.

[23] 何慧娟, 卓静, 李红梅, 等. 基于MOD16产品的陕西关中地区干旱时空分布特征[J]. 干旱地区农业研究, 2016, 34(1): 236-241.

[24] 何磊, 王瑶, 别强, 等. 基于SEBS-METRIC方法的黑河流域中游地区农田蒸散[J]. 兰州大学学报(自然科学版), 2013, 49(4): 504-510.

[25] 何延波, 王石立. 遥感数据支持下不同地表覆盖的区域蒸散[J]. 应用生态学报, 2007, 18(2): 288-296.

[26] 何真, 胡洁, 蔡志文, 等. 协同多时相国产 GF-1 和 GF-6 卫星影像的艾草遥感识别[J]. 农业工程学报, 2022, 38(1): 186-195.

[27] 胡程达, 方文松, 王红振, 等. 河南省冬小麦农田蒸散和作物系数[J]. 生态学杂志, 2020, 39(9): 3004-3010.

[28] 黄友昕, 刘修国, 沈永林, 等. 农业干旱遥感监测指标及其适应性评价方法研究进展[J]. 农业工程学报, 2015, 31(16): 186-95.

[29] 矫京均, 辛晓洲, 余珊珊, 等. HJ-1 卫星数据估算地表能量平衡[J]. 遥感学报, 2014, 18(5): 1048-1058.

[30] 李杰, 陈锐, 吴杨焕, 等. 北疆地区滴灌冬小麦农田蒸散特征[J]. 干旱地区农业研究, 2016, 34(1): 31-37, 80.

[31] 李茂松, 李章成, 王道龙, 等. 50 年来我国自然灾害变化对粮食产量的影响[J]. 自然灾害学报, 2005, 14(2): 55-60.

[32] 李颖, 陈怀亮, 梁辰, 等. 基于 NPP VIIRS 数据和 SEBS 模型的河南省冬小麦蒸散量估算与时空特征[J]. 中国生态农业学报(中英文), 2023, 31(4): 587-597.

[33] 梁辰. 基于 NPP-VIIRS 的河南省冬小麦蒸散发遥感估算及干旱监测研究[D]. 郑州: 郑州大学, 2022.

[34] 马梓策, 孙鹏, 张强, 等. 基于 MODIS 数据的华北地区遥感干旱监测研究[J]. 地理科学, 2022, 42(1): 152-162.

[35] 权文婷, 王旭东, 李红梅. 基于 FY-3D/MERSI-II 数据的陕西农业干旱遥感监测应用研究[J]. 干旱地区农业研究, 2021, 39(1): 158-163.

[36] 宋璐璐, 尹云鹤, 吴绍洪. 蒸散发测定方法研究进展[J]. 地理科学进展, 2012, 31(9): 1186-1195.

[37] 宋廷强, 鲁雪丽, 卢梦瑶, 等. 基于作物缺水指数的农业干旱监测模型构建[J]. 农业工程学报, 2021, 37(24): 65-72.

[38] 宋小宁, 赵英时. 改进的区域缺水遥感监测方法[J]. 中国科学: 地球科学, 2006, 36(2): 188-194.

[39] 宋艳玲. 全球干旱指数研究进展[J]. 应用气象学报, 2022, 33(5): 513-526.

[40] 苏城林, 苏林, 陈良富, 等. NPP VIIRS 数据反演气溶胶光学厚度[J]. 遥感学报, 2015, 19(6): 977-982.

[41] 孙皓, 李传华, 姚晓军. 基于 NPP-VIIRS 数据的喜马拉雅山北坡典型湖泊湖冰提取分析[J]. 冰川冻土, 2021, 43(1): 70-79.

[42] 孙灏, 陈云浩, 孙洪泉. 典型农业干旱遥感监测指数的比较及分类体系[J]. 农业工程学报, 2012, 28(14): 147-154.

[43] 田国珍, 武永利. 基于遥感蒸散模型的山西省干旱监测研究[J]. 中国农学通报, 2013, 29(36): 160-166.

[44] 汪左, 王芳, 张运. 基于 CWSI 的安徽省干旱时空特征及影响因素分析[J]. 自然资源学报, 2018, 33(5): 853-866.

[45] 王欢, 张超, 郧文聚, 等. 基于多时相 GF1-WFV 和 GF3-FSII 极化特征的湿地分类[J]. 农业机械学报, 2020, 51(3): 209-215.

[46] 王利民, 刘佳, 张有智, 等. 我国农业干旱灾害时空格局分析[J]. 中国农业资源与区划, 2021, 42(1): 96-105.

[47] 王蕊, 张继权, 曹永强, 等. 基于 SEBS 模型估算辽西北地区蒸散发及时空特征[J]. 水土保持研

究,2017,24(6):382-387.
- [48] 王蔚丹,孙丽,裴志远,等.典型旱年农业干旱遥感监测指标在东北地区生长季的表现[J].中国农业气象,2021,42(4):307-317.
- [49] 王妍,张晓龙,石嘉丽,等.中国冬小麦主产区气候变化及其对小麦产量影响研究[J].中国生态农业学报(中英文),2022,30(5):723-734.
- [50] 姚瑶,唐婉莹,袁宏伟,等.基于称重式蒸渗仪的淮北平原冬小麦蒸散估算模型的本地化[J].麦类作物学报,2020,40(6):737-745.
- [51] 张亚丽,王万同.遥感估算伊洛河流域地表蒸散的空间尺度转换[J].测绘学报,2013,42(6):906-912.
- [52] 张宇.基于SEBS模型的河南省麦区蒸散发估算[D].郑州:郑州大学,2019.
- [53] 张圆,郑江华,刘志辉,等.基于Landsat8遥感影像和SEBS模型的呼图壁县蒸散量时空格局分析[J].生态科学,2016,35(2):26-32.
- [54] 张振宇,李小玉,孙浩.地表反照率不同计算方法对干旱区流域蒸散反演结果的影响——以新疆三工河流域为例[J].生态学报,2019,39(8):2911-2921.
- [55] 赵红,赵玉金,李峰,等.FY-3/VIRR卫星遥感数据反演省级区域蒸散量[J].农业工程学报,2014,30(13):111-118,294.
- [56] 赵焕,徐宗学,赵捷.基于CWSI及干旱稀遇程度的农业干旱指数构建及应用[J].农业工程学报,2017,33(9):116-125,316.
- [57] 赵笑然,石汉青,杨平吕,等.NPP卫星VIIRS微光资料反演夜间PM2.5质量浓度[J].遥感学报,2017,21(2):291-299.
- [58] 郑超磊,胡光成,陈琪婷,等.遥感土壤水分对蒸散发估算的影响[J].遥感学报,2021,25(4):990-999.
- [59] 郑倩倩,代鹏超,张金燕,等.基于SEBS模型的精河流域蒸散发研究[J].干旱区研究,2020,37(6):1378-1387.
- [60] 郑珍,王子凯,蔡焕杰.基于SIMDualKc模型估算非充分灌水条件下冬小麦蒸散量[J].排灌机械工程学报,2020,38(2):212-216.

第3章 基于改进水云模型的冬小麦土壤墒情反演

3.1 研究背景与研究内容

3.1.1 研究背景

土壤墒情是水文学、气象学及农业科学研究领域的一个重要指标，是土壤-植物-大气连续体的一个重要因子，土壤水分作为陆面生态系统水循环的重要组成部分，是作物生长发育的基本条件，也是研究作物旱情监测、作物估产的重要参数。准确监测土壤墒情，制订输水配水计划，对节约水资源和农作物增产具有重要意义。我国是旱灾发生频繁的国家，相对于其他自然灾害，旱灾具有影响范围大、发生时间长的特点，对农业生产的影响更大。河南省是农业大省，粮棉油等主要农产品产量均居全国前列，是全国重要的优质产品生产基地。同时，河南省是我国严重缺水省份之一，人均水资源占有量仅为全国人均水平的1/5，而灌溉用水量又占用水总量的70%，水资源供需矛盾突出已成为河南省农业和经济社会可持续发展的关键制约因素，因此准确反演土壤墒情，根据墒情对农作物进行适时适量灌溉，对节约水资源和增加作物产量具有重要意义。由于土壤水分在时间、空间范围上变化较大，传统的土壤墒情监测方法是通过设立监测站点进行人工监测，采用仪器设备进行土壤水分的测量，需要消耗大量的人力、物力、财力，且监测点稀疏，以点的墒情代替区域的墒情状况，其代表性差，无法反映土壤墒情的空间分布状况，数据收集的周期长，使得传统土壤墒情监测法难以满足实时、大范围监测的需要。因此，在要求精度范围内如何获取大范围地表土壤水分时空分布信息是一个迫切需要解决的问题。

随着遥感技术的快速发展，土壤墒情的遥感监测成为定量遥感的重要发展方向。遥感数据具有宏观性、动态性、快速性、成本低等特点，利用遥感数据对土壤墒情变化进行监测，可以直观地反映地表土壤含水量的状况，同时在时间与空间尺度上具有很大的优越性，用于监测土壤墒情变化具有理想的效果。近几年随着我国遥感技术的发展，可用于土壤墒情反演的遥感数据源越来越多，特别是2016年8月我国第一颗C波段全极化合成孔径雷达(SAR)高分三号卫星在太原卫星发射中心成功发射，标志着我国在主动微波遥感方面实现重大突破。高分三号是世界上成像模式最多的合成孔径雷达(SAR)卫星，具有12种成像模式，分辨率达到1m，具有全天时、全天候的观测能力，已被广泛应用。相对于光学遥感而言，土壤含水量的不同导致土壤介电常数存在较大差异，使得雷达的回波信号也不相同，对土壤水分具有高度的敏感性。同时微波遥感因其具有一定的穿透性，并且不受天气条件的限制，能大大提高反演的准确性和可靠性，对于土壤含水量的计算提供了强有力的手段。应用新的遥感数据以及多种遥感数据的融合，开展土壤墒情监测研究，实现冬小麦的适时适量灌溉，对节约水资源和提高作物产量具有重要意义，同时可为智慧农业建设奠定坚实基础。

3.1.2　研究内容

河南省是农业大省,是全国重要的优质农产品生产基地,但由于地理位置、气候等因素,常常产生干旱等气象灾害,对经济发展产生极为不利的影响。本研究以河南省鹤壁市为研究区,联合利用主动微波遥感(Sentinel-1 SAR)和光学遥感(Sentinel-2)数据,分别从 AIEM 模型、水云模型、植被散射模型及深度学习等方法对研究区的麦田土壤墒情开展反演研究和应用,为研究区的现代化灌溉和智能化发展提供技术支持。具体如下:

(1)建立适合土壤墒情反演的植被指数模型。分析比较四种光谱植被指数(NDVI、NDWI1610、NDWI2190 和 NDRI)与植被含水量的关系,并采用灰色关联法建立双植被指数模型与植被含水量的拟合模型。

(2)在水云模型中利用上述双植被指数模型计算小麦冠层含水量,得到去除小麦冠层后向散射贡献,基于 AIEM 建立符合研究区的 VV 极化差和 VH 极化差与组合粗糙度的经验模型。

(3)建立土壤墒情与去除小麦冠层后向散射贡献的土壤后向散射系数及组合粗糙度的半经验模型,反演研究区小麦在不同生育期(三叶期、拔节期、孕穗期和灌浆期)的土壤墒情时空分布情况。通过分别与未去除小麦冠层后向散射贡献及采用其他植被指数去除小麦冠层后向散射贡献得到的土壤墒情反演结果和实测值进行对比分析,分析反演方法的可行性。

3.2　研究区与数据处理

3.2.1　研究区概况

河南省位于华北平原南部的黄河中下游地区,是我国粮食产量超过 3 000 万 t 大关的 3 个省(区)之一,其中小麦种植面积占粮食播种面积的 54%,总产量占全国的 1/4。本书以河南省鹤壁市小麦种植区为研究区域。鹤壁市(35°26′~36°2′N,113°59′~114°45′E)位于河南省北部,南北长 67 km,东西宽 69 km,总面积 2 182 km^2,属暖温带半湿润型季风气候,四季分明,光照充足,温差较大。年平均气温 14.2~15.5 ℃,年降水量 349.2~970.1 mm。鹤壁市在 2012 年被农业部确定为全国 5 个整建制推进高产创建试点市之一,其粮食高产创建和农业机械化、信息化、标准化等位于全国前列,是河南省唯一基本实现农业现代化的地区。截至 2019 年 7 月,优质专用小麦种植 27.5 万亩,较 2018 年增长 64.7%。因此,本书以鹤壁市作为研究区,对研究区的小麦覆盖区土壤墒情进行反演和应用。图 3-1 为研究区及样点位置示意图。

研究区农田种植多为旱作物,以小麦-玉米、小麦-棉花等一年两熟耕作制占主要地位。其中,小麦从播种到成熟整个生长过程可划分为 12 个生育时期,即出苗、三叶、分蘖、越冬、返青、起身、拔节、孕穗、抽穗、开花、灌浆、成熟期,灌浆期又可分为籽粒形成期、乳熟期、腊熟期、完熟期。鹤壁地区小麦的播种时间一般为当年 10 月 10 日播种,10 月 17 日

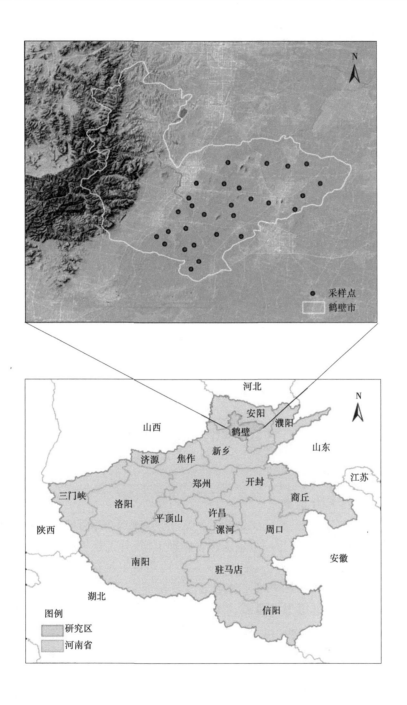

图 3-1 研究区位置及采样点布置示意图

出苗,10月28日进入三叶期,次年1月1日进入越冬期,2月19日进入返青期,3月20日进入拔节期,4月8日进入孕穗期,4月18日进入抽穗期,5月15日进入乳熟期,6月3日进入灌浆完熟末期,小麦成熟可以收割。利用 Sentinel-2 数据对研究区麦田进行掩膜处理,得到图 3-2 的研究区小麦种植范围。

图 3-2　研究区小麦种植范围

3.2.2　遥感数据获取与处理

3.2.2.1　Sentinel-1 SAR 数据

Sentinel-1 是欧空局(the European Space Agency,ESA)"哥白尼"计划中用于环境监测的一组卫星。Sentinel-1 作为一个星座包含两颗卫星,分别是 Sentinel-1A(2014 年 4 月 3 日发射)和 Sentinel-1B(2016 年 4 月 26 日发射),两颗卫星在同一轨道平面内,相位相差 180°,单个卫星每 12 d 映射全球一次,组成星座后重返周期缩至 6 d,赤道地区重访周期为 3 d,北极为 2 d。这组卫星搭载了 C 波段 SAR 传感器,具有条带模式(strip map,SM)、干涉宽幅模式(interferometric wide swath,IWS)、超宽幅模式(extra wide swath,EWS)和波模式(wave mode,WM)4 种成像模式,可在全球范围实现全天时、全天候、高分辨率对地和海洋的监测。Sentinel-1 数据产品共分 Level-0、Level-1 和 Level-2 三个级别,其中 Level-1 级数据产品包括单视复数影像(Single Look Complex,SLC)和地距影像(Ground Range Detected,GRD)。Level-2 级数据产品为海洋(Ocean,OCN)。Sentinel-1 雷达卫星主要参数、数据产品及成像模式如表 3-1 所示,其成像模式如图 3-3 所示。

表 3-1　Sentinel-1 成像模式及主要参数

轨道类型	近极地太阳同步轨道			
轨道高度	693 km			
轨道倾角	98.18°			
运行周期	99 min			
重访时间	6 d			
工作波段	C			
工作频率	5.405 GHz			
工作模式	干涉宽幅模式(IWS)	条带模式(SM)	超宽幅模式(EWS)	波模式(WM)
入射角	29°~46°	20°~45°	19°~47°	22°~38°
空间分辨率	5 m×20 m	5 m×5 m	20 m×40 m	5 m×5 m
幅宽	250 km	80 km	400 km	400 km
极化方式	HH-HV VV-VH HH,VV	HH-HV VV-VH HH,VV	HH-HV VV-VH HH,VV	HH,VV

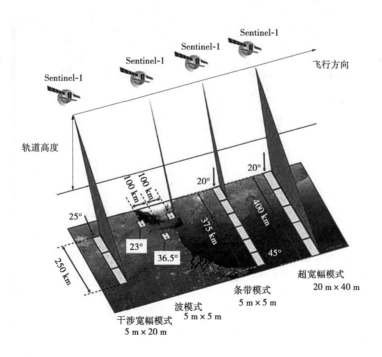

图 3-3　Sentinel-1 雷达卫星成像模式

研究从欧空局官网获取 2019 年 6 月 20 日至 2019 年 10 月 1 日 Sentinel-1 SAR 干涉宽幅模式下 Level-1 级别的单视复数(SLC)产品共 23 景,然后利用欧空局提供的 SNAP 软件对 Sentinel-1 SAR 数据进行预处理,处理过程主要包含以下步骤。

1. 辐射定标

SAR 影像的辐射定标是将雷达影像的 DN 值转换为大气外层的反射率,通过辐射定标,得到地物的表观反射率值。经过辐射定标,能够大幅度地消除传感器系统的自身误差,提高地物辐射率的精确度。定标公式为:

$$\sigma_{i,j}^0 = 10\log_{10}\left(\frac{D_{DN}^2}{A_\sigma^2}\right) \tag{3-1}$$

式中: $\sigma_{i,j}^0$ 为后向散射系数; i 为第 i 行, j 为第 j 列; D_{DN} 为灰度值; A_σ 为自动增益控制系数。

辐射定标操作过程为:选择 Radar 菜单下的 Radiometric,再选择 Calibrate 选项完成。需要注意的是,在选择文件的名字和输出位置时,生成文件默认 BEAM-DIMP 类型。这时需要选择对哪种极化方式进行定标,如果默认输出,则对电脑的要求较高,并且输出时间长。图 3-4 为 Sentinel-1 辐射定标前后效果图。

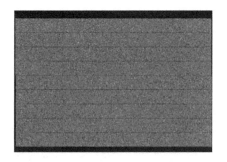 

(a)Sentinel-1 SAR原始影像　　　　　　(b)辐射定标后影像

图 3-4　Sentinel-1 辐射定标前后效果

2. TOPSAR 预处理

Sentinel-1 SAR IW SLC 数据包含 3 个子带(IW1、IW2、IW3),在一个 IW 产品中总共有 3 个(单极化)或 6 个(双极化)极化通道图像,这是由 TOPSAR 成像技术拍摄的,可获取质量更高的影像。为了去除影像脉冲带的暗带部分(黑色背景,无信号部分),需要合并所有脉冲带有效信号部分,即 IW1、IW2、IW3 子带全都被合并起来。操作过程为:选择 Radar 菜单下的 Sentinel-1 TOPS,再选择 S-1 TOPS Deburst。Processing parameters 选项卡里,选择对哪种极化方式进行合并,默认为全部。图形合并后,Sentinel-1 影像如图 3-5 所示。

3. 多视处理

为了消除或减弱相干斑噪声,进行多视处理,具体操作过程为:选择 Radarr 菜单下的 Multilooking 即可。多视处理的参数选择默认即可(斜距向视数为 4,方位向视数为 1)。经过处理后的影像,减少了大量后续数据量。

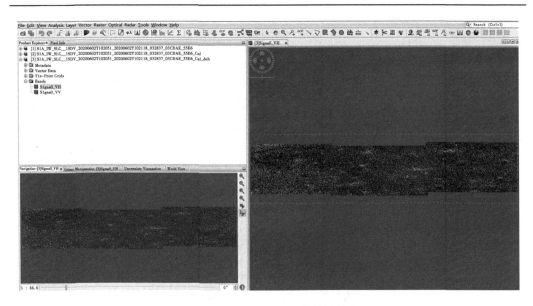

图 3-5　Sentinel-1 图形合并后效果

4. 滤波去噪

SAR 的影像噪声是其相干成像原理造成的,在雷达图像中产生的斑点噪声影响对地物目标的特征识别,因此有必要对雷达影像进行去噪。SAR 影像斑点噪声的抑制方法很多,如均值滤波、局部滤波、Lee 滤波、Sigma 滤波等。具体操作方法为:打开 Radar 菜单下的 Speckel Filtering,分为单幅滤波(Single Product Speckle Filter)和多时相数据滤波(Multi-temporal Speckle Filter),选择 Single product Speckle Filter。在参数面板中设置滤波类型、窗口大小等参数后输出数据。本书选择 Refined Lee 滤波对影像进行去噪,滤波处理过程及效果图如图 3-6 和图 3-7 所示。

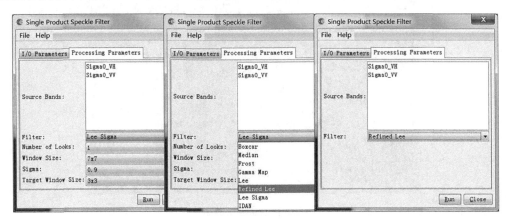

图 3-6　滤波去噪过程

图 3-7 Sentinel-1 滤波去噪后效果

5. 地理编码

在 SNAP 中,地理信息是单独存放在辅助信息中的,为了让数据产品自带坐标信息,就需要利用工具把地理信息写入 SAR 图像中。具体操作方法为:打开 Radar 菜单下的 Geometric 选择 Ellipsoid Correction,再选择 Geolocation Grid 即可。经过地理编码后的 Sentinel-1 SAR 效果图如图 3-8 所示。

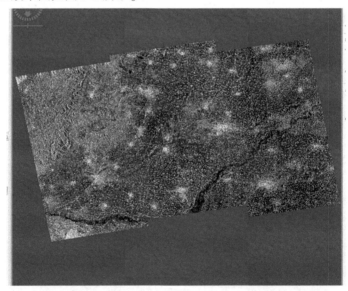

图 3-8 Sentinel-1 地理编码后 SAR 图像

3.2.2.2 Sentinel-2 影像获取及预处理

Sentinel-2 是 ESA"哥白尼"计划中的高分辨率多光谱成像卫星,卫星携带高分辨率多光谱成像装置(MSI),Sentinel-2A 于 2015 年 6 月 23 日升空,卫星轨道平台高度为 786 m,运转倾角为 98.5°,重访周期 10 d,拥有 13 个光谱波段,从可见光和近红外到短波红外,宽幅可达290 km,空间分辨率分别为10 m(4个波段)、20 m(6个波段)和60 m(3个波段)。2017年3月7日,Sentinel-2B升空,与Sentinel-2A组成星座,形成互补,双星重返周期缩短至5 d,在免费数据源中,Sentinel-2卫星数据的时空分辨率最高。Sentinel-2卫星用于全球高分辨率和高重访能力的陆地观测、生物物理变化制图、监测海岸和内陆水域,以及风险和灾害制图等。在多光谱遥感卫星中,Sentinel-2是唯一在红边范围携带有3个波段(波段5、6、7)的多光谱卫星。Sentinel-2A因其独特的"红边"波段为区域植被生态环境特征信息的提取分析提供了全新的解决方案,拥有巨大的应用潜力。表3-2为Sentinel-2多光谱成像仪(MSI)的主要技术参数,表3-3为Sentinel-2多光谱成像仪(MSI)13个波谱及信噪比。

表3-2 Sentinel-2多光谱成像仪(MSI)的主要技术参数

技术参数	数据
成像模式	推扫式
光谱范围/nm	200~2 400(可见光,近红外,短波红外)
空间分辨率/m	10 m:B2,B3,B4,B8 20 m:B5,B6,B7,B8a,B11,B12 60 m:B1,B9,B10
幅宽/km	290
视场/(°)	20.6
数据传输率/(Mbit/s)	450
功率/W	266

表3-3 Sentinel-2多光谱成像仪(MSI)波谱及信噪比

波段	波谱	中心波段/nm	波段宽度/nm	空间分辨率/m	信噪比
1	Coastal aerosol	443	20	60	129
2	Blue	490	65	10	154
3	Green	560	35	10	168
4	Red	665	30	10	142
5	Vegetation red edge	705	15	20	117
6	Vegetation red edge	740	15	20	89
7	Vegetation red edge	783	20	20	105
8	NIR	842	115	10	172
8a	Vegetation red edge	865	20	20	72
9	Water vapour	940	20	60	114
10	SWIR-Cirrus	1 375	30	60	50
11	SWIR	1 610	90	20	100
12	SWIR	2 190	180	20	100

Sentinel-2 MSI 产品级别分为 Level-0、Level-1A/B/C 和 Level-2。Level-0 级数据是未经任何处理的原始数据；Level-1A 级数据是包含元信息的几何粗校正产品；Level-1B 级数据嵌入的是经 GCP 优化的几何模型但未进行相应的几何校正辐射率产品；Level-1C 级数据是经正射校正和亚像元级几何精校正后的大气表观反射率产品；Level-2 级数据是经过辐射定标和大气校正的大气底层反射率数据。本书从欧空局官网下载的 Sentinel-2 数据产品为 Level-2 级数据，无需进行辐射定标和大气校正，采用 SNAP 软件对 Sentinel-2 数据进行重采样并转换格式即可。进行重采样的具体过程为：打开 Raster，选择 Geometric Operation 菜单下的 Resampling，将 Sentinel-2 数据重采样至 10 m 的分辨率。

Sentinel-2 多光谱成像仪（MSI）的成像质量与其他光学传感器都极易受云、雾等天气因素的影响，难以获得清晰完整的高质量图像，使得在后续应用中数据收集和处理成本高且影像利用率低。从欧空局官网获取 54 景 Sentinel-2 影像，其中受大量云、云阴影和雾气等干扰或遮挡的影像有 29 景，其他景也有受到云、云阴影和雾气等干扰或遮挡的情况。为获得高质量、高精度的遥感影像，本书采用最小值方法进行合成，即当研究范围内的任意位置被多景光学影像覆盖时，选择被覆盖影像中各个波段中最小的波段值作为合成结果，最终的合成影像经过自动筛选后得到，图 3-9 为采用最小值合成的示意图。图 3-10 为经过最小值合成得到的研究区多个时期影像。

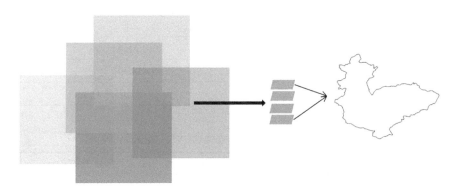

图 3-9 最小值合成法合成示意图

3.2.3 地表数据获取与处理

为了验证研究区土壤墒情反演算法并评价其精度，在鹤壁的小麦种植区布设 28 个试验点，每个实测样点周围 10 m×10 m 范围内，均匀采集 3 个点的土壤含水量数据，取其平均值作为该样点土壤含水量。在 Sentinel-1 过境同期进行实测，对研究区的地表及植被参数进行观测和取样。

3.2.3.1 土壤含水量测量

土壤含水量测量主要采用人工取土烘干的方法。首先通过环刀取土法得到试验测点的土样，并用铝盒存放土样（取土样之前，需对每个空铝盒称重）并称重，然后回到实验室采用烘干称重的方法得到土壤的重量含水量。土壤的重量含水量公式为：

(a)2019年11月29日　　　　　　　　(b)2020年3月23日

(c)2020年4月12日　　　　　　　　(d)2019年5月12日

图 3-10　研究区 Sentinel-2 影像合成结果(Sentinel-2 8、4、3 波段合成)

$$W = \frac{W_w - W_d}{W_w - W_0} \times 100\% \qquad (3-2)$$

式中：W 为土壤重量含水量(%)；W_w 为湿土和铝盒的重量,g；W_d 为干土和铝盒的重量,g；W_0 为铝盒的重量,g。

烘干法测得的是土壤的重量含水量,在研究中常用的是土壤的体积含水量,通过式(3-2)将土壤的重量含水量转换为体积含水量,即：

$$V = W \times \rho_b \qquad (3-3)$$

式中：V 为土壤体积含水量(%)；ρ_b 为土壤容重。

3.2.3.2　土壤粗糙度测量

土壤粗糙度参数包括均方根高度(Root Mean Square Height, RMSH)和相关长度(Correlation Length, CL)。实地用地表粗糙度测度仪进行土壤粗糙度的测量。测量时,将地表粗糙度测度仪插入待测地表,测度仪的指针根据地表的粗糙程度会有不同程度的降落,当指针降落稳定时,采用相机拍摄测度仪与地表的交界线和测度仪的刻度。经处理后,鹤壁研究区测得的相关长度(l)的值分布范围为 19.23~31.41 cm,均方根高度(s)分布范围为 0.60~1.85 cm。表 3-4 为研究区部分样点粗糙度测量值。

表 3-4 研究区部分样点粗糙度测量值

样点编号	均方根高度 s/cm	相关长度 l/cm	组合粗糙度 Z_s/cm
1	1.04	28.53	0.038
2	0.97	25.53	0.037
3	0.89	25.42	0.031
4	0.92	25.53	0.033
8	0.92	25.86	0.033
11	0.96	22.44	0.041
12	0.82	23.61	0.028
13	0.72	25.01	0.021
23	0.71	25.32	0.020
28	0.92	27.46	0.031

3.2.3.3 小麦植株含水量测定

本研究在每个样点进行取样,取样单位为 2 行×1 m,取样时间分别为 2018 年 11 月 25 日和 2019 年 5 月 23 日,天气晴朗。样本的处理包括:①小麦的鲜重:将每个样点采集的小麦植株样本装入密封袋中带回实验室,将叶片和茎秆剪取,放入经过标签及称重的样品袋内,使用准确到 0.01 g 的天平称重,然后减去袋重得到小麦的鲜重;②小麦的干重:把叶片放入纸袋封好,放入烘箱连续 24 h 在 80 ℃下烘干,直至恒温后,使用准确到 0.01 g 的天平称重,然后减去袋重得到小麦的干重。

3.2.4 结果评价指标

土壤墒情监测精度定量评价指标,常用的有:Pearson 相关系数 R、决定系数 R^2、均方根误差 RMSE、无偏均方根误差 RMSE、平均相对误差 MRE、平均绝对误差 MAE 和一致性指数 IA。这些指标的具体计算公式如下:

Pearson 相关系数(R)用于衡量模型的拟合优度,取值区间为(0,1)。结果数值越接近 1 时,代表模型拟合程度越高,表达式为:

$$R = \frac{\sum_{i=1}^{m}(P_i - \overline{P})(M_i - \overline{M})}{\sqrt{\sum_{i=1}^{m}(P_i - \overline{P})^2 \sum_{i=1}^{m}(M_i - \overline{M})^2}} \tag{3-4}$$

相关系数的 R^2 表示为:

$$R^2 = 1 - \frac{\sum_{i=1}^{m}(P_i - M_i)^2}{\sum_{i=1}^{m}(P_i - \overline{P})^2} \tag{3-5}$$

均方根误差(RMSE)衡量模型计算结果和地面实测土壤含水量的误差,表达式为:

$$\text{RMSE} = \sqrt{\frac{1}{m}\sum_{i=1}^{m}(P_i - M_i)^2} \tag{3-6}$$

平均相对误差是相对误差的平均值，表达式为：

$$\mathrm{MRE} = \frac{1}{m}\sum_{i=1}^{m}\frac{|P_i - M_i|}{P_i} \times 100\% \tag{3-7}$$

平均绝对误差是绝对误差的平均值，表达式为：

$$\mathrm{MAE} = \frac{1}{m}\sum_{i=1}^{m}|P_i - M_i| \tag{3-8}$$

式中：m 为样本数量；P_i 为第 i 个样本的实测土壤含水量；M_i 为第 i 个样本的模型估算土壤含水量；$\overline{P}$ 为特定生长期内全部土壤观测样本实测土壤含水量的平均值；$\overline{M}$ 为特定生长期内所有样本的模型估测土壤含水量的平均值。

3.3 植被含水量计算与土壤后向散射模拟

3.3.1 植被含水量模型构建

常用的植被含水量表示方法主要有叶片含水量（Fuel Moisture Content，FMC）、相对含水量（Relative Water Content，RWC）和等效水深（Equiv-alent Water Thickness，EWT）。研究表明，RWC 和 EWT 能够更加稳定地表征植被的水分状况，研究采用植被鲜叶重和干叶重之差与叶面积比值的 EWT 表征植被含水量。

3.3.1.1 植被光谱指数

利用光学遥感的两个波段或多个波段组合建立的光谱植被指数不仅形式简单，而且能够方便有效地表达植被状态信息，广泛地应用于植被含水量的反演。

Deering 在 1978 年提出归一化植被指数（Normalized Difference Vegetation Index，NDVI），该指数是近红外波段和红光波段光谱反射率之差与之和的比率，在植被含水量反演中运用最为普遍，其表达式为：

$$\mathrm{NDVI} = (R_{\mathrm{NIR}} - R_{\mathrm{Red}})/(R_{\mathrm{NIR}} + R_{\mathrm{Red}}) \tag{3-9}$$

式中：R_{NIR} 和 R_{Red} 分别是近红外波段和红光波段的光谱反射率。

Gao 在 1992 年提出用于研究植被含水量的归一化水分指数（Normalized Difference Water Index，NDWI），该指数是短波红外和近红外波段的归一化比值指数，表达式为：

$$\mathrm{NDWI} = (R_{\mathrm{NIR}} - R_{\mathrm{SWIR}})/(R_{\mathrm{NIR}} + R_{\mathrm{SWIR}}) \tag{3-10}$$

式中：R_{NIR} 为近红外波段光谱反射率；R_{SWIR} 为短波红外波段光谱反射率。

Dawson 等利用 NIR（970 mm）和 SWIR（1 200 mm）波段建立的 DNWI 也验证了该指数估算冠层含水量的能力；Chen 等采用 Terra-MODIS 中的 SWIR（1 640 nm）和 SWIR（2 130 nm）分别与 NIR（858 nm）波段建立的 DNWI 去估算大豆和棉花的冠层植被含水量，有较好的线性关系。

研究表明，介于红光和近红外波段之间的红边波段，植被叶片反射率在这个范围内会发生突变，利用红边波段识别地表类型、计算参数、判别植被生长状态、估算植被的叶面积指数方面都有较好的应用。Sentinel-2 卫星在红边有 3 个波段（Band 5、Band 6 和 Band 7），其中 Band 5 的中心波长位于红边波段范围的谷值（705 nm），Band 6 的中心波长位于红边波段范围的峰值(740 nm)。因此,采用这两个红边波段组成归一化红边指数(Normalized Difference Red Index,NDRI),即:

$$\text{NDRI} = (R_{\text{Red-eage1}} - R_{\text{Red-eage2}})/(R_{\text{Red-eage1}} + R_{\text{Red-eage2}}) \tag{3-11}$$

式中:$R_{\text{red-eage1}}$ 和 $R_{\text{red-eage2}}$ 分别对应 Sentinel-2 的 Band5 和 Band6 两个红边波段的光谱反射率。

3.3.1.2 植被含水量计算及验证

利用实测数据采用统计分析建立植被指数与植被含水量的关系是植被含水量计算常采用的方法,根据前人的研究结果,植被含水量与植被光谱指数存在线性、一元二次型及指数型的关系。对研究区的 28 个测点分别进行了两次植被含水量的测量,得到有效数据 48 组。用 Sentinel-2 地表反射率产品,对其进行波段运算,根据样点的空间坐标位置和实测时间,提取不同时期 NDVI、NDWI$_{1610}$、NDWI$_{2190}$ 和 NDRI 的值。然后分别拟合多种植被指数与植被含水量的关系,并使用灰色关联法对植被指数和植被含水量关联度进行定量计算,建立多种植被指数与植被含水量的相关性,即:

设定 $(y_1;x_{11},x_{21},\cdots,x_{k1}),\cdots,(y_n;x_{1n},x_{2n},\cdots,x_{kn})$ 为一个容量是 n 的样本,则:

$$\begin{cases} y_1 = \sum_{i=0}^{k} \beta_i e^{\alpha_i x_{i1}} + \varepsilon_1 \\ y_n = \sum_{i=0}^{k} \beta_i e^{\alpha_i x_{i1}} + \varepsilon_n \end{cases} \tag{3-12}$$

多元线性回归方程的一般表达式为:

$$y = \beta_0 + \beta_1 e^{\alpha_1 x_1} + \beta_2 e^{\alpha_2 x_2} + \cdots + \beta_k e^{\alpha_k x_k} + \varepsilon \tag{3-13}$$

式中:ε 为随机项,服从正态分布 $N(0,\sigma^2)$。

使用 NDVI 建立的植被含水量模型关联度最好($\varepsilon = 0.851$),NDRI 效果次之($\varepsilon = 0.821$),NDWI$_{1610}$ 和 NDWI$_{2190}$ 与植被含水量的相关性都低于以上两种指数。根据灰色关联分析的结果,筛选关联度大于 0.8 的 2 个植被指数,即归一化植被指数 NDVI 和归一化红边指数 NDRI,使用多元线性回归分析构建植被含水量估算模型,如式(3-14)所示:

$$m_{\text{veg}} = 0.249\,9e^{2.336\,9\text{NDVI}} + 0.131\,7e^{3.345\,2\text{NDRI}} + 0.141\,1 \tag{3-14}$$

式中:m_{veg} 为植被含水量。

植被指数与植被含水量的关系如表 3-5 所示。

表 3-5 植被指数与植被含水量的关系

指数	拟合模型	ε
NDVI	VWC $= 0.379\,4e^{2.336\,9\,\text{NDVI}}$	0.851
NDRI	VWC $= 0.490\,7e^{3.345\,2\,\text{NDRI}}$	0.821
NDWI$_{1610}$	VWC $= 0.579\,2e^{3.241\,6\text{NDWI}_{1610}}$	0.786
NDWI$_{2190}$	VWC $= 0.470\,8e^{2.519\,7\text{NDWI}_{2190}}$	0.742

为了验证拟合模型的精度,本书选取了 10 个有效样点数据来验证拟合模型。由图 3-11

可以看出,由 NDVI 构成的指数植被含水量模型[见图 3-11(a)]散点较为均匀地分布在 1:1 线附近,当植被含水量较低时(VWC<1 kg/m²),预测值大于实测值,且误差较大。由 NDRI 构成的指数植被含水量模型[见图 3-11(b)]散点在植被含水量小于 2 kg/m² 时,预测值大于实测值,当植被含水量大于 2 kg/m² 时,散点较为均匀地分布在 1:1 线附近。由 $NDWI_{1610}$ 和 $NDWI_{2190}$ 构成的指数植被含水量模型[见图 3-11(c)和图 3-11(d)]散点大部分低于 1:1 线,即预测值多小于实测值。使用 NDVI 和 NDRI 的双指数模型[见图 3-11(e)]得到的小麦含水量散点最接近 1:1 线,即预测值与实测值更加接近。

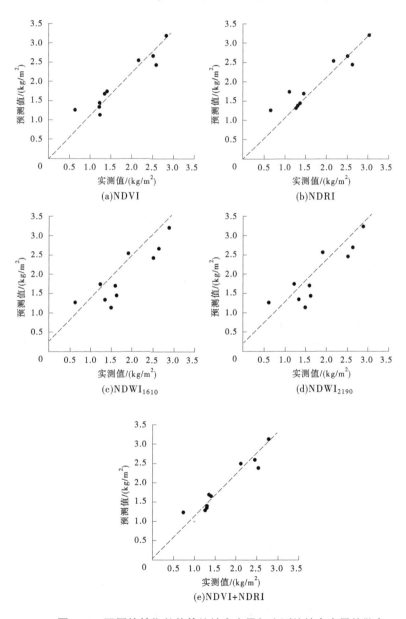

图 3-11 不同植被指数估算植被含水量与实测植被含水量的散点

为进一步验证模型的精度,表3-6列出了以上植被指数模型精度评价结果。由评价结果可以看出,利用双植被指数构建的植被含水量反演模型拟合程度最高,R^2为0.917;且误差最小,RMSE和MAE分别为0.028 8和0.242。采用$NDWI_{2190}$构建的植被含水量反演模型拟合程度最低,仅为0.764,误差最大,RMSE和MAE分别为0.035 5和0.285。

表3-6 植被指数模型的评价结果

序号	指数模型	评价指数		
		R^2	RMSE	MAE
1	NDVI	0.896	0.031 3	0.246
2	NDRI	0.893	0.031 8	0.274
3	$NDWI_{1610}$	0.77	0.036 4	0.286
4	$NDWI_{2190}$	0.764	0.035 5	0.285
5	NDVI+ NDRI	0.917	0.028 8	0.242

利用以上模型计算出的研究区不同日期植被含水量分布如图3-12~图3-15所示。图3-12是研究区在2018年11月14日的植被含水量分布,此时已是深秋,研究区的西北区域为山区,经实地调研,此时山区虽有部分植被冠层已发黄,但图3-12(c)和图3-12(d)采用NDWI反演的植被含水量几乎为零,明显低估了实际植被含水量;在研究区中部及东南部主要种植作物为冬小麦,实测含水量多处于0.5~1.5 kg/m²,采用双植被指数构成的植被含水量模型能够较真实地反映研究区的实际情况。

图3-13是研究区在2019年3月24日的植被含水量分布,此时研究区为初春,研究区中部及东南部的冬小麦处于拔节期,实测植被含水量大多在1.5~2.5 kg/m²,西北部的山区植被冠层部分刚刚发芽,植被含水量可忽略。图3-13(c)和图3-13(d)高估了研究区植被含水量,图3-13(a)和图3-13(e)能够较为真实地反映研究区的植被含水量。

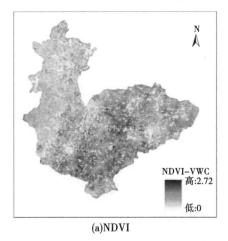
(a)NDVI

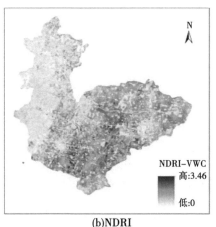
(b)NDRI

图3-12 不同指数反演的研究区植被含水量分布(2018年11月14日)

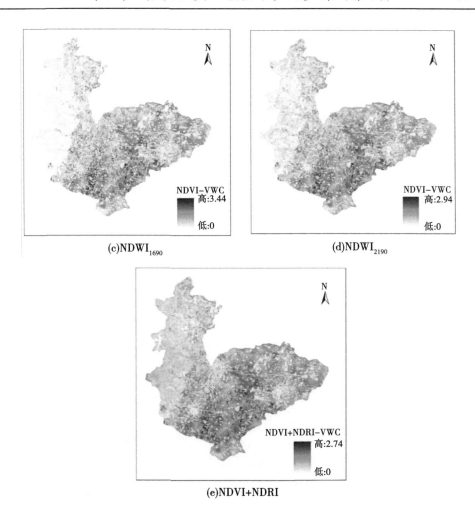

续图 3-12

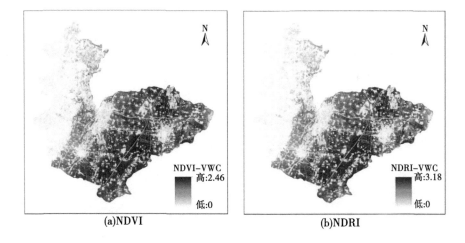

图 3-13 不同指数反演的研究区植被含水量分布(2019 年 3 月 24 日)

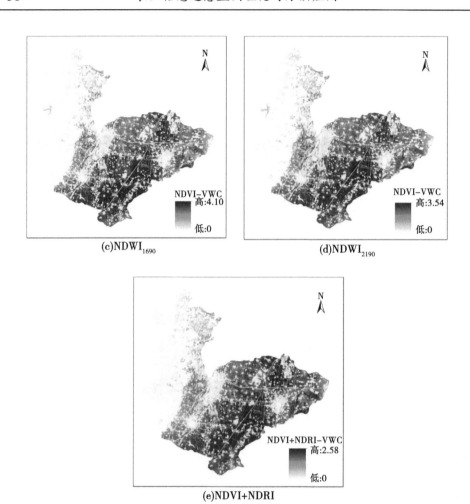

续图 3-13

图 3-14 是研究区 2019 年 4 月 18 日的植被含水量分布,此时研究区为春末,研究区中部及东南部的冬小麦已进入抽穗期,实测植被含水量大多在 2~3.5 kg/m², 西北部的山区植被冠层也具有一定的厚度,此时,多种植被构建的植被含水量模型表现较为一致。

图 3-15 是研究区在 2019 年 5 月 20 日的植被含水量分布图,此时研究区为夏初,研究区中部及东南部的冬小麦已进入成熟期,实测植被含水量下降,大多在 1.3~2.2 kg/m², 西北部的山区植被冠层茂密,此时,由模型 3 和模型 4 构建的植被含水量模型估算结果较低,而由图 3-15(a)、图 3-15(b)和图 3-15(e)构建的植被含水量分布表现较为符合实际。

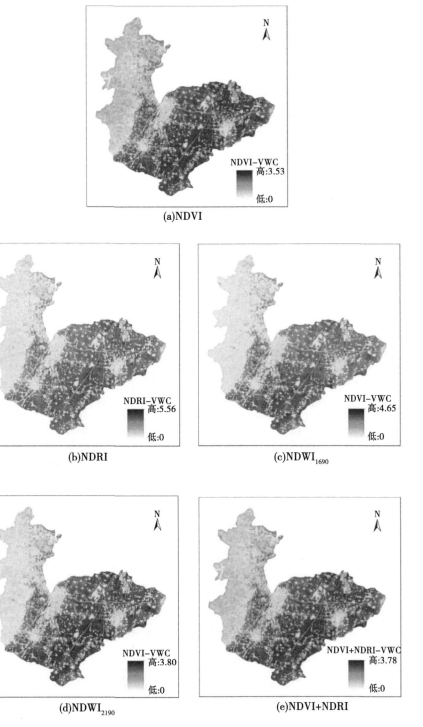

图3-14 不同指数反演的研究区植被含水量分布(2019年4月18日)

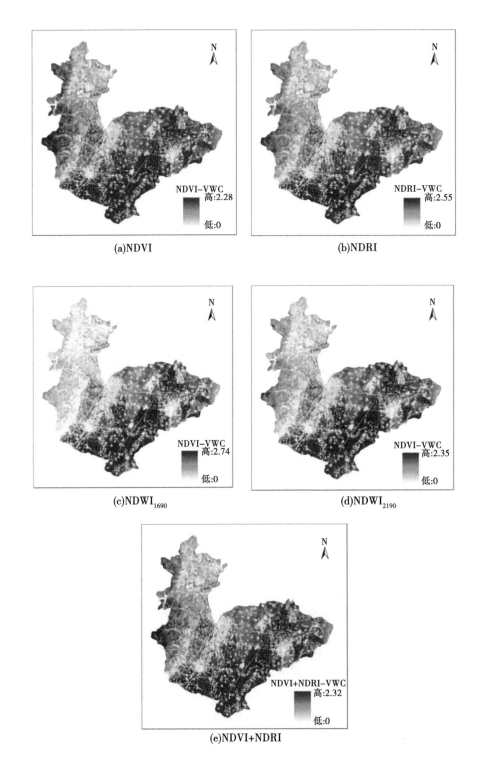

图 3-15 不同指数反演的研究区植被含水量分布(2019 年 5 月 20 日)

3.3.1.3 小结

首先介绍了归一化植被指数(Normalized Difference Vegetation Index,NDVI)、归一化水分指数(Normalized Difference Water Index,NDWI)、归一化红边指数(Normalized Difference Red Index,NDRI),然后分析这些植被指数与植被含水量的关系,建立植被指数与植被含水量的回归模型,研究冬小麦关键生长期不同植被指数与植被含水量模型,计算冬小麦含水量的适用性及精度。用 Sentinel-2 地表反射率产品,对其进行波段运算,根据样点的空间坐标位置和实测时间,提取不同时期 NDVI、$NDWI_{1610}$、$NDWI_{2190}$ 和 NDRI 的值。分别拟合多种植被指数与植被含水量的关系,并使用灰色关联法对植被指数和植被含水量关联度进行定量计算,建立多种植被指数与植被含水量的相关性。研究选取了 10 个有效样点数据来验证拟合模型。由 NDVI 构成的指数植被含水量模型散点较为均匀地分布在 1:1 线附近,当植被含水量较低时(VWC<1 kg/m²),预测值大于实测值,且误差较大。由 NDRI 构成的指数植被含水量模型散点在植被含水量小于 2 kg/m² 时,预测值大于实测值,当植被含水量大于 2 kg/m² 时,散点较为均匀地分布在 1:1 线附近。由 $NDWI_{1610}$ 和 $NDWI_{2190}$ 构成的指数植被含水量模型散点大部分低于 1:1 线,即预测值多小于实测值。使用 NDVI 和 NDRI 的双指数模型得到的小麦含水量散点最接近 1:1 线,预测值与实测值更加接近。

3.3.2 AIEM 模拟数据集

应用 AIEM 模型模拟土壤后向散射系数与地表粗糙度和土壤含水量的关系,即利用 AIEM 模型模拟不同的地表参数范围、不同极化方式下的雷达后向散射系数,建立地表后向散射特征的模拟数据库(见表 3-7)。

表 3-7 AIEM 模型输入参数及范围

参数	最小值	最大值	步长	单位
土壤含水量	1	44	2	%
均方根高度(s)	0.3	2.4	0.3	cm
相关长度(l)	9	39	3	cm
入射角(θ)	15	60	5	degree(°)
频率(f)	1.275/3.125/5.405/9.650			GHz

在频率为 5.405 GHz、土壤含水量为 30%、入射角为 40°的条件下,应用 AIEM 模型分别模拟均方根高度 s 和相关长度 l 对 VV 极化后向散射系数的影响(见表 3-8)。

表 3-8 粗糙度参数对后向散射系数的影响

均方根高度/cm	相关长度/cm	VV 极化/dB	均方根高度/cm	相关长度/cm	VV 极化/dB
0.9	3	−6.57	0.3	15	−27.65
0.9	7	−8.29	15	0.9	−15.51

续表 3-8

均方根高度/cm	相关长度/cm	VV 极化/dB	均方根高度/cm	相关长度/cm	VV 极化/dB
0.9	11	-10.77	1.5	15	-9.63
0.9	15	-12.91	2.1	15	-8.41
0.9	19	-14.69	2.7	15	-8.03
0.9	23	-16.21	3.3	15	-7.83

由表 3-8 可知,均方根高度和相关长度对后向散射系数影响是不相同的。当均方根高度在 0.9 cm、相关长度在 3~23 cm 时,相关长度相差 6 cm,VV 极化后向散射系数最大相差 2.48 dB,最小相差 1.52 dB;当相关长度在 0.9 cm、均方根高度在 0.3~3.3 cm 时,均方根高度相差 0.6 cm,VV 极化后向散射系数最大相差 12.14 dB,最小相差 0.2 dB。

图 3-16 为使用 AIEM 模型模拟 VV 极化土壤后向散射系数与土壤含水量的关系,其中模拟频率为 5.405 GHz,入射角为 40°。由图 3-16(a) 可知,当固定相关长度值(l = 15 cm)在不同均方根高度条件下时,模拟的 VV 极化后向散射系数随土壤含水量增加而增加,当含水量增加到一定程度后,后向散射系数逐渐趋于稳定;由图 3-16(b) 可知,当固定均方根高度值(s = 0.9 cm)在不同相关长度条件下时,模拟的 VV 极化后向散射系数也随土壤含水量增加而增加,两种粗糙度参数对后向散射系数影响不完全相同。

3.3.3 后向散射系数与组合粗糙度的关系

为了更好地表达地表粗糙度与后向散射系数的关系,Zribi 等采用组合粗糙度反演地表参数,即:

$$Z_s = s^2/l \quad (3-15)$$

式中:Z_s 为组合粗糙度;s 为均方根高度;l 为相关长度。

由式(3-15)可知,当 s 值较大或 l 值较小时,得到的组合粗糙度值较大,此时地表比较粗糙;当 s 值较小或 l 值较大时,得到的组合粗糙度值较小,即地表比较光滑。

AIEM 模型模拟的后向散射系数是在 VV/HH 同极化方式下的后向散射系数。为了研究不同极化方式下的后向散射系数与组合粗糙度之间的关系,根据 Oh 等在 2004 年提出的同极化与交叉极化的关系模型得到交叉极化 VH,然后分别模拟 VV 极化和 VH 极化在不同条件下与组合粗糙度之间的关系。当频率为 5.405 GHz,入射角为 40°,均方根高度取值范围在 3~2.4 cm,相关长度取值范围在 9~39 cm,土壤含水量为 28% 时,粗糙度与后向散射系数的关系如图 3-17 所示。

由图 3-17 可知,两种极化方式下,组合粗糙度与后向散射系数的拟合程度均优于单一粗糙度参数。在 VV 极化方式下,R^2 从 0.971 3 提高到 0.984 6;在 VH 极化方式下,R^2 从 0.983 0 提高到 0.992 9。从图 3-17(b) 和图 3-17(d) 可以看出,随着组合粗糙度的不

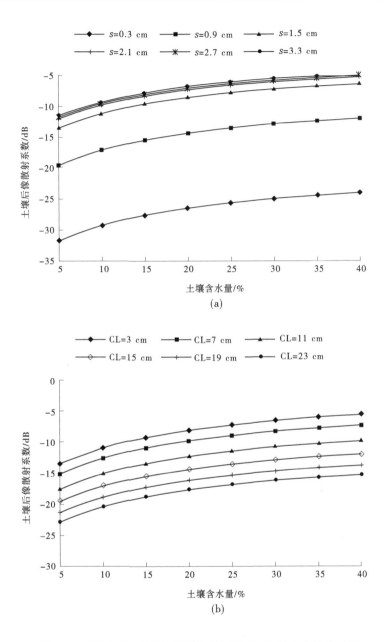

图 3-16 不同粗糙度条件下后向散射系数和土壤含水量的关系

断增加,后向散射系数的变化越来越小,尤其当组合粗糙度达到 0.2 cm 以后,后向散射系数几乎无变化,组合粗糙度与后向散射系数的拟合关系不再适用。因此,对于组合粗糙度在 0~0.2 cm 的地表,其与后向散射系数之间的对数关系可以表示为:

$$\sigma_{pp}^{o} = A_{pp}(\theta)\ln(Z_s) + B_{pp} \tag{3-16}$$

式中:σ_{pp}^{o} 为不同极化下的雷达后向散射系数;Z_s 为组合粗糙度;A_{pp} 和 B_{pp} 为拟合参数;θ 为雷达入射角。

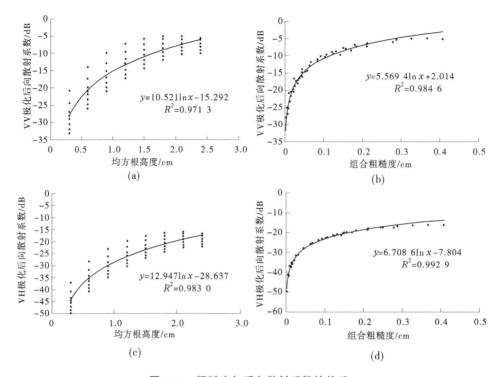

图 3-17 粗糙度与后向散射系数的关系

为进一步研究组合粗糙度与极化后向散射系数之间的关系,将 VV 和 VH 的后向散射系数差值即极化差 $\Delta\sigma_V^o(\sigma_{VH}^o-\sigma_{VV}^o)$ 与组合粗糙度模拟,如图 3-18(a)所示,两者存在较好的指数关系,即极化差与后向散射系数之间的关系可以表示为:

$$\Delta\sigma_V^o = \sigma_{VH}^o - \sigma_{VV}^o = A(\theta)\ln(Z_s) + B(\theta) \quad (3-17)$$

方程(3-17)也可以表示为组合粗糙度的表达式,即:

$$Z_s = \exp\left[\frac{(\sigma_{VH}^o - \sigma_{VV}^o) - B(\theta)}{A(\theta)}\right] \quad (3-18)$$

式中:$A(\theta)$ 和 $B(\theta)$ 只与雷达入射角相关,通过最小二乘法拟合得到不同入射角下的具体数值,$A(\theta)$ 和 $B(\theta)$ 的表达式为:

$$A(\theta) = 1.435 - 0.912\sin\theta + 0.5\sin^2\theta \quad (3-19)$$

$$B(\theta) = -6.245 + 13.734\sin\theta - 6.048\sin^2\theta \quad (3-20)$$

将方程(3-18)模拟得出的组合粗糙度与 AIEM 模型输入的组合粗糙度进行对比,并作绝对误差直方图,如图 3-19 所示。

将方程(3-18)反演得到的组合粗糙度 Z_s 的值与 AIEM 模型输入的 Z_s 的值进行比较发现,两者的 R^2 达到 0.902 4,标准差仅为 0.030 7,直方图也呈现良好的正态分布。因此,采用方程(3-18)反演研究区的 Z_s。

Sentinel-1 卫星经过研究区小麦主要种植区的入射角范围为 36°~38°,由图 3-18(b)

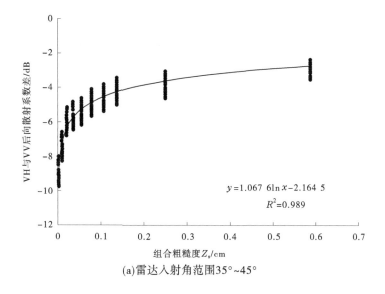

(a) 雷达入射角范围35°~45°

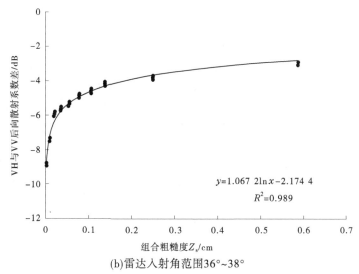

(b) 雷达入射角范围36°~38°

图 3-18 不同入射角下组合粗糙度与后向散射极化差关系

可知,在这个范围内,组合粗糙度的变化很小,因此方程(3-19)和方程(3-20)中的入射角取值为37°,得出 $A=1.067$, $B=-2.173$,则研究区的组合粗糙度可以表示为:

$$Z_s = \exp\left[\frac{(\sigma_{VH}^o - \sigma_{VV}^o) + 2.173}{1.067}\right] \tag{3-21}$$

根据式(3-21),采用 VV 和 VH 的极化差反演的研究区粗糙度分布如图 3-20 所示。研究区的地表组合粗糙度较小,基本在 0~0.15 cm,研究区麦田地表面较为平整,这与实际调研结果也相一致。

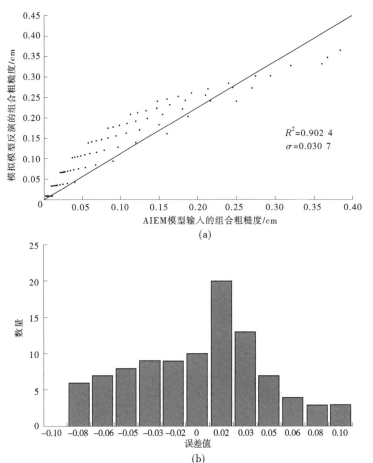

图 3-19 经验模型模拟得出的组合粗糙度与 AIEM 模型输入的组合粗糙度对比

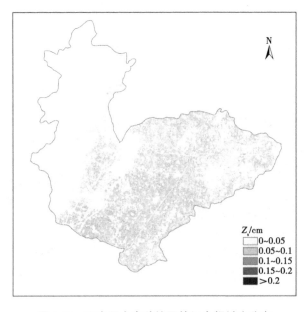

图 3-20 研究区小麦种植区的组合粗糙度分布

3.4 利用多模型耦合的冬小麦土壤墒情反演方法

3.4.1 土壤墒情反演流程

通过利用 AIEM 模型模拟得到适用于研究区土壤墒情反演的半经验模型。针对植被对雷达产生一定程度的信息冗余问题,使用水云模型处理植被噪声,为提高土壤后向散射系数提取的准确性,对水云模型的重要参数植被含水量进行改进,即采用 Sentinel-2 多光谱数据计算 4 种植被指数,并运用灰色关联分析法对多种植被指数进行筛选,选取与植被含水量具有较高相关性的指数,构建植被含水量估算模型。然后利用 AIEM 模型模拟数据集,建立雷达后向散射与土壤墒情和组合粗糙度的关系,最后通过后向散射系数与粗糙度、入射角以及土壤墒情之间的经验模型,计算得到研究区小麦不同时期覆盖下的土壤墒情。具体流程如图 3-21 所示。

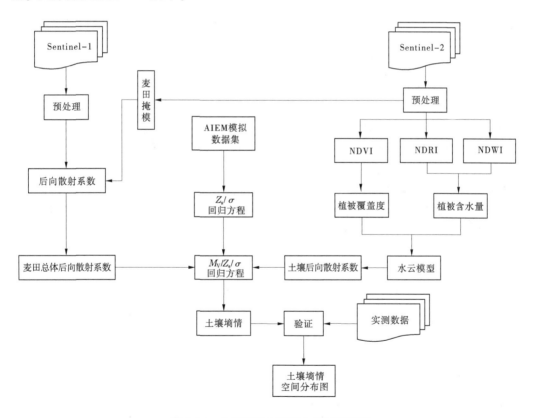

图 3-21　多模型耦合反演土壤墒情流程

3.4.2 水云模型估算土壤后向散射系数

水云模型是通过植被相关参数估算植被层对后向散射系数的影响,把植被含水量

m_{veg} 作为水云模型的植被参数,水云模型可以表示为:

$$\sigma_c^o = \sigma_{veg}^o + \gamma^2 \sigma_{soil}^o$$
$$= am_{veg}\cos(\theta)\{1-\exp[-2bm_{veg}\sec(\theta)]\} + \sigma_{soil}^o \exp[-2bm_{veg}\sec(\theta)] \quad (3-22)$$

式中:$\sigma_c^o(\theta)$ 为总的后向散射系数;$\sigma_{soil}^o(\theta)$ 为经植被双层衰减后的土壤后向散射系数;a、b 的值取决于植被类型;m_{veg} 为植被含水量。

Bindlish 等经过大量试验总结出不同植被覆盖下水云模型的经验系数 a、b 的值,如表3-9所示。

表3-9 水云模型经验系数

经验系数	放牧地	冬小麦	草地
a	0.000 9	0.001 8	0.001 4
b	0.032 0	0.138 0	0.084 0

以研究区冬小麦三叶期、拔节期、抽穗期和灌浆期为例,采用水云模型去除雷达后向散射系数中植被散射的影响。图3-22为VV和VH极化后向散射系数在水云模型去除植被覆盖前后的变化关系。从图3-22中可以看出,同一采样点的VV极化后向散射系数值大于VH极化,且雷达后向散射系数经过植被冠层的散射均有不同程度的衰减。图3-22(a)中,VV极化后向散射系数在植被覆盖去除后得到的裸土后向散射系数较植被覆盖去除前的雷达总后向散射系数低,变化范围为-2.652~-1.402,平均值为-2.07,样点值的整体变化幅度不大;图3-22(b)中,VH极化后向散射系数在植被覆盖去除后得到的裸土后向散射系数与植被覆盖去除前相比,变化范围为-7.882~-0.207,平均值为-2.779。前人研究发现,与交叉极化相比(VH或HV),同极化后向散射系数(VV或HH)包含较多的土壤信息,植被对同极化的雷达后向散射系数影响较少。图3-22的结果也说明了VH极化后向散射对植被冠层具有较高的敏感度。

3.4.3 建立基于AIEM的土壤墒情经验模型

以组合粗糙度作为变量,研究土壤含水量和后向散射之间的关系(见图3-23)。

结合模拟的交叉极化比与组合粗糙度的关系,则VV极化后向散射系数与组合粗糙度、土壤含水量的关系表达式为:

$$\sigma_{VV}^o = C_{VV}(\theta)\ln(M_V) + D_{VV}(\theta)\ln(Z_s) + E_{VV}(\theta) \quad (3-23)$$

式中:σ_{VV}^o 为VV极化条件下土壤后向散射系数;$C_{VV}(\theta)$、$D_{VV}(\theta)$ 和 $E_{VV}(\theta)$ 均为以雷达入射角为变量的参数;M_V 为土壤含水量;Z_s 为组合粗糙度。

将方程(3-23)模拟得出的土壤含水量与AIEM模型模拟得出的土壤含水量进行对比,从图3-24中可以看出,采用模拟模型反演的土壤含水量与AIEM模型作为输入参数的土壤含水量相关性非常好,$R^2 = 0.996\ 3$,绝对误差标准差为0.679 9。

第3章 基于改进水云模型的冬小麦土壤墒情反演

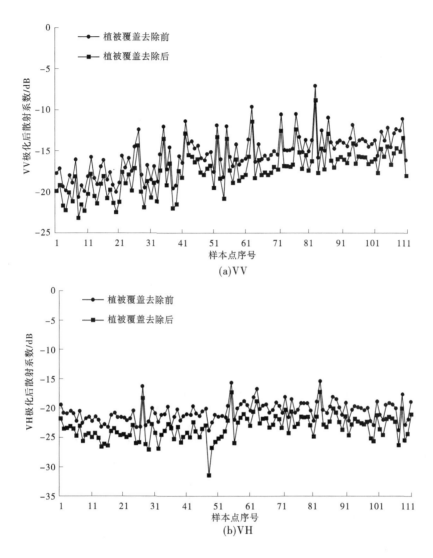

图 3-22 水云模型处理极化后向散射系数前后变化关系(以 NDVI 为例)

由土壤含水量与后向散射系数之间的关系方程(3-23)可知,方程中参数 $C_{VV}(\theta)$、$D_{VV}(\theta)$、$E_{VV}(\theta)$ 的值均与入射角相关。通过最小二乘法对方程进行非线性拟合,计算不同入射角条件下的具体参数值,然后对这些数据进行非线性回归。设入射角为 37°,则 $C_{VV}=10.394, D_{VV}=-0.186, E_{VV}=-4.941$。

代入组合粗糙度,则方程(3-23)可以改写为:

$$M_V = \exp\left\{\frac{\sigma^o_{VV} + 0.186\ln\left[\exp\left(\frac{\sigma^o_{VH} - \sigma^o_{VV} + 2.173}{1.067}\right)\right] + 4.941}{10.394}\right\} \quad (3\text{-}24)$$

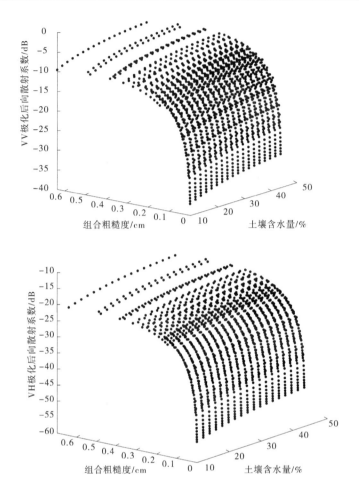

图 3-23　VV、VH 极化后向散射系数与土壤含水量和组合粗糙度的关系

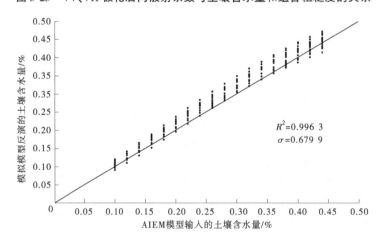

图 3-24　模拟得出的土壤含水量与 AIEM 模型输入的土壤含水量对比

3.4.4 土壤墒情反演结果与验证

研究区小麦不同生育期的土壤墒情如图 3-25～图 3-28 所示,图中的非小麦种植区域在预处理过程中已经掩模。

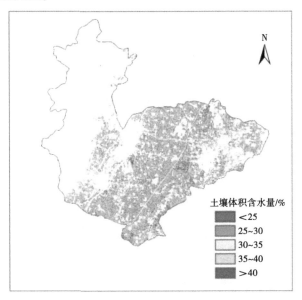

图 3-25　研究区土壤墒情空间分布(小麦三叶期)

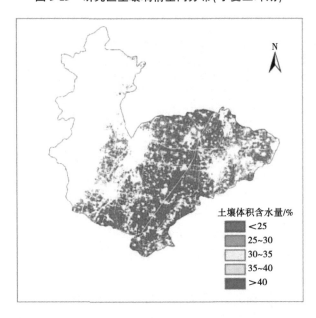

图 3-26　研究区土壤墒情空间分布(小麦拔节期)

为评价植被指数对土壤墒情反演结果的影响,分析了研究区小麦不同生育期实测土壤墒情、无植被指数及水云模型中不同植被指数作为参数反演的土壤墒情关系,

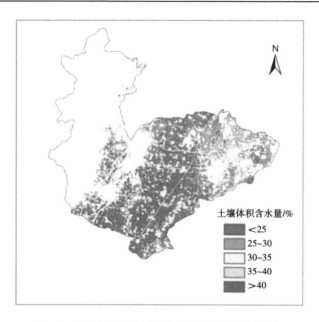

图 3-27 研究区土壤墒情空间分布(小麦抽穗期)

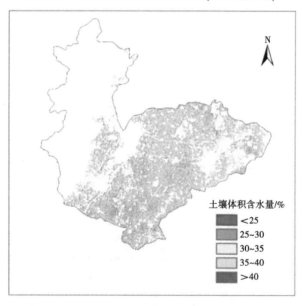

图 3-28 研究区土壤墒情空间分布(小麦灌浆期)

图 3-29~图 3-32 为这些关系的散点图。小麦在不同时期反演的土壤墒情与实测土壤墒情之间的关系散点图显示,两者具有良好的线性关系。当不考虑植被因素,直接采用雷达后向散射系数代入式(3-24)时,得到的土壤体积含水量都在 1:1 线以上,即土壤墒情被高估。经过水云模型的校正,反演的土壤墒情与实测值的偏差减小,反演值在 1:1 线附近。采用不同指数的水云模型反演的土壤墒情表现趋势基本一致,即在土壤较为干旱时,土壤墒情反演误差较小,随着土壤水分的增加,土壤墒情反演的误差也越大。

采用相关系数(R^2)、均方根误差及平均绝对误差(MAR)衡量模型的拟合精度和误差,结果见表3-10。

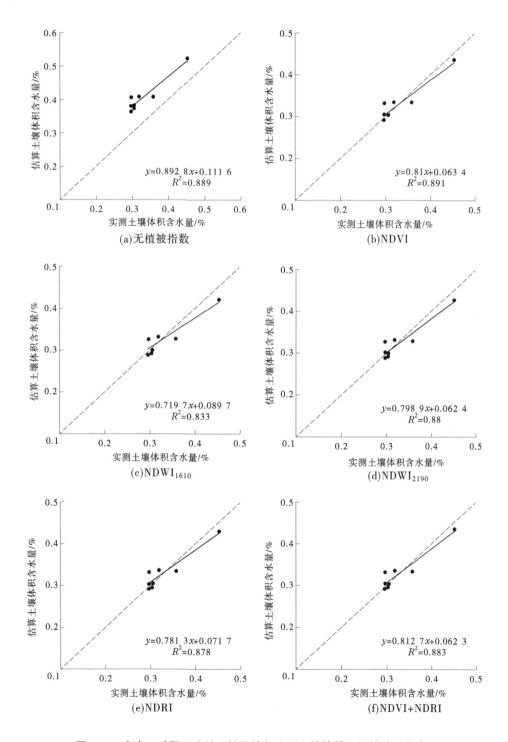

图 3-29 小麦三叶期反演的土壤墒情与实测土壤墒情之间的关系散点图

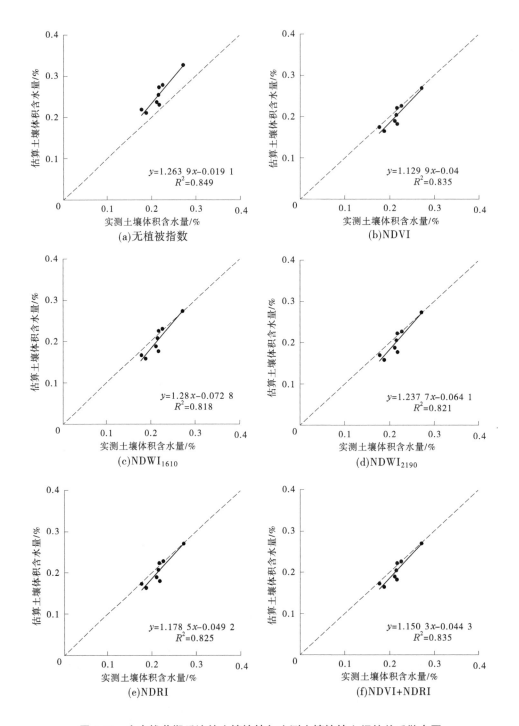

图 3-30 小麦拔节期反演的土壤墒情与实测土壤墒情之间的关系散点图

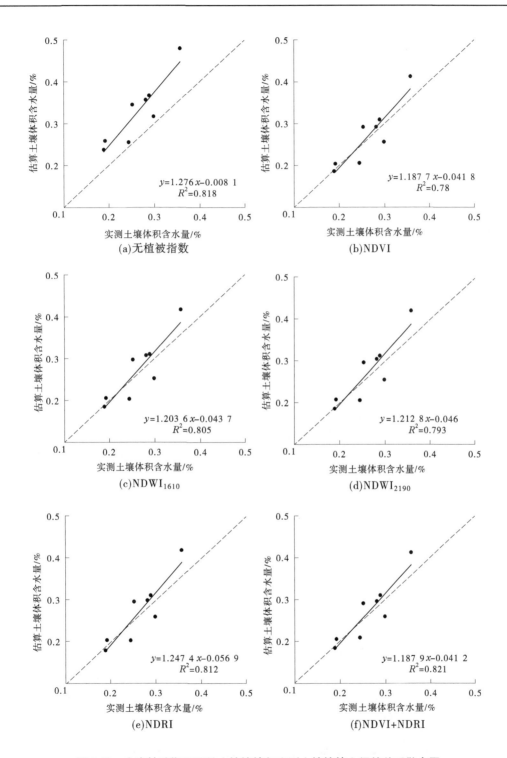

图 3-31 小麦抽穗期反演的土壤墒情与实测土壤墒情之间的关系散点图

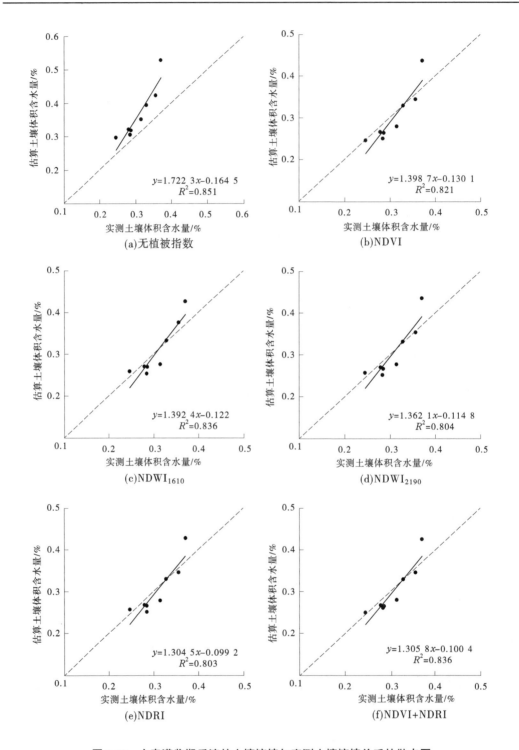

图 3-32 小麦灌浆期反演的土壤墒情与实测土壤墒情关系的散点图

表 3-10 不同植被指数构建模型在小麦 4 个生育期的回归建模结果

植被指数		R^2	RMSE	MAR
三叶期	无植被指数	0.889	0.078	0.076
	NDVI	0.891	0.017	0.013
	$NDWI_{1610}$	0.833	0.022	0.019
	$NDWI_{2190}$	0.88	0.018	0.016
	NDRI	0.878	0.018	0.015
	NDVI+NDRI	0.883	0.017	0.013
拔节期	无植被指数	0.849	0.041	0.038
	NDVI	0.835	0.018	0.013
	$NDWI_{1610}$	0.818	0.021	0.017
	$NDWI_{2190}$	0.821	0.021	0.016
	NDRI	0.825	0.018	0.013
	NDVI+NDRI	0.835	0.018	0.013
抽穗期	无植被指数	0.818	0.073	0.064
	NDVI	0.78	0.037	0.031
	$NDWI_{1610}$	0.805	0.033	0.028
	$NDWI_{2190}$	0.793	0.034	0.031
	NDRI	0.812	0.035	0.031
	NDVI+NDRI	0.821	0.032	0.027
灌浆期	无植被指数	0.851	0.058	0.071
	NDVI	0.821	0.031	0.023
	$NDWI_{1610}$	0.836	0.029	0.024
	$NDWI_{2190}$	0.804	0.03	0.023
	NDRI	0.803	0.029	0.023
	NDVI+NDRI	0.836	0.026	0.021

由评价结果可知，尽管模型相关系数 R^2 较高，但直接采用 AIEM 模拟的半经验模型反演土壤墒情具有较大的误差。采用水云模型去除植被影响后，土壤墒情反演精度有了较大程度的提高。在小麦三叶期，小麦叶片较少，麦田裸土地表较多，土壤散射占主要部分，植被散射影响较小，因此采用不同指数的水云模型反演的土壤墒情表现基本一致。到了小麦拔节期，此时小麦已经起身，经实地勘察，小麦已有 30~40 cm 的高度，有秆无穗，近似均匀覆盖于地表，运用水云模型消除植被影响具有较高的反演精度。NDVI、NDRI 及 NDVI+NDRI 双植被指数模型反演精度保持一致性的高精度。小麦在抽穗期麦穗已露出，

植被对雷达的影响进一步增强,采用不同指数的水云模型去除植被影响反演土壤墒情的精度与三叶期和拔节期相比,误差有所增加。采用 NDVI 的水云模型得到的土壤墒情精度最低($R^2=0.78$,RMSE = 0.037,MAR = 0.031)。采用 NDVI+NDRI 双植被指数模型的水云模型得到的土壤墒情精度最高($R^2=0.821$,RMSE = 0.032,MAR = 0.027)。小麦在灌浆期时已接近成熟,采用不同指数的水云模型去除植被影响反演土壤墒情的误差从低到高为 NDVI+NDRI 双植被指数模型>NDRI>$NDWI_{1610}$>$NDWI_{2190}$>NDVI。

3.4.5 小结

利用 AIEM 模拟模型和水云模型反演了小麦覆盖下的土壤墒情,水云模型的植被含水量参数来自于利用 Sentinel-2 数据计算的植被指数。用 AEIM 模型建立了适用于研究区土壤墒情反演的半经验模型。植被对雷达信号产生一定程度的影响问题,使用水云模型处理植被噪声,为提高土壤后向散射系数提取的准确性,对水云模型的重要参数植被含水量进行了改进,即采用 Sentinel-2 多光谱数据计算 4 种植被指数,运用灰色关联分析法对多种植被指数进行筛选,选取与植被含水量具有较高相关性的指数。利用 AIEM 模型模拟数据集,建立雷达后向散射与土壤墒情和组合粗糙度的关系,通过后向散射系数与组合粗糙度、入射角以及土壤墒情之间的经验模型,计算了研究区小麦不同时期覆盖下的土壤墒情。当不考虑植被因素时,直接采用雷达后向散射系数计算得到的土壤体积含水量被高估。经过水云模型的校正,反演的土壤墒情与实测值的偏差减小,采用不同指数的水云模型反演的土壤墒情表现趋势基本一致,即在土壤较为干旱时,土壤墒情反演误差较小,随着土壤水分的增加,土壤墒情反演的误差也越大,在不同的小麦生长期,不同的指数对计算结果有一定程度的影响。

参考文献

[1] AUBERT M, BAGHDADI N N, ZRIBI M, et al. Toward an operational bare soil moisture mapping using TerraSAR-X data acquired over agricultural areas[J]. IEEE Journal of Selected Topics in Applied Earth Observations and Remote Sensing, 2012, 6(2):900-916.

[2] BAGHDADI N, AUBERT M, ZRIBI M. Use of TerraSAR-X data to retrieve soil moisture over bare soil agricultural fields[J]. IEEE Geoscience and Remote Sensing Letters, 2012, 9(3):512-516.

[3] BERIAUX E, WALDNER F, COLLIENCE F, et al. Maize leaf area index retrieval from synthetic quad pol SAR time series using the water cloud model[J]. Remote Sensing, 2015, 7(12):16204-16225.

[4] BERTOLDI G, DELLA CHIESA S, NOTARNICOLA C, et al. Estimation of soil moisture patterns in mountain grasslands by means of SAR RADARSAT2 images and hydrological modeling[J]. Journal of Hydrology, 2014, 516:245-257.

[5] BROCCA L, MORBIDELLI R, MELONE F, et al. Soil moisture spatial variability in experimental areas of central Italy[J]. Journal of Hydrology, 2007, 333:356-373.

[6] CAI G, XUE Y, HU Y, et al. Soil moisture retrieval from MODIS data in Northern China Plain using thermal inertia model[J]. International Journal of Remote Sensing, 2007, 28:3567-3581.

[7] CHO E, CHOI M. Regional scale spatio-temporal variability of soil moisture and its relationship with mete-

orological factors over the Korean peninsula[J]. Journal of Hydrology, 2014, 516:317-329.
[8] FANG B, LAKSHMI V. Soil moisture at watershed scale: remote sensing techniques[J]. Journal of Hydrology, 2014, 516(6):258-272.
[9] GHERBOUDJ I, MAGAGI R, BERG A A, et al. Characterization of the Spatial Variability of In-Situ Soil Moisture Measurements for Upscaling at the Spatial Resolution of RADARSAT-2[J]. IEEE Journal of Selected Topics in Applied Earth Observations and Remote Sensing, 2017, 10(5):1813-1823.
[10] GHULAM A, LI Z, Qin Q, et al. Exploration of the spectral space based on vegetation index and albedo for surface drought estimation[J]. Journal of Applied Remote Sensing, 2007, 1(1):341-353.
[11] GHULAM A, QIN Q, TEYIP T, et al. Modified perpendicular drought index (MPDI): a real-time drought monitoring method[J]. ISPRS journal of photogrammetry and remote sensing, 2007, 62(2):150-164.
[12] GHULAM A, QIN Q, ZHAN Z. Designing of the perpendicular drought index[J]. Environmental Geology, 2007, 52(6):1045-1052.
[13] GRUHIER C, DE ROSNAY P, HASENAUER S, et al. Soil moisture active and passive microwave products: intercomparison and evaluation over a Sahelian site[J]. Hydrology and Earth System Sciences, 2010, 14(1):141-156.
[14] HOLZMAN M E, RIVAS R, PICCOLO M C. Estimating soil moisture and the relationship with crop yield using surface temperature and vegetation index[J]. International Journal of Applied Earth Observation and Geoinformation, 2014, 28:181-192.
[15] JACKSON R D, SLATER P N, PINTER P J. Discrimination of growth and water stress in wheat by various vegetation indices through clear and turbid atmospheres[J]. Remote Sensing of Environment, 1983, 13(3):187-208.
[16] KOLASSA J, GENTINE P, PRIGENT C, et al. Soil moisture retrieval from AMSR-E and ASCAT microwave observation synergy. Part 1: Satellite data analysis[J]. Remote Sensing of Environment, 2016, 173:1-14.
[17] LI Z, QIN Q. Exploration of the spectral space based on vegetation index and albedo for surface drought estimation[J]. Journal of Applied Remote Sensing, 2007, 1(1):341-353.
[18] LIANG L, ZHAO S, QIN Z, et al. Drought change trend using MODIS TVDI and its relationship with climate factors in China from 2001 to 2010[J]. Journal of Integrative Agricllture, 2014, 13(9):1501-1508.
[19] LIU P W, JUDGE J, DEROO R D, et al. Dominant backscattering mechanisms at L-band during dynamic soil moisture conditions for sandy soils[J]. Remote Sensing of Environment, 2016, 178:104-112.
[20] NEMANI R R, PIERCE L, RUNNING S W. Developing satellite-derived estimates of surface moisture status[J]. Journal of Applied Meteorology, 1993, 32(3):548-557.
[21] NJOKU E G, WILSON W J, YUEH S H, et al. Observations of soil moisture using a passive and active low-frequency microwave airborne sensor during SGP99[J]. IEEE Transactions on Geoscience and Remote Sensing, 2002, 40(12):2659-2673.
[22] PALOSCIA S, PETTINATO S, SANTI E, et al. Soil moisture mapping using Sentinel-1 images: Algorithm and preliminary validation[J]. Remote Sensing of Environment, 2013, 134:234-248.
[23] POHN H, OFFIELD T, WATSON K. Thermal inertia mapping from satellite discrimination of geology unit in Oman[J]. Journal Sensing of Research of the U. S. Geological Survey, 1974, 2(2):147-158.
[24] PRATT D A, ELLYETT C D. The thermal inertia approach to mapping of soil moisture and geology[J].

Remote Sensing of Environment, 1979, 8(2):151-168.

[25] PRICE J C. On the use of satellite data to infer surface fluxes at meteorological scales[J]. Journal of Applied Meteorology, 1982, 21(8):1111-1122.

[26] PRICE J C. Thermal inertia mapping: A new view of the Earth[J]. Journal of Geophysical Research, 1977, 82(18):2582-2590.

[27] QI G, MEHREZ Z, MARIA E, et al. Synergetic use of Sentinel-1 and Sentinel-2 data for soil moisture mapping at 100 m resolution[J]. Sensors, 2017, 17(9):1966-1988.

[28] SAHEBI M R, BONN F, GWYN Q H J. Estimation of the moisture content of bare soil from RADARSAT-1 SAR using simple empirical models[J]. International Journal of Remote Sensing, 2003, 24(12): 2575-2582.

[29] SANDHOLT I, RASMUSSEN K, ANDERSEN J. A simple interpretation of the surface temperature/vegetation index space for assessment of surface moisture status[J]. Remote Sensing of Environment, 2002, 79(2):213-224.

[30] SOBRINO J A, FRANCH B, MATTAR C, et al. A method to estimate soil moisture from Airborne Hyperspectral Scanner (AHS) and ASTER data: Application to SEN2FLEX and SEN3EXP campaigns[J]. Remote Sensing of Environment, 2012, 117:415-428.

[31] UNGANAI L S, KOGAN F N. Drought Monitoring and corn yield estimation in Southern Africa from AVHRR data[J]. Remote Sensing of Environment, 1998, 63(3):219-232.

[32] VEYSI S, NASERI A A, HAMZEH S, et al. A satellite based crop water stress index for irrigation scheduling in sugarcane fields[J]. Agricultural Water Management, 2017, 189:70-86.

[33] WANG C, QI J, MORAN S, et al. Soil moisture estimation in a semiarid rangeland using ERS-2 and TM imagery[J]. Remote Sensing of Environment, 2004, 90(2):178-189.

[34] WANG L, JOHN J. Satellite remote sensing applications for surface soil moisture monitoring: A review [J]. Frontiers of Earth Science in China, 2009, 3(2):237-247.

[35] WATSON K, ROWEN L, OFFIELD T. Application of thermal modeling in the geologic interpretation of IR images[J]. Remote Sensing of Environment, 1971, 3:2017-2041.

[36] WESTERN A W, GRAYSON R B, BLÖSCHL G. Scaling of soil moisture: a hydrologic perspective[J]. Annual Review of Earth & Planetary Sciences, 2003, 8(30):149-180.

[37] ZHANG X, CHEN B, FAN H, et al. The potential use of multi-band SAR data for soil moisture retrieval over bare agricultural areas: Hebei, China[J]. Remote Sensing, 2015, 8(1):7-22.

[38] ZRIBI M, CHAHBI A, SHABOU M, et al. Soil surface moisture estimation over a semi-arid region using ENVISAT ASAR radar data for soil evaporation evaluation[J]. Hydrology and Earth System Sciences, 2011, 15(1):345-358.

[39] 胡猛, 冯起, 席海洋. 遥感技术监测干旱区土壤水分研究进展[J]. 土壤通报, 2013, 44(5):1270-1275.

[40] 刘振华, 赵英时. 遥感热惯量反演表层土壤水的方法研究[J]. 中国科学(D辑:地球科学), 2006, (6):552-558.

[41] 马红章, 张临晶, 孙林, 等. 光学与微波数据协同反演农田区土壤水分[J]. 遥感学报, 2014, 18(3):673-685.

[42] 施建成, 蒋玲梅, 张立新. 多频率多极化地表辐射参数化模型[J]. 遥感学报, 2006, 10(4):502-514.

[43] 王连喜, 李兴阳, 余凌翔, 等. 基于遥感数据的宁夏地区土壤水分反演方法比较[J]. 南京信息工

程大学学报(自然科学版),2013,5(1):26-33.
- [44] 王文,王晓刚,黄对,等.应用地表温度与植被指数梯形空间关系估算陆面蒸散量[J].农业工程学报,2013(12):109-117.
- [45] 吴春雷,秦其明,李梅,等.基于光谱特征空间的农田植被区土壤湿度遥感监测[J].农业工程学报,2014,30(16):106-112.
- [46] 闫峰,王艳姣.基于Ts-EVI特征空间的土壤水分估算[J].生态学报,2009,29(9):294-301.
- [47] 杨涛,宫辉力,李小娟,等.土壤水分遥感监测研究进展[J].生态学报,2010,30(22):6264-6277.

第4章 基于自适应极化分解技术的冬小麦土壤墒情反演方法

4.1 研究背景与研究内容

4.1.1 研究背景

土壤水分作为陆面生态系统水循环的重要组成,是作物生长发育的基本条件,也是研究作物旱情监测、作物估产的重要参数。本书所述项目的实施对于多源遥感数据反演冬小麦土壤墒情监测具有重要意义,可为河南省可持续发展和促进地方经济发展提供科学依据。研究成果可直接与农业、水利、气象业务服务结合,拓宽了河南省气候变化业务服务领域。本书所述项目基于自适应极化分解技术,开展土壤墒情监测方法研究,实现冬小麦土壤墒情实时、大范围准确监测,成本低,效果好,可以节约大量的人力物力,经济效益显著;基于研究成果制订科学的输水配水计划,对冬小麦进行适时适量灌溉,对节约水资源和提高作物产量、保障国家粮食安全具有重要意义,有较好的社会效益;同时基于监测方法监测的高精度农田土壤数据,能够较好地适应智慧农业与数字农业的需求,可为智慧农业的建设奠定坚实的理论基础和技术基础。

4.1.2 研究内容

(1)基于一阶离散植被指数散射模型,将小麦覆盖下的后向散射分为小麦冠层散射、小麦-土壤间的交互散射和土壤面散射三部分,提出利用自适应极化分解技术去除小麦冠层和小麦-土壤交互散射贡献的方法,得到土壤后向散射系数。

(2)用支持向量机进行研究区小麦覆盖下的土壤墒情的反演。基于该方法建立的模型和算法,利用主动和光学遥感数据协同反演小麦覆盖下的土壤墒情,较为真实地反映了小麦从稀疏到稠密的生育期植被散射机制,提高了区域尺度土壤墒情反演精度。

4.2 利用自适应极化分解技术估算土壤后向散射系数

一阶物理散射模型将植被覆盖地表的后向散射分为三部分:一是来自植被冠层的直接体散射;二是来自植被-土壤之间的交叉散射;三是经植被层双次衰减后的土壤面散射。来自植被冠层的直接体散射采用水云模型冠层散射方程求解,植被-土壤之间的交叉散射和土壤面散射采用自适应极化分解技术估算。

如图 4-1 所示,研究区某一空间像元 $P_{i,j}$,以该像元为中心的 3×3 邻域空间内,假设所有像元的交叉后向散射系数(σ_{sv}^o)和土壤后向散射系数(σ_{soil}^o)为固定值,提取每个像元的植被覆盖度(f_v)和植被含水量(m_v)代入改进水云模型方程,则每个像元的总体向后散射系数(σ_t^{pp})仅与交叉后向散射系数(σ_{sv}^o)和土壤后向散射系数(σ_{soil}^o)相关。然后采用最小二乘法将 3×3 局部空间中 9 个像元的一组最优解(σ_{sv}^o 和 σ_{soil}^o)赋值给中心像元 $P_{i,j}$,则得出像元 $P_{i,j}$ 的土壤后向散射系数。然后移动中心像元,如 $P_{i,j+1}$ 为下一个 3×3 邻域空间的中心像元,采用同样的步骤得到中心像元 $P_{i,j+1}$ 的土壤后向散射系数,依次类推,得到整个研究区所有像元的土壤后向散射技术,该方法即为自适应极化分解技术。

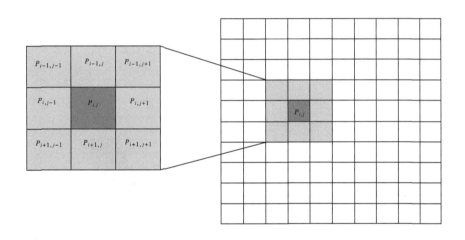

图 4-1 自适应极化分解技术求解土壤散射系数示意图

以研究区某试验区域不同时期的麦田为例,分别采用水云模型和自适应极化分解技术对雷达后向散射系数进行分解,得到土壤后向散射系数与雷达后向散射系数的关系散点图。

如图 4-2 所示,小麦处于生长初期的三叶期,经过对研究区植被覆盖度计算得出麦田的植被覆盖度范围在 0.3~0.5,即土壤散射占主要部分,植被散射相对较弱。VV 极化雷达后向散射系数经过自适应极化分解技术得到的裸土后向散射系数值与水云模型得到的裸土后向散射系数值均集中分布在 $-20\sim-7$ dB,但经自适应极化分解技术得到的裸土后向散射系数值在该范围内更加分散[见图 4-2(a)、图 4-2(b)];VH 极化雷达后向散射系数经过自适应极化分解技术得到的裸土后向散射系数值集中分布在 $-25\sim-17$ dB[见图 4-2(d)],经水云模型得到的裸土后向散射值集中分布在 $-31\sim-14$ dB,与水云模型相比,经过自适应极化分解技术得到的裸土后向散射系数值更加分散,值的范围也变小,即 VH 极化对植被信息更加敏感。

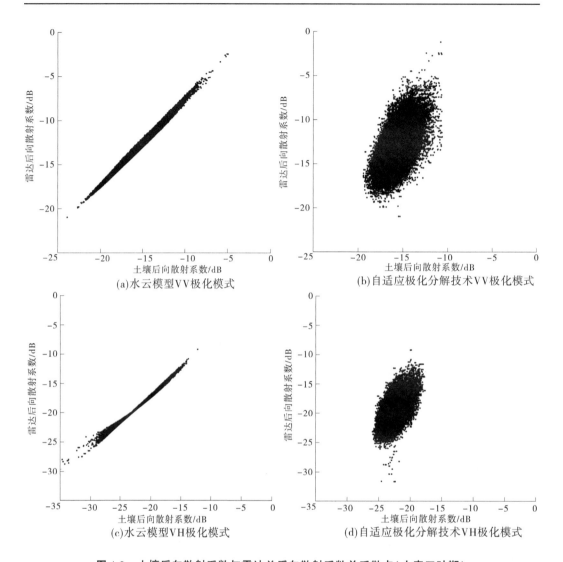

图 4-2 土壤后向散射系数与雷达总后向散射系数关系散点(小麦三叶期)

如图 4-3 所示,小麦处于拔节初期,计算研究区植被覆盖度,得出此时麦田的植被覆盖度范围集中在 0.5~0.7,植被散射增强。采用水云模型时,在 -23~-19 dB,两种极化下土壤后向散射系数值与雷达总后向散射系数都没有能够很好分离,散点值差别较小。经水云模型分解后,σ^o_{VV} 集中在 -30~-8 dB,而经过自适应极化分解技术的分解,σ^o_{VV} 集中在 -25~-8 dB;经水云模型分解后,σ^o_{VH} 集中在 -37~-13 dB,而经过自适应极化分解技术的分解,σ^o_{VH} 集中在 -28~-15 dB,而且在水云模型下得到的 VV 极化下小于 -25 dB 及 VH 极化下小于 -28 dB 的土壤后向散射值在自适应极化分解技术中有效地得到了提高。根据前人的研究,土壤含水量与土壤后向散射系数呈正相关的关系,因此可以说自适应极化分解技术有效地去除了植被散射对雷达信号的影响,减少了植被引起的土壤墒情的过低估计。

第4章 基于自适应极化分解技术的冬小麦土壤墒情反演方法 ·85·

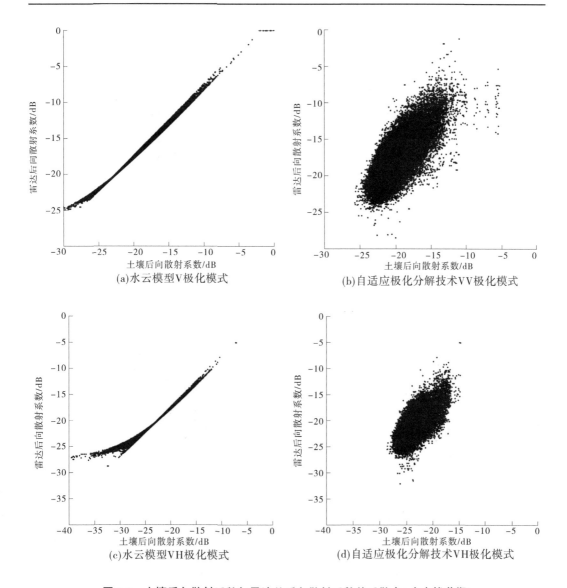

图4-3 土壤后向散射系数与雷达总后向散射系数关系散点(小麦拔节期)

如图4-4所示,小麦处于抽穗期,经过对研究区植被覆盖度计算得出此时麦田的植被覆盖度范围集中在0.7~0.9,植被散射进一步增强。与图4-2和图4-3相似,雷达后向散射系数经过自适应极化分解技术得到的裸土后向散射系数值比水云模型得到的裸土后向散射系数值范围更加集中,散点关系更加分散。在图4-4(c)中,经过水云模型得到的VH土壤后向散射系数在−35~−26 dB时明显分散,而在图4-4(d)中,VH土壤后向散射系数在−35~−30 dB间的值较少且分散,即经过自适应极化分解技术的校正,土壤后向散射系数增加。

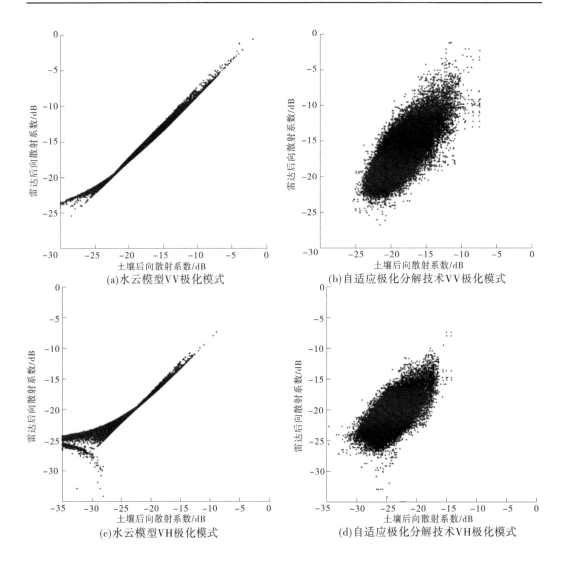

图 4-4 土壤后向散射系数与雷达总后向散射系数关系散点(小麦抽穗期)

如图 4-5 所示,小麦处于灌浆期,经过对研究区植被覆盖度计算得出此时麦田的植被覆盖度大多处于 0.9~1,植被散射作用达到最大。利用水云模型去除植被冠层散射得到的土壤后向散射系数值与雷达总后向散射系数的散点值仍较为集中,说明经过水云模型得到的土壤后向散射系数与总后向散射系数关系密切。小麦此时接近成熟期,具有一定的高度,如果仍忽略小麦与下垫面地表间的交互散射作用而得到的土壤后向散射系数势必会产生较大误差,即水云模型并没有较好地分离出植被散射的影响。而采用极化分解的散射模型将植被冠层及植被-土壤的交互散射影响除去,得到的土壤的后向散射系数与雷达后向散射系数之间的散点图也更加分散,再一次验证了自适应极化分解技术在植被覆盖度越大的情况下,越能够有效分离植被对雷达散射的影响。

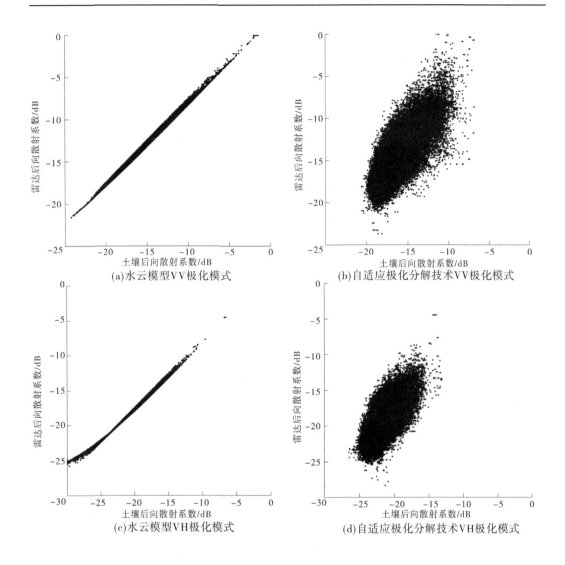

图 4-5 土壤后向散射系数与雷达总后向散射系数关系散点(小麦灌浆期)

4.3 土壤墒情反演及精度评价

对 Shi 等建立的离散植被的一阶物理散射模型做了进一步的改进,并提出了自适应极化分解技术提取土壤后向散射系数,同时考虑数理模型难以精确估算土壤墒情,利用支持向量机回归反演研究区土壤墒情,具体反演流程如图 4-6 所示。

4.3.1 利用支持向量回归技术的土壤墒情反演模型

支持向量回归技术(SVR)具有良好的内在泛化能力,能够集成不同来源的数据,从 SAR 后向散射系数中得到有效的土壤含水量信息,被广泛应用于土壤墒情反演研究中。SVR 模型的建立,在 Matlab R2012b 中利用 LIBSVM 软件包实现。具体建模过程为:①构

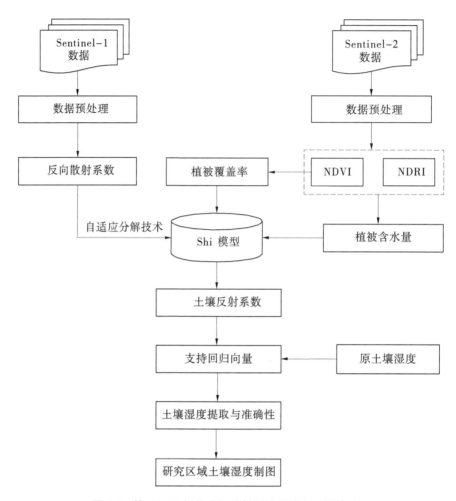

图 4-6 基于 SAR 极化分解散射理论反演土壤墒情流程

建数据集,输入特征参数;②划分训练集和验证集,将每个时期 28 个试验样点值进行划分,其中 20 个样本用于模型训练,8 个样本用于模型的验证;③通过网格参数寻优法确定惩罚因子 C 和参数 ξ;④模型预测效果评价,用验证集的相关系数和均方根误差评价预测效果。

4.3.2 反演结果及精度评价

将自适应极化分解得到的土壤后向散射系数、植被含水量及实测土壤体积含水量作为 SVR 模型的输入特征参数,结合 Matlab 及 SVM 工具箱,利用训练数据建立 SVR 算法土壤墒情反演模型,并用实测土壤体积含水量数据进行检验,对研究区小麦的 4 个关键生育期进行土壤水分反演,结果如图 4-7~图 4-10 所示。

在小麦三叶期(见图 4-7),当用 VV 极化和植被含水量 m_{veg} 作为 SVR 模型参数时[见图 4-7(a)],SVR 建模的验证集精度高于测试集,测试集的 $R^2 = 0.735$,RMSE $= 0.022$,验证集的 $R^2 = 0.685$,RMSE $= 0.036$,反演值与实测值之间有较强的线性关系。当用 VH 极

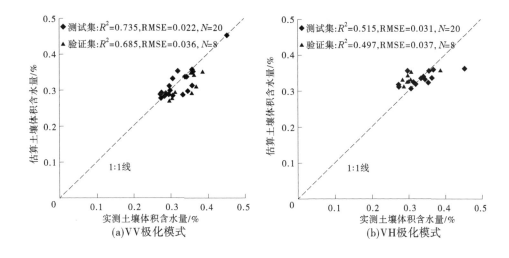

图 4-7　SVR 建模测试精度与验证精度(小麦三叶期)

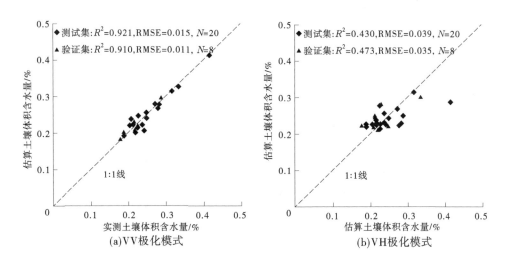

图 4-8　SVR 建模测试精度与验证精度(小麦拔节期)

化和植被含水量 m_{veg} 作为 SVR 模型参数[见图 4-7(b)]时,SVR 建模的验证集精度均低于测试集,测试集的 $R^2=0.515$,RMSE=0.031,验证集的 $R^2=0.497$,RMSE=0.037。比较可知,VV 极化作为 SVR 模型参数与 VH 极化作为 SVR 模型参数相比,在测试集中 R^2 高了 0.22,RMSE 低了 0.009,在验证集中 R^2 高了 0.188,RMSE 低了 0.001。研究区小麦三叶期样点的土壤体积含水量集中在 28%~45%,相对于较湿润的土壤样点,土壤体积含水量小于 32%的样点测试集和验证集集中在 1∶1 线的上方,VH 极化更为明显。当土壤体积含水量大于 40%时,采用 SVR 建模效果较差。

在小麦拔节期(见图 4-8),SVR 建模的验证集精度高于测试集。当用 VV 极化和植被含水量 m_{veg} 作为 SVR 模型参数时[见图 4-8(a)],测试集的 $R^2=0.921$,RMSE=0.015,验证集的 $R^2=0.910$,RMSE=0.011。当用 VH 极化和植被含水量 m_{veg} 作为 SVR 模型参数

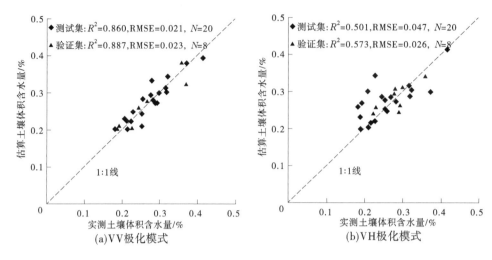

图 4-9　SVR 建模测试精度与验证精度(小麦抽穗期)

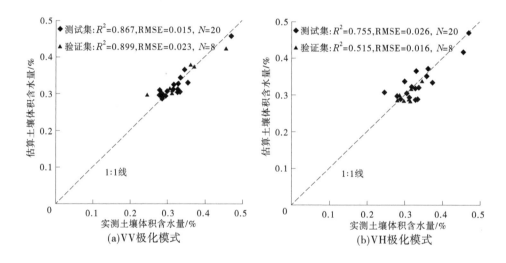

图 4-10　SVR 建模测试精度与验证精度(小麦灌浆期)

时[见图 4-8(b)],测试集的 $R^2 = 0.430$,RMSE = 0.039,验证集的 $R^2 = 0.473$,RMSE = 0.035。比较可知,VV 极化作为 SVR 模型参数与 VH 极化作为 SVR 模型参数相比,在测试集中 R^2 高了 0.491,RMSE 低了 0.024,在验证集中 R^2 高了 0.437,RMSE 低了 0.024。研究区小麦拔节期样点的土壤体积含水量 20%~30%时,样点测试集和验证集集中在 1∶1 线的附近,VV 极化更为明显,反演值与实测值误差较小;当土壤体积含水量大于 40%时,样点测试集和验证集相差较大,SVR 模型反演效果较差。与三叶期相比,研究区小麦在拔节期的土壤样点相对干燥,SVR 反演效果也优于三叶期。

在小麦抽穗期(见图 4-9),SVR 建模的验证集精度高于测试集。当用 VV 极化和植被含水量 m_{veg} 作为 SVR 模型参数时[见图 4-9(a)],测试集的 $R^2 = 0.860$,RMSE = 0.021,

验证集的 $R^2=0.887$,RMSE=0.023,样点测试集和验证集都集中在 1:1 线的附近,SVR 模型在反演研究区小麦抽穗期的土壤墒情具有很好的拟合关系。当用 VH 极化和植被含水量 m_{veg} 作为 SVR 模型参数时[见图 4-9(b)],测试集的 $R^2=0.501$,RMSE=0.047,验证集的 $R^2=0.573$,RMSE=0.026。比较可知,VV 极化作为 SVR 模型参数与 VH 极化作为 SVR 模型相比,在测试集中 R^2 高了 0.359,RMSE 低了 0.026,在验证集中 R^2 高了 0.314,RMSE 低了 0.03。与 VV 极化相比,当土壤体积含水量在 20%~25%时,测试集和验证集集中在 1:1 线的上方,测试集更偏离 1:1 线。当土壤体积含水量大于 35%时,VV 和 VH 极化的测试集和验证集均集中在 1:1 线的下方,并靠近 1:1 线。

在小麦灌浆期(见图 4-10),SVR 建模的验证集精度高于测试集。当用 VV 极化和植被含水量 m_{veg} 作为 SVR 模型参数时[见图 4-10(a)],测试集的 $R^2=0.867$,RMSE=0.015,验证集的 $R^2=0.899$,RMSE=0.023,当土壤体积含水量在 30%~40%时,样点测试集和验证集都集中在 1:1 线的附近,即反演值与实测值无明显差异。当用 VH 极化和植被含水量 m_{veg} 作为 SVR 模型参数时[见图 4-10(b)],测试集的 $R^2=0.899$,RMSE=0.026,验证集的 $R^2=0.515$,RMSE=0.016,土壤墒情反演值与实测值之间的关系优于其他时期。比较可知,VV 极化作为 SVR 模型参数与 VH 极化作为 SVR 模型参数相比,在测试集中 R^2 高了 0.112,RMSE 低了 0.011,在验证集中 R^2 高了 0.384,RMSE 高了 0.007。当土壤体积含水量超过 40%时,反演的土壤墒情偏离 1:1 线,即湿润度较大的区域在反演过程中具有更大的误差。也可以理解为雷达后向散射系数对土壤墒情值较大的情况变化不敏感。

为了进一步讨论模型精度,表 4-1 中列出了自适应极化分解技术和水云模型分别在不同时期使用 SVR 算法反演土壤墒情测试集和验证集的拟合系数(R^2)和精度误差(RMSE)。图 4-11 给出了两种模型在不同时期反演土壤墒情的精度对比。

表 4-1 反演土壤墒情的拟合系数(R^2)和精度误差(RMSE)

模型	SVR	自适应极化分解技术				水云模型			
		VV		VH		VV		VH	
		R^2	RMSE	R^2	RMSE	R^2	RMSE	R^2	RMSE
三叶期	测试集	0.735	0.022	0.515	0.031	0.702	0.02	0.573	0.031
	验证集	0.685	0.036	0.497	0.037	0.815	0.015	0.467	0.037
拔节期	测试集	0.921	0.015	0.430	0.039	0.753	0.022	0.502	0.039
	验证集	0.910	0.011	0.473	0.035	0.702	0.019	0.524	0.048
抽穗期	测试集	0.860	0.021	0.501	0.047	0.832	0.025	0.307	0.052
	验证集	0.887	0.023	0.573	0.026	0.909	0.022	0.283	0.046
灌浆期	测试集	0.867	0.015	0.755	0.026	0.828	0.028	0.665	0.032
	验证集	0.899	0.023	0.515	0.016	0.884	0.019	0.584	0.026

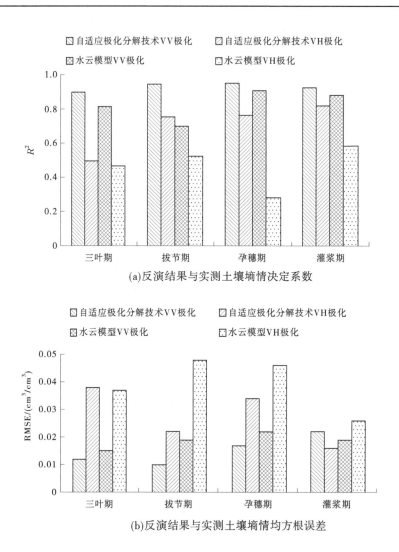

(b)反演结果与实测土壤墒情均方根误差

图 4-11 不同模型土壤墒情反演精度对比

结果表明,在小麦的 4 个关键生育期内,两种模型的 VV 极化都比 VH 极化具有较高的精度,其相关系数 R^2 全部高于 0.7,证明两种模型在 VV 极化下反演的土壤墒情与实测土壤墒情具有良好的线性关系;RMSE 全部小于 0.05,证明在 VV 极化下两种模型都在误差范围内,可用于土壤墒情的估算。在 4 个生育期中,自适应极化分解技术反演的土壤墒情在 VV 极化下具有稳定的高精度,水云模型 VV 极化次之,水云模型 VH 极化效果相对最差。

通过对实测数据的验证及不同模型的对比可以看出,采用的土壤墒情反演方法能够较好地估算小麦生育期内土壤墒情的变化。应用该方法存在的误差主要来源于以下方面:

(1)自适应极化分解技术假定在临近的窗口像元中的地表粗糙度不变,但在实际农田中,即使是相邻地块的麦田,其土壤粗糙程度也不会完全一致。

(2)基于离散植被的一阶物理散射模型考虑到了植被-土壤之间的交互散射,对于小麦生长初期,由于小麦茎秆不明显,应用该方法产生的误差相对小麦其他时期较大。

图 4-12~图 4-15 是在 VV 极化下采用自适应极化分解技术反演的研究区 4 个关键生育期土壤墒情分布,图中的非小麦种植区域在预处理过程中已经掩模。

2018 年 11 月 19 日的小麦三叶期(见图 4-12):研究区土壤墒情整体偏高,大部分区域土壤含水量高于 25%,部分区域达到 40% 以上。在实际调研中发现,尽管研究区大部分地区已经进行过三叶期的第一次灌溉,但个别地区反演的土壤墒情过高,存在一定的误差。但是大部分地区的土壤墒情反演结果与麦田实际土壤墒情情况较为一致。

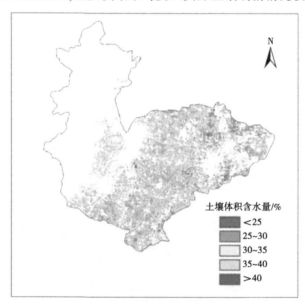

图 4-12 研究区小麦三叶期土壤墒情分布

2019 年 3 月 23 日的小麦拔节期(见图 4-13):该时期与三叶期相比,土壤墒情偏低,大部分区域土壤含水量在 25% 以下。经实地调研和气象资料查询,在该日期前一段时期内研究区无降雨,且绝大部分区域还未开始对麦田进行灌溉,在土壤水分蒸发和小麦根部吸收的双重作用下,导致研究区内大部分麦田的土壤墒情较低。土壤墒情反演结果与实际土壤墒情情况基本一致。

2019 年 4 月 12 日的小麦抽穗期(见图 4-14):研究区东部墒情较其他地区偏高,是由于研究区前两日东部地区有降雨发生,在中西部地区,大部分农民对麦田进行了灌溉,使研究区整体的土壤墒情较拔节期高。

2019 年 5 月 12 日的小麦灌浆期(见图 4-15):反演的研究区土壤墒情整体偏高。由于研究区有连日降雨情况,造成反演结果与实际土壤墒情结果一致。

4.3.3 小结

(1)采用水云模型估算土壤后向散射系数。利用光学遥感的两个波段或多个波段组合建立的光谱植被指数,有效地表达了植被状态信息,可应用于植被含水量的反演。介于

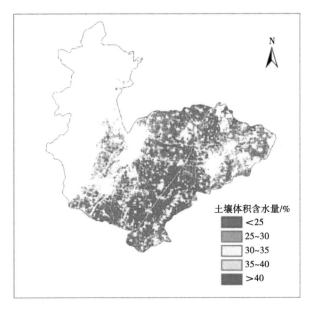

图 4-13　研究区小麦拔节期土壤墒情分布

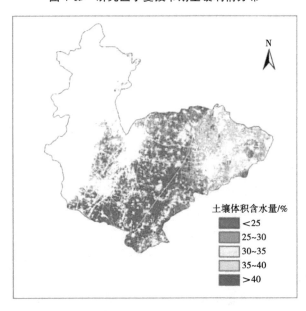

图 4-14　研究区小麦抽穗期土壤墒情分布

红光和近红外波段之间的红边波段,植被叶片反射率在这个范围会发生突变,利用红边波段识别地表类型、参数计算、判别植被生长状态、估算植被的叶面积指数方面都有较好的应用。Sentinel-2 卫星在红边有 3 个波段(Band 5、Band 6 和 Band 7),其中 Band 5 的中心波长位于红边波段范围的谷值(705 nm),Band 6 的中心波长位于红边波段范围的峰值(740 nm)。植被含水量是水云模型的重要参数,通过对 Sentinel-2 地表反射率产品进行波段运算,得到 NDVI、$NDWI_{1610}$、$NDWI_{2190}$ 和 NDRI 的值。基于实测数据,通过统计分析建立植被指数与植被含水量的拟合关系是植被含水量计算常用的方法,根据前人的研究结果,植被

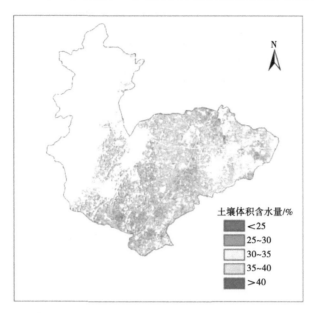

图 4-15 研究区小麦灌浆期土壤墒情分布

含水量与植被光谱指数存在线性、一元二次型及指数型的关系。对研究区的 28 个测点分别进行了两次植被含水量的测量,得到有效数据 48 组。对得到的 Sentinel-2 地表反射率产品进行波段运算,根据样点的空间坐标位置和实测时间,提取不同时期 NDVI、$NDWI_{1610}$、$NDWI_{2190}$ 和 NDRI 的值。然后分别拟合多种植被指数与植被含水量的关系,并使用灰色关联法对植被指数和植被含水量关联度进行定量计算,建立 NDVI 和 NDRI 两种植被指数与植被含水量的二元线性回归模型,反演小麦含水量,除去植被对雷达后向散射的影响。

(2)利用 AIEM 模型建立后向散射系数与相关参数的数据库,分析雷达系统参数(入射频率、入射角)、地表参数(土壤含水量、均方根高度、表面相关长度)对雷达后向散射的影响,建立研究区的雷达后向散射系数、组合粗糙度及土壤含水量之间的模拟模型。为提高土壤后向散射系数提取的准确性,对水云模型的植被含水量进行改进,即采用 Sentinel-2 多光谱数据计算 4 种植被指数,并运用灰色关联分析法对多种植被指数进行筛选,选取与植被含水量具有较高相关性的指数,构建植被含水量估算模型。然后利用 AIEM 模型模拟数据集,建立雷达后向散射与土壤墒情和组合粗糙度的关系,最后通过后向散射系数与粗糙度、入射角及土壤墒情之间的经验模型,得到研究区小麦不同时期覆盖下的土壤墒情,结果表明,模型能够应用于不同时期麦田覆盖下的土壤墒情反演。

(3)基于离散植被的一阶物理散射模型,建立雷达和光学遥感协同反演麦田覆盖下的土壤墒情的方法。利用光学遥感的植被指数提取植被覆盖度及植被含水量并作为改进一阶物理散射模型的参数,计算小麦覆盖的植被散射部分,消除小麦散射对后向散射的影响,得到土壤后向散射系数,并结合支持向量机回归估算研究区在小麦不同关键期的土壤墒情。实测数据的验证结果证明应用该方法可以较好地反演小麦生育期内土壤墒情。

参考文献

[1] ÁLVAREZ-PÉREZ J L. An extension of the IEM/IEMM surface scattering model[J]. Waves in Random Media, 2001, 11(3):307-329.

[2] BAGHDADI N, GHERBOUDJ I, ZRIBI M, et al. Semi-empirical calibration of the IEM backscattering model using radar images and moisture and roughness field measurements[J]. International Journal of Remote Sensing, 2004, 25(18):3593-3623.

[3] BAGHDADI N, HOLAH N, ZRIBI M. Calibration of the integral equation model for SAR data in C-band and HH and VV polarizations[J]. International Journal of Remote Sensing, 2006, 27(4):805-816.

[4] BAGHDADI N, KING C, CHANZY A, et al. An empirical calibration of the integral equation model based on SAR data, soil moisture and surface roughness measurement over bare soils[J]. International Journal of Remote Sensing, 2002, 23(20):4325-4340.

[5] BINDLISH R, BARROS A P. Multifrequency soil moisture inversion from SAR measurements with the use of IEM[J]. Remote Sensing of Environment, 2000, 71(1):67-88.

[6] CHAI X, ZHANG T, SHAO Y, et al. Modeling and mapping soil moisture of Plateau pasture using RADARSAT-2 imagery[J]. Remote Sensing, 2015, 7(2):1279-1299.

[7] DAWSON M S, FUNG A K, MANRY M T. A robust statistical-based estimator for soil moisture retrieval from radar measurements[J]. IEEE Transactions on Geoscience and Remote Sensing, 1997, 35(1):57-67.

[8] DONG J, CROW W T, TOBIN K J, et al. Comparison of microwave remote sensing and land surface modeling for surface soil moisture climatology estimation[J]. Remote Sensing of Environment, 2020, 242:111756.

[9] DU Y. A new bistatic model for electromagnetic scattering from randomly rough surfaces[J]. Waves in Random and Complex Media, 2008, 18(1):109-128.

[10] FUNG A K, LI Z, CHEN K S. Backscattering from a randomly rough dielectric surface[J]. IEEE Transactions on Geoscience and Remote Sensing, 1992, 30(2):356-369.

[11] HSIEH C Y, FUNG A K, NESTI G, et al. A further study of the IEM surface scattering model[J]. IEEE Transactions on Geoscience and Remote Sensing, 1997, 35(4):901-909.

[12] KIM S B, MOGHADDAM M, TSANG L, et al. Models of l-band radar backscattering coefficients over global terrain for soil moisture retrieval[J]. IEEE Transactions on Geoscience and Remote Sensing, 2013, 52(2):1381-1396.

[13] LI Q, SHI J, CHEN K S. A generalized power law spectrum and its applications to the backscattering of soil surfaces based on the integral equation model[J]. IEEE Transactions on Geoscience and Remote Sensing, 2002, 40(2):271-280.

[14] MALENOVSKÝZ, ROTT H, CIHLAR J, et al. Sentinels for science: Potential of Sentinel-1,-2, and -3 missions for scientific observations of ocean, cryosphere, and land[J]. Remote Sensing of Environment, 2012, 120:91-101.

[15] MORAN M S, HYMER D C, QI J, et al. Soil moisture evaluation using multi-temporal synthetic aperture radar (SAR) in semiarid rangeland[J]. Agricultural and Forest Meteorology, 2000, 105(1):69-80.

[16] NOTARNICOLA C, ANGIULLI M, POSA F. Use of radar and optical remotely sensed data for soil moisture retrieval over vegetated areas[J]. IEEE Transactions on Geoscience and Remote Sensing, 2006, 44(4):925-935.

[17] RICE S O. Reflection of electromagnetic waves from slightly rough surfaces[J]. Communications on Pure and Applied Mathematics, 1951, 4(2-3):351-378.

[18] SAATCHI S S, MOGHADDAM M. Estimation of crown and stem water content and biomass of boreal forest using polarimetric SAR imagery[J]. IEEE Transactions on Geoscience and Remote Sensing, 2000, 38(2):697-709.

[19] SANCER M. Shadow-corrected electromagnetic scattering from a randomly rough urface[J]. IEEE Transactions on Antennas and Propagation, 1969, 17(5):577-585.

[20] SHI J, CHEN K S, LI Q, et al. A parameterized surface reflectivity model and estimation of bare-surface soil moisture with l-band radiometer[J]. IEEE Transactions on Geoscience and Remote Sensing, 2003, 40(12):2674-2686.

[21] THOMA D P, MORAN M S, BRYANT R, et al. Comparison of four models to determine surface soil moisture from c-band radar imagery in a sparsely vegetated semiarid landscape[J]. Water Resources Research, 2006, 42(1):209-216.

[22] VALENZUELA G. Depolarization of EM waves by slightly rough surfaces[J]. IEEE Transactions on Antennas and Propagation, 1967, 15(4):552-557.

[23] WU T D, CHEN K S, SHI J, et al. A transition model for the reflection coefficient in surface scattering[J]. IEEE Transactions on Geoscience and Remote Sensing, 2002, 39(9):2040-2050.

[24] WU T D, CHEN K S. A reappraisal of the validity of the IEM model for backscattering from rough surfaces[J]. IEEE Transactions on Geoscience and Remote Sensing, 2004, 42(4):743-753.

[25] 曾旭婧, 邢艳秋, 单炜, 等. 基于 Sentinel-1A 与 Landsat 8 数据的北黑高速沿线地表土壤水分遥感反演方法研究[J]. 中国生态农业学报, 2017, 25(1):118-126.

[26] 陈书林, 刘元波, 温作民. 卫星遥感反演土壤水分研究综述[J]. 地球科学进展, 2012, 27(11):1192-1203.

[27] 郭二旺, 郭乙霏, 罗蔚然, 等. 基于 Landsat8 和 Sentinel-1A 数据的焦作广利灌区夏玉米土壤墒情监测方法研究[J]. 中国农村水利水电, 2019, (7):22-25.

[28] 何连, 秦其明, 任华忠, 等. 利用多时相 Sentinel-1 SAR 数据反演农田地表土壤水分[J]. 农业工程学报, 2016, 32(3):142-148.

[29] 孔金玲, 李菁菁, 甄珮珮, 等. 微波与光学遥感协同反演旱区地表土壤水分研究[J]. 地球信息科学学报, 2016, 18(6):857-863.

[30] 李伯祥, 陈晓勇. 基于 Sentinel 多源遥感数据的河北省景县农田土壤水分协同反演[J]. 生态与农村环境学报, 2020, 36(6):752-761.

[31] 李新武, 郭华东, 李震, 等. 重复轨道 SIR-C 极化干涉 SAR 数据植被覆盖区土壤水分反演研究[J]. 遥感学报, 2009, 13(3):423-436.

[32] 李艳, 张成才, 恒卫冬, 等. 基于多源遥感数据反演土壤墒情方法研究[J]. 节水灌溉, 2020, (8):76-81.

[33] 李艳, 张成才, 罗蔚然, 等. 基于自适应极化分解技术的灌区麦田土壤墒情反演方法[J]. 水利水电技术, 2017, 48(11):187-193.

[34] 李艳, 张成才, 罗蔚然. 利用改进的水云模型反演夏玉米拔节期土壤墒情方法研究[J]. 水利水电技术, 2019, 50(3):212-218.

[35] 林利斌,鲍艳松,左泉,等.基于Sentinel-1与FY-3C数据反演植被覆盖地表土壤水分[J].遥感技术与应用,2018,33(4):750-758.

[36] 庞自振,廖静娟.基于遗传算法和雷达后向散射模型的地表参数反演研究[J].遥感技术与应用,2008,23(2):130-141.

[37] 王娇,丁建丽,陈文倩,等.基于Sentinel-1的绿洲区域尺度土壤水分微波建模[J].红外与毫米波学报,2017,36(1):120-126.

[38] 余凡,赵英时.ASAR和TM数据协同反演植被覆盖地表土壤水分的新方法[J].中国科学:地球科学,2011,41(4):532-540.

[39] 赵珍珍,冯建迪.基于多源数据的科尔沁沙地陆地水及地下水储量变化研究[J].水土保持通报,2019,39(3):119-125.

第 5 章 作物模型的区域化应用及与遥感信息耦合估产

5.1 研究背景与研究内容

5.1.1 研究背景

作物生长模型起步于 20 世纪 60 年代,其实质是用数学方法表达作物的生长过程。随着作物生长理论的完善,以及系统科学和计算机技术的发展,作物生长模型经历了从理论走向实用的发展历程。在世界各国对粮食生产的持续关注下,以应用为目的的作物生长模型迅速发展,既可用于现代化和科学化的作物种植管理,也可辅助政策的分析制定,已成为农业研究最有力的工具之一。随着作物生长模型向着应用多元化方向发展,其区域化大范围应用的要求也日益迫切,其中典型应用包括区域作物生长监测和产量预测,准确进行大面积作物生长监测和产量预测对加强作物生长调控和保障粮食安全具有重要意义。

现有的作物模型,如 WOFOST、CERES、APSIM 和 WheatSM 等,都具有较强的机制性和实用性,已在小麦、水稻、玉米等作物的长势监测和产量评估上得到了广泛的应用。通过对作物模型进行参数的严格标定,在单点上作物生育期的模拟误差普遍小于 3 d,产量的估算误差一般不超过 15%。然而,随着作物模型在区域上的升尺度应用,其区域模拟效果受到来自模型品种参数、外部输入数据等因素不确定性增大的影响,模型的区域模拟精度较难满足实际应用需求。

为提高作物模型在区域应用的精度,必须针对特定区域对其进行本地化,即完成模型参数的本地化校准。当区域面积较大时,气候条件差异较大、作物品种不同,对区域合理分区,进而结合科学高效的优化算法对模型参数分区标定是一项重要且必要的工作。在作物模型本地化的基础上,将具有快速、宏观、动态等优点的遥感信息引入作物模型,为改善区域作物生长模拟精度提供了一种高效的解决途径,是当前作物估产研究的重要发展趋势。数据同化的核心思想是误差估算及误差模拟,即在动力学模型框架下,融合不同来源、不同时空分辨率、不同精度的观测数据,根据不同观测数据之间的误差关系,通过数学算法对模型中的状态变量进行优化,以期提高模拟精度。近年来,国内外学者在遥感信息与作物模型耦合方面已开展了大量研究,引入作物模型的遥感信息来源于可见光遥感、红外遥感和微波遥感数据源中的一种或多种,以冠层光谱反射率或叶面积指数等作物生长状态变量为结合点,遥感信息或被直接代入作物模型驱动模型运行,或用于调整作物模型的状态变量,或用于重新初始化模型,实现了区域作物生长模拟精度的显著改善。

5.1.2 研究内容

(1) 针对作物模型用于河南省大范围冬小麦生长模拟与产量预测的目标,通过划分不同的农业气候生态区,并在每一个区内分别对模型参数进行标定,旨在将农业气候学知识与科学高效的优化算法相结合,通过合理、高效地对研究区域分区的标定,提高作物模型在区域应用的精度,为作物模型区域应用和模型参数调整优化提供科学理论依据。

(2) 采用顺序同化和连续同化两种策略,在不同同化策略的输出结果精度和运行效率等方面进行比较,其中顺序同化采用 EnKF 算法,连续同化采用 SCE-UA 优化算法,比较两种同化策略下模型在区域尺度运行时的模拟产量精度和计算效率,为作物模型与遥感数据同化策略的选择提供依据。

5.2 基于农业气候分区的作物模型本地化

5.2.1 研究区和数据源

5.2.1.1 研究区

本节研究区(河南省)位于我国中部,黄河中下游地区,西起太行山和豫西山地东麓,南至大别山北麓,东西长约 580 km,南北宽约 550 km,全省总面积为 16.7 万 km²,空间范围在 110°21′~116°39′E,31°23′~36°22′N。河南省位于我国冬小麦核心主产区,平原面积广阔,土壤肥沃,其小麦种植面积占全国小麦种植面积的 1/4 以上,年产量约占全国的 26%,为我国小麦产量第一大省。

5.2.1.2 数据源与预处理

本节中冬小麦农业气候分区数据来源于全省 113 个气象观测站 1981—2010 年冬小麦全生育期逐日气象资料,WOFOST 模型运行所需气象数据来源于研究区内 20 个气象观测站 2013—2019 年的逐日气象资料,包括日最低气温、日最高气温、日平均水汽压、日平均瞬时风速和日降水量。WOFOST 模型的气象驱动数据包括太阳辐射量等利用 Hargreaves 辐射公式由大气温差计算得到[见式(5-1)],将处理好的 6 种气象要素按照 WOFOST 作物模型需要的格式建立对应的数据库文件。

$$R_S = K_{R_S}\sqrt{(T_{max} - T_{min})} R_a \tag{5-1}$$

式中:R_a 为天顶辐射,MJ/(m²·d);T_{max} 为最高气温,℃;T_{min} 为最低气温,℃;K_{R_S} 为调整系数。在内陆地区,陆地占主体,气团不会受到广阔水体的强烈影响,K_{R_S} 约为 0.16,河南属于内陆地区,取 0.16。

农业气象观测数据包括作物生长数据、土壤数据和田间管理信息,其中作物生长数据主要包括冬小麦播种期、关键生育期、产量等;土壤数据包括土壤重量含水量、土壤相对湿度、降水量与灌溉量、地下水位深度、土壤水分总贮存量、土壤有效水分贮存量、田间持水量、土壤容重、凋萎湿度等;田间管理信息主要为灌溉时间和灌溉量、施肥时间和施肥量。本节所需农业气象观测数据、土壤数据和田间管理信息来源于研究区内 20 个农业气象试验站和农业气象观测站 2013—2019 年的观测数据及 2019 年田间调查的叶面积指数数据,剔除异常值,整理为标准数据格式。

5.2.2 研究方法

5.2.2.1 WOFOST 模型

WOFOST 模型由荷兰瓦赫宁根大学与世界粮食研究中心共同研发。该模型是一个动态解释性模型,以逐日为步长对作物生长发育进行模拟,可描述包括光合作用、呼吸作用、蒸腾作用、干物质分配等在内的作物的基本生理过程,并可描述这些过程受环境的影响情况,可模拟水分限制条件下的产量、营养限制条件下的产量和潜在产量。

WOFOST 模型以逐日气象数据为驱动数据,其作物生长发育模块建立在积温理论上,并考虑了作物对光长的敏感性,该模型同时考虑了叶片的生长和衰老过程,对叶面积生长分两个阶段进行描述。模型中干物质的积累和分配则是经过呼吸作用的消耗后被分配到作物的各个器官。作物在每个时刻获得的总干物质重量被按照一定的比例系数分配给地上部分和地下部分,地上部分再被分配到贮存器官和茎、叶等器官。现有研究表明,WOFOST 模型在河南省及其相邻省份具有良好的适用性。

针对 WOFOST 模型用于大范围冬小麦生长模拟与产量预测的目的,首先根据 30 年的气象观测数据,利用 K 均值聚类算法将研究区划分为不同的农业气候生态区,在每一个区间利用 Sobol 全局敏感性分析方法筛选出 WOFOST 模型的敏感参数,然后使用差分进化马尔科夫链蒙特卡洛方法对模型的敏感参数进行自动标定,最后利用实测数据对模型分区标定结果进行验证。

5.2.2.2 K 均值聚类算法

K 均值聚类算法属于聚类分析方法,具有快速收敛的优势。其基本思想是以距离为相似度进行分类。给定聚类数目 K 后,首先随机把数据集划分为 K 个簇,计算每个簇的平均值得到 K 个初始聚类中心,然后计算每一簇中的每一个样本与每一个聚类中心的距离,将其重新分配到距离最近的聚类中心所在的簇,最后计算每个新簇的中心。不断重复该过程,直至聚类中心不再发生变化,则聚类结束。

5.2.2.3 Sobol 方法

Sobol 方法是一种典型的全局敏感性分析方法,也是经验证最为有效的模型参数敏感性分析方法之一。Sobol 方法基于方差分解的思想,将参数化模型表示为:

$$Y = f(X, \vec{\theta}) \tag{5-2}$$

式中:Y 为目标函数;X 为驱动数据;$\vec{\theta}$ 为参数向量。

将模型总的方差分解为单个参数的影响和参数之间组合的影响:

$$D(y) = \sum_{i=1}^{k} D_i + \sum_{i=1}^{k-1}\sum_{j=i+1}^{k} D_{ij} + \cdots + D_{1,\cdots,k} \tag{5-3}$$

式中:D_i 为参数 θ_i 对目标函数 y 的一阶偏方差;D_{ij} 为参数 θ_i 和 θ_j 之间相互作用的二阶偏方差;K 为参数的维数。

对式(5-3)进行归一化,通过偏方差和总方差之比计算参数敏感性指标:

一阶敏感性指标: $$S_i = \frac{D_i}{D} \tag{5-4}$$

二阶敏感性指标: $$S_{ij} = \frac{D_{ij}}{D} \tag{5-5}$$

总敏感性指标: $$S_{Oi} = \sum S_{(i)} \tag{5-6}$$

式中:S_{Oi}表示包含所有参数θ_i的敏感性,即参数θ_i单独对目标函数y的影响程度及其与其他参数相互作用对y的影响程度的总和。

5.2.2.4 差分进化马尔科夫链蒙特卡洛方法

马尔科夫链蒙特卡洛方法是一种贝叶斯后验采样方法,可以提供趋近于真实后验分布情况的样本序列。该方法由 Metropolis 和 Hasting 确立。其基本原理是,在求解随机变量的期望或随机事件发生的概率时,为了克服蒙特卡洛随机抽样所需样本量随维数增加而指数增大,导致计算速度太慢的问题,通过构造马尔科夫链的极限平稳分布情况来模拟计算积分,即利用先验知识由建议概率分布抽样产生候选样本值,建立状态转移规则并判断状态是否转移,从而产生马尔科夫链,马尔科夫链的各个状态为随机变量的样本值,在进行足够多次的迭代后,马尔科夫链的转移概率将趋于平稳分布,即得到目标的后验分布。由于马尔科夫链蒙特卡洛方法收敛效率较低,本节使用 Ter Braak 提出的差分进化马尔科夫链蒙特卡洛方法对待优化参数的后验分布进行估算。该方法改进了传统马尔科夫链蒙特卡洛方法中使用单一马尔科夫链,易发生局部收敛的问题,可以同时构建多条马氏链估算参数的后验分布,并在不同链之间进行相互学习,大大提高了计算效率。

5.2.3 河南省冬小麦农业气候区划

本节采用K均值聚类算法,根据河南省气候特点和冬小麦生产品种布局将全省划分为不同的农业气候生态区。其中,依据气候条件对冬小麦全生育期的影响情况,利用专家知识法,选取全省113个气象观测站1981—2010年冬小麦全生育期降水(mm)、全生育期大于或等于0℃积温(℃·d)、全生育期日照时数(h)、冬前积温(℃·d)、3—4月日照时数(h)、5月降水量(mm)、3—4月雨日(d)、5月平均气温日较差(℃)、3—4月降水量(mm)、5月日照时数(h)和5月雨日(d)为区划指标进行K均值聚类,结合冬小麦生产品种的布局情况,完成河南省冬小麦农业气候分区(见图5-1)。

如图5-1所示,河南省冬小麦生产分为5个农业气候生态区,基本上呈纬向分布。其中,Ⅰ区分布在河南省北部,主要包括安阳、濮阳等地区,该区日照充足,但大于或等于0℃积温较少,冬季温度较低,常有冻害发生。春旱概率较高,多数年份小麦生长受到一定的水分胁迫。Ⅱ区主要分布在河南省中北部,主要包括新乡、焦作、郑州、开封、商丘、洛阳等地区,这些地区春季降水变化大,自然降水偏少,春季低温霜冻对小麦有一定影响。Ⅲ区以河南省中南部为主,主要包括漯河、平顶山、周口、驻马店中北部、南阳中东部等地区。该区正常年份降水量可以满足小麦需要,但春季连阴雨天气较多,光照不足。Ⅳ区主要在河南省南部的信阳、驻马店南部和南阳西部等地区,该区小麦全生育期大于或等于0℃的积温在2 500 ℃·d以上,冬前气温高,春季多雨,灌浆期间高温、多雨、日较差较小。

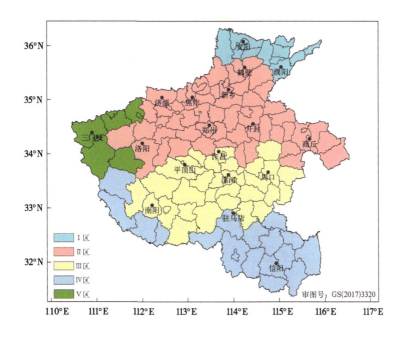

图 5-1 河南省冬小麦农业气候分区

Ⅴ区主要分布在河南省西部的三门峡等地，该区干旱少雨，小麦生育期内降水量不足 300 mm，春季日照充足，小麦生育后期常出现干热风。该分区结果一方面体现了纬度对冬小麦种植品种和生长发育的重要影响，另一方面也反映出河南省复杂的地形影响气候、耕作方式等，进而对冬小麦种植品种和生长发育造成影响。河南省北部、西部、南部由太行山、伏牛山、桐柏山和大别山沿省界环绕，西南部为南阳盆地，中东部为黄淮海平原，图 5-1 良好地吻合了该地形特点，显示了本节对河南省冬小麦农业气候分区结果的合理性。

作物模型中的积温参数可通过气象观测数据准确计算，在完成河南省冬小麦农业气候分区后，利用 30 年气象资料计算各区小麦播种至出苗的积温、从出苗至开花的积温和从开花至成熟的积温（见表 5-1）。

表 5-1 不同区域冬小麦积温 单位：℃·d

生育阶段	Ⅰ区	Ⅱ区	Ⅲ区	Ⅳ区	Ⅴ区
播种至出苗	1 170	1 180	1 100	1 150	1 250
出苗至开花	600	620	610	600	610
开花至成熟	110	120	120	130	120

5.2.4 WOFOST 模型参数标定

5.2.4.1 敏感参数分析

应用 Python 中的 SALib 灵敏度分析库，排除不适合自动标定的参数，对 WOFOST 模型的 21 种小麦生长发育参数进行敏感性分析，分析过程包括待分析参数输入、参数样本生成、模型模拟过程,以及分析结果输出。本节通过设置待分析参数围绕默认值变化的比例来确定其取值范围(见表 5-2)。

表 5-2 待分析参数及其围绕默认值的变化比例

参数	定义	最小比例	最大比例
AM00	发育期为 0 时最大 CO_2 同化速率	0.7	1.5
AM10	发育期为 1 时最大 CO_2 同化速率	0.7	1.5
AM13	发育期为 1.3 时最大 CO_2 同化速率	0.7	1.5
AM20	发育期为 2 时最大 CO_2 同化速率	0.7	1.5
SL00	发育期为 0 时比叶面积	0.7	1.5
SL05	发育期为 0.5 时比叶面积	0.7	1.5
SL20	发育期为 2 时比叶面积	0.7	1.5
FL	总物质分配到叶片的比例	0.5	2
FO	总物质分配到储存器官的比例	0.8	1.2
FR	总物质分配到根的比例	0.5	2
SP	35 ℃ 时叶片的生命周期	0.7	1.5
TB	出苗最低温度	0.5	1.5
TD	初始总干物质重量	0.9	1.3
TE	出苗最高有效温度	0.9	1.3
TM00	日均温为 0 ℃ 时最大 CO_2 同化速率减小因子	0.7	1.5
TM10	日均温为 10 ℃ 时最大 CO_2 同化速率减小因子	0.7	1.3
TM15	日均温为 15 ℃ 时最大 CO_2 同化速率减小因子	0.7	1.5
TM25	日均温为 25 ℃ 时最大 CO_2 同化速率减小因子	0.7	1.5
TM35	日均温为 35 ℃ 时最大 CO_2 同化速率减小因子	0.7	1.5
RD	根的相对死亡速率	0.9	1
RG	叶面积指数最大日增量	0.9	1.3

使用 Saltelli 采样器对表 5-2 中的参数进行随机采样,设置采样数为 10 000,即产生 $(21+2) \times 10\,000 = 230\,000$ 组样本输入进 WOFOST 模型运转,输出冬小麦模拟产量,从而建立从输入参数空间到输出结果空间的映射关系。利用 Sobol 方法筛选出对冬小麦模拟产量变化影响较大的参数。参数的实际采样值由如下公式计算得出:

$$a_e = a_0 \times f \tag{5-7}$$

式中: a_e 表示参数的实际采样值; f 表示本次采样的比率; a_0 表示该参数的默认值。

对于某些默认值为 0 的参数,采用式(5-8)计算参数的实际采样值:

$$a_e = \frac{(a_{\max} - a_{\min})}{2} \times (f - 1) \tag{5-8}$$

式中：a_e 表示参数的实际采样值；f 表示本次采样的比率；a_{max} 表示该参数的最大值；a_{min} 表示该参数的最小值。

在河南省 5 个农业气候生态区分别进行 21 种作物参数的敏感性分析，每个分区选择 5 个观测站点，使用 2013—2017 年的气象数据驱动模型。经对比，各分区总敏感性指标和一阶敏感性指标、二阶敏感性指标的筛选结果基本一致。以总敏感性指标为代表，河南省 5 个农业气候生态区的参数敏感性分析结果如下（见图 5-2）。

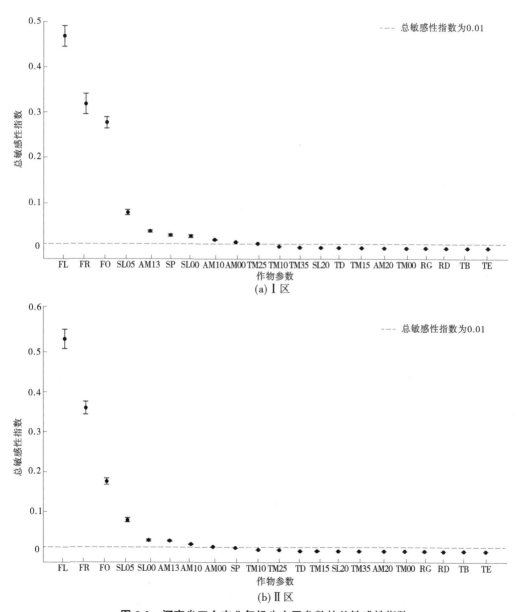

图 5-2 河南省五个农业气候生态区参数的总敏感性指数

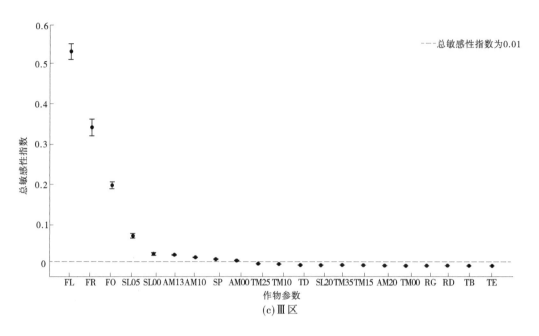

(c) Ⅲ区

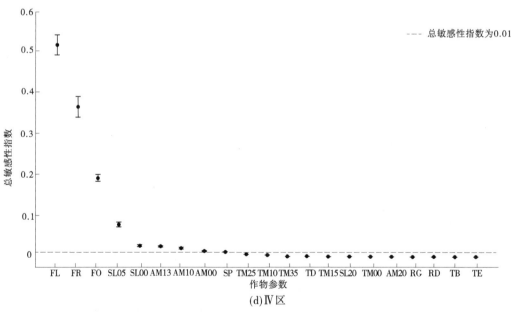

(d) Ⅳ区

续图 5-2

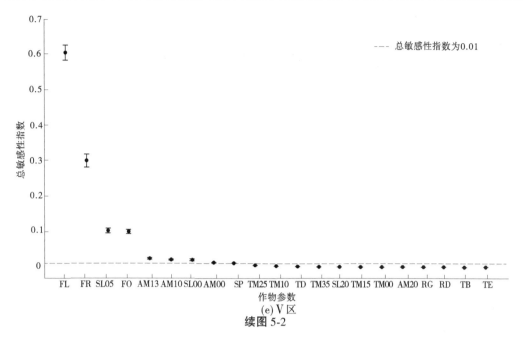

(e) Ⅴ区

续图 5-2

由图 5-2 可知,尽管各区敏感性分析结果中待分析参数的总敏感性指数不同,参数的敏感程度排序也有一定差异,但在 5 个农业生态区中,通过 0.05 的显著性水平验证,且总敏感性指数大于 0.01 的参数筛选结果一致,均为 FL、FR、FO、SP、SL05、AM00、AM10、AM13 和 SL00。详细来看,总敏感性指数大于 0.05 的参数相同,共 4 个,即 FL、FR、FO 和 SL05。总敏感性指数小于 0.05 且大于 0.01 的参数相同,共 5 个(在不同生态区顺序不同),即 AM00、AM10、AM13、SL00 和 SP。

5.2.4.2 参数标定

对敏感性分析筛选出的 9 种敏感参数进行本地化标定,使用差分进化马尔科夫链蒙特卡洛方法对其后验分布进行估算。差分进化马尔科夫链蒙特卡洛种群(并行链)数目设置为 5 条,每次采样都进行一次链更新,并通过方差法计算各个参数当前的收敛指标 R,通过 R 判断其是否达到收敛。当存在某个参数的 R 大于 1.1 时,认为链未收敛;当所有参数的 R 小于 1.1 时,认为链达到收敛。收敛后再次进行 1 000 次采样,由此得到参数的后验样本和分布。差分进化马尔科夫链蒙特卡洛方法中使用的似然函数为:

$$\lg L = \lg L_{lai} + \lg L_{yield} \tag{5-9}$$

式中:L 为总似然函数;L_{lai} 为叶面积指数的似然函数;L_{yield} 为产量的似然函数,具体如下:

$$\lg L_{lai} = -0.5(p - p_{obs})^T \cdot \sum\nolimits^{-1}(p - p_{obs}) - 0.5K \cdot \lg(2\pi) - \lg(\det \sum) \tag{5-10}$$

式中:p、p_{obs} 分别为不同生育期 LAI 的模型模拟值和观测值;$\sum$ 为 LAI 观测值的协方差矩阵;K 为空间维数,即 LAI 观测值的个数。

$$\lg L_{yield} = -0.5\left(\frac{z - z_{obs}}{\sigma}\right)^2 - 0.5\lg(2\pi) - \lg\sigma \tag{5-11}$$

式中:Z、Z_{obs} 分别表示成熟期产量的模型模拟值和观测值;σ 表示产量观测值的标准差。

对每个子区使用 2013—2017 年多站点实测数据联合标定，本节中参数标定所用建模数据和验证数据见表 5-3。5 个子区待优化参数的后验分布见表 5-4~表 5-8，可以看出，多种作物参数在不同子区之间差异明显，可能体现了不同区域适宜种植品种的不同，这也体现了在大区域进行分区调参的必要性。将河南省作为一个整体的区域使用 2013—2017 年多站点实测数据进行联合标定，整个研究区使用同一套参数的后验分布见表 5-9。

表 5-3 参数标定所用建模数据和验证数据

研究区	优化数据		验证数据	
	年份	站点	年份	站点
Ⅰ区	2013	林州	2018—2019	汤阴
	2014	汤阴		
	2015	安阳		
	2016	濮阳		
	2017	范县		
Ⅱ区	2013	郑州	2018—2019	郑州
	2014	商丘		
	2015	伊川		
	2016	济源		
	2017	郑州		
Ⅲ区	2013	许昌	2018—2019	黄泛区
	2014	许昌		
	2015	黄泛区		
	2016	驻马店		
	2017	南阳		
Ⅳ区	2013	信阳	2018—2019	潢川
	2014	正阳		
	2015	新野		
	2016	潢川		
	2017	固始		
Ⅴ区	2013	卢氏	2018—2019	卢氏
	2014	三门峡		
	2015	三门峡		
	2016	卢氏		
	2017	卢氏		

表 5-4 河南 I 区敏感参数的后验分布

参数	平均值	中值	最大似然值	均方根误差	95%置信区间
AM00	1.369	1.414	1.470	0.003 96	[1.361, 1.377]
AM10	1.351	1.374	1.426	0.003 01	[1.345, 1.357]
AM13	0.729	0.722	0.704	0.000 70	[0.728, 0.731]
SL00	1.443	1.455	1.500	0.001 30	[1.440, 1.445]
SL05	0.774	0.770	0.707	0.001 27	[0.771, 0.776]
FL	1.904	1.932	1.994	0.002 20	[1.900, 1.909]
FO	0.857	0.856	0.860	0.000 23	[0.856, 0.857]
FR	1.423	1.429	1.487	0.001 31	[1.421, 1.426]
SP	0.831	0.829	0.826	0.000 26	[0.831, 0.832]

表 5-5 河南 II 区敏感参数的后验分布

参数	平均值	中值	最大似然值	均方根误差	95%置信区间
AM00	0.761	0.750	0.704	0.001 76	[0.757, 0.764]
AM10	1.397	1.410	1.412	0.002 74	[1.392, 1.403]
AM13	0.793	0.785	0.760	0.002 35	[0.788, 0.798]
SL00	1.350	1.361	1.458	0.003 85	[1.342, 1.357]
SL05	0.772	0.759	0.737	0.001 95	[0.768, 0.775]
FL	1.823	1.848	1.973	0.004 96	[1.813, 1.833]
FO	0.921	0.920	0.901	0.000 55	[0.919, 0.922]
FR	0.946	0.964	1.112	0.005 73	[0.934, 0.957]
SP	0.822	0.824	0.824	0.000 34	[0.822, 0.823]

表 5-6 河南 III 区敏感参数的后验分布

参数	平均值	中值	最大似然值	均方根误差	95%置信区间
AM00	0.715	0.711	0.702	0.000 40	[0.714, 0.716]
AM10	0.891	0.872	0.869	0.003 19	[0.885, 0.897]
AM13	0.738	0.730	0.700	0.000 89	[0.737, 0.740]
SL00	1.352	1.376	1.498	0.002 96	[1.346, 1.358]
SL05	1.082	1.067	1.144	0.003 83	[1.075, 1.090]
FL	1.326	1.334	1.215	0.004 26	[1.317, 1.334]
FO	0.809	0.807	0.802	0.000 23	[0.809, 0.810]
FR	0.790	0.787	0.794	0.003 97	[0.782, 0.798]
SP	0.932	0.938	0.940	0.000 42	[0.932, 0.933]

表 5-7 河南Ⅳ区敏感参数的后验分布

参数	平均值	中值	最大似然值	均方根误差	95%置信区间
AM00	1.446	1.460	1.496	0.000 94	[1.444, 1.447]
AM10	1.118	1.127	0.744	0.004 72	[1.109, 1.128]
AM13	1.418	1.441	1.497	0.001 51	[1.415, 1.421]
SL00	1.174	1.188	0.918	0.003 04	[1.168, 1.180]
SL05	0.799	0.777	0.711	0.001 64	[0.796, 0.802]
FL	1.090	1.076	1.297	0.002 50	[1.085, 1.095]
FO	1.033	1.021	1.124	0.000 76	[1.031, 1.034]
FR	0.625	0.595	0.602	0.001 98	[0.621, 0.629]
SP	0.834	0.829	0.828	0.000 27	[0.833, 0.834]

表 5-8 河南Ⅴ区敏感参数的后验分布

参数	平均值	中值	最大似然值	均方根误差	95%置信区间
AM00	1.082	1.070	1.333	0.005 62	[1.071, 1.093]
AM10	0.732	0.724	0.705	0.000 68	[0.730, 0.732]
AM13	0.728	0.721	0.708	0.000 57	[0.727, 0.729]
SL00	1.481	1.484	1.492	0.000 36	[1.480, 1.481]
SL05	0.718	0.715	0.708	0.000 26	[0.717, 0.718]
FL	1.880	1.885	1.792	0.002 03	[1.876, 1.884]
FO	0.937	0.935	0.915	0.000 46	[0.936, 0.938]
FR	0.532	0.527	0.502	0.000 59	[0.531, 0.533]
SP	0.738	0.741	0.748	0.000 30	[0.738, 0.739]

表 5-9 河南一套敏感参数的后验分布

参数	平均值	中值	最大似然值	均方根误差	95%置信区间
AM00	0.758	0.747	0.756	0.001 70	[0.755, 0.761]
AM10	0.724	0.717	0.709	0.000 72	[0.722, 0.725]
AM13	0.714	0.711	0.702	0.000 44	[0.714, 0.715]
SL00	1.483	1.485	1.499	0.000 48	[1.482, 1.484]
SL05	0.712	0.709	0.701	0.000 32	[0.711, 0.712]

续表 5-9

参数	平均值	中值	最大似然值	均方根误差	95%置信区间
FL	1.855	1.853	1.856	0.001 78	[1.851, 1.858]
FO	0.901	0.899	0.892	0.000 46	[0.900, 0.902]
FR	0.553	0.544	0.538	0.001 49	[0.550, 0.556]
SP	0.896	0.896	0.906	0.000 15	[0.895, 0.896]

5.2.4.3 精度验证

9 种参数后验分布的平均值、中值,以及最大似然值优化结果(代价函数取最优解时的一组参数值)见表 5-4~表 5-9,分别代入 WOFOST 模型进行模拟,使用 2018—2019 年观测数据进行验证,模拟及验证结果见图 5-3。由图 5-3 可知,分区标定后,在各子区模拟的叶面积指数与实际观测值均吻合较好,综合 5 个分区的模拟结果,使用分区调参后验平均值模拟关键生育期叶面积指数的总均方根误差为 0.655,其中模拟返青期叶面积指数的均方根误差为 0.428,模拟拔节期叶面积指数的均方根误差为 0.753,模拟抽穗期叶面积指数的均方根误差为 0.796,模拟乳熟期叶面积指数的均方根误差为 0.578。而使用默认参数模拟关键生育期叶面积指数的总均方根误差为 2.897,整个研究区使用同一套优化参数(后验平均值)模拟关键生育期叶面积指数的总均方根误差为 1.277,对比可知,经分区调参,模型动态模拟冬小麦多个关键生育期叶面积指数的精度均有明显提高,表明基于农业气候分区标定 WOFOST 模型可准确模拟作物的生长过程。

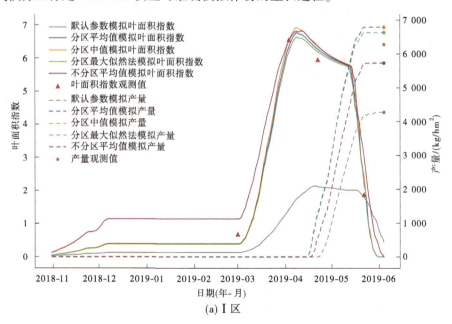

(a) Ⅰ区

图 5-3 2019 年产量与叶面积指数验证结果

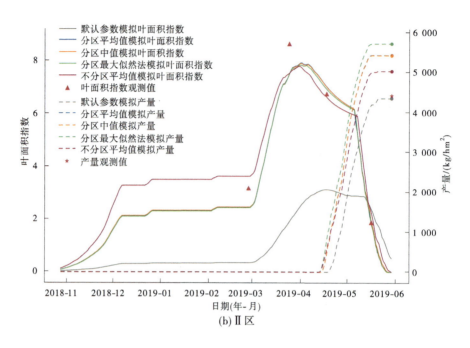

(b) Ⅱ区

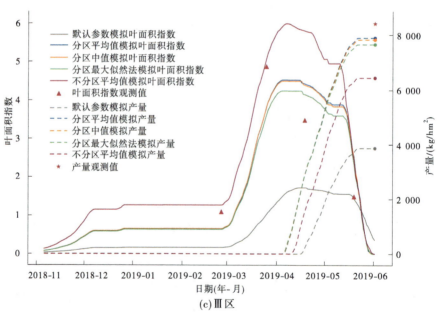

(c) Ⅲ区

续图 5-3

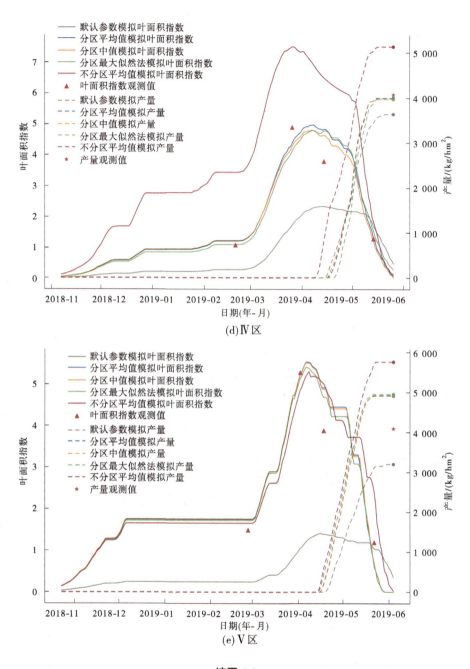

续图 5-3

在估产精度方面,综合 5 个分区的模拟结果,使用默认参数模拟产量的均方根误差为 2 282.192 kg/hm², 整个研究区使用同一套优化参数(后验平均值)模拟产量的均方根误差为 1 311.303 kg/hm², 使用分区调参后验平均值模拟产量的均方根误差为 672.016 kg/hm², 使用分区调参后验中值模拟产量的均方根误差为 684.622 kg/hm², 使用分区最大似然值参数优化结果模拟产量的均方根误差为 796.436 kg/hm²。对比可知,使用本节提出的基于冬小麦农业气候分区的差分进化马尔科夫链蒙特卡洛参数标定方法,显著优于默认参数及不分区调参的产量模拟精度,其中以使用分区调参后验平均值模拟产量的精度最优,较使用默认参数时的产量模拟误差缩小 70.55%,较全区使用同一套优化参数(平均值)时的产量模拟误差缩小 48.75%。

5.2.5 小结

本节根据近 30 年的气象资料,采用 K 均值聚类算法,将河南省划分为 5 个不同的农业气候生态区,在每一个农业气候生态区分别计算作物模型中的积温参数,再根据 2013—2017 年的观测数据利用 Sobol 全局敏感性分析方法选择其他敏感性参数,其后,采用差分进化马尔科夫链蒙特卡洛方法对敏感参数进行标定,并用 2018—2019 年的观测数据进行了验证,得到如下结论:

(1)河南省可划分为 5 个不同的农业气候生态区,整体呈纬向分布,良好吻合了研究区的地形特点。冬小麦农业气候分区结果为作物模型分区标定提供了科学的分区依据。

(2)对河南省 5 个农业气候生态区分区进行 WOFOST 模型参数的敏感性分析,结果表明不同冬小麦品种筛选出的敏感参数具有较高的一致性。

(3)在农业气候分区的基础上,使用差分进化马尔科夫链蒙特卡洛方法优化 WOFOST 模型参数,模型模拟冬小麦多个关键生育期叶面积指数的精度和产量预测精度均显著优于使用默认参数或整个研究区使用同一套优化参数时的模拟精度。

本节以河南省为研究区,将农业气候学知识与科学高效的优化算法相结合,有效实现了作物模型区域应用时模型参数的优化调整。本节存在以下不足:一方面,本节局限在省域范围内,若区域面积进一步扩大,在冬小麦种植品种有更大变化时,尚需进一步研究模型的敏感参数是否发生变化及模型输出的不确定性将如何变化等问题;另一方面,本节使用差分进化马尔科夫链蒙特卡洛方法通过最优化代价函数自动为模型敏感参数赋值,不同参数在不同区间差异较大,有待根据不同区间冬小麦实际种植品种进行测量分析,进一步验证采用差分进化马尔科夫链蒙特卡洛方法为作物参数自动赋值的准确性。未来,有待在整个黄淮海地区进一步优化本节提出的基于农业气候分区的参数标定方法,实现 WOFOST 模型在大区域应用的本地化工作。

此外,本节以近 30 年的气象观测资料为依据对研究区进行科学分区,但各子区内模型模拟效果仍受到来自模型品种参数、外部输入数据等不确定性因素的影响。为进一步提高作物模型的区域化应用精度,可采用网格单元运转模型,并在此过程中将遥感信息与作物模型耦合解决模型空间扩展过程中格点参数获取困难的问题。

5.3 两种同化策略下的遥感信息与作物模型耦合估产

5.3.1 研究区与数据源

5.3.1.1 研究区概况

研究区位于我国冬小麦生产大省河南省北部的鹤壁市,空间范围在 35°26′41″N~36°2′54″N、113°59′19″E~114°45′5″E(见图 5-4)。研究区属暖温带半湿润型季风气候,光照充足,年降水量波动较大,昼夜温差较大。当地土壤类型以沙土、沙壤土、壤土和黏土为主,灌溉条件较好,主要种植模式为冬小麦和夏玉米轮作,半冬性冬小麦是研究区内最重要的粮食作物,生长季为10月至翌年5月。

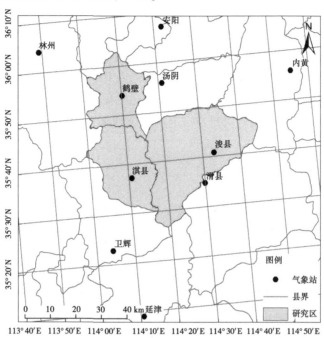

图 5-4 研究区及气象站地理位置示意图

5.3.1.2 数据源与预处理

WheatSM 模型运行所需气象数据来源于研究区内 3 个国家气象观测站及周边最邻近的 7 个国家气象观测站 2012—2017 年的逐日气象资料,包括日照时数、日最低气温、日最高气温、水汽压、平均风速和日降水量。利用基于气象站观测记录的插值外推方法生成 1 km 格点分辨率的面上气象数据,降水量采用泰森多边形法赋值,其余气象要素均采用反距离权重法插值至网格点。选取 2017 年 6 个区域气象自动观测站的降水、风速、气温资料与站点最近的格点结果进行对比验证,对比结果见表 5-10。由表 5-10 可知,气温插值效果最好,最高气温和最低气温斜率和相关系数(R^2)均接近 1,均方根误差(RMSE)分别为 1.21 ℃ 和 1.27 ℃,平均风速和降水量相关系数也在 0.78 以上,但斜率小于 1,RMSE 分别为 0.69 m/s 和 12.06 mm,这主要由降水量和风速的影响要素多,随机性更大造成的,但总体插值精度满足本节需求。

表 5-10 气象要素插值结果对比验证

气象要素	样本量/个	斜率	截距	R^2	RMSE
最高气温	1 900	0.988	0.659 2	0.99	1.21 ℃
最低气温	1 900	0.961	1.267 6	0.98	1.27 ℃
平均风速	1 900	0.753 7	0.424	0.81	0.69 m/s
降水量	707	0.801 1	2.563 6	0.78	12.06 mm

农业气象观测数据包括作物生长数据、土壤数据和田间管理信息,其中作物生长数据主要包括冬小麦播种期、关键生育期、生物量、LAI、产量等;土壤数据包括田间持水量、凋萎系数、土壤含水量等;田间管理信息主要为灌溉时间和灌溉量、施肥时间和施肥量。

同化所采用的遥感数据为研究区 2013—2017 年冬小麦关键生育期内 1 km/500 m 空间分辨率的 MODIS LAI 反演产品(MCD15A3/MCD15A3H),其时间分辨率为 4 d。MODIS LAI 等中低空间分辨率卫星遥感影像中混合像元效应较为严重,将 MODIS LAI 引入作物生长模型时,需要确保遥感信息与作物模型模拟变量在空间尺度上的匹配。因此,另收集 2017 年研究区冬小麦返青期至成熟期的 Landsat8 OLI 数据,提取研究区内冬小麦种植区,并制作冬小麦纯度图。对研究区卫星遥感数据采用等面积投影等方法处理成一致的数据格式。

5.3.2 研究方法

5.3.2.1 MODIS LAI 时间序列数据重建

利用 MCD15A3/MCD15A3H 产品,生成 2013—2017 年研究区各像元在冬小麦生长季内时间分辨率为 4 d、空间分辨率为 1 km 的 LAI 时间序列数据(2017 年以后为 500 m 分辨率 MCD15A3H 产品,聚合为 1 km 分辨率),若中间有产品缺失,使用其最邻近两期产品插值的方法制作。由于 MODIS 影像局部不同程度的云覆盖问题,原始 MODIS LAI 时序数据在时间上存在明显的不连续性,为此,需要对 MODIS LAI 产品进行噪声去除。本节采用取上包络线策略和收割期约束下的"SG 滤波-取真值"方法,重建 2013—2017 年每年 1 月 1 日至 6 月的 LAI 过程线。从 OLI 影像制作的冬小麦纯度图中,提取冬小麦种植面积比例在 80%以上像元的 LAI 过程线,采用最近邻域法将高纯度冬小麦的 LAI 过程线赋值到整个研究区域,令数据同化使用的遥感反演 LAI 可有效表征冬小麦冠层 LAI。

5.3.2.2 WheatSM 模型标定

WheatSM 模型中小麦生长发育参数包括发育期参数、光合作用参数、同化物分配和产量参数等共计 29 个参数,各参数对模型模拟结果的敏感程度不同,需筛选出对模拟结果敏感程度较高的参数进行标定。本节采用扩展的傅里叶幅度敏感度检验法(EFAST)进行参数敏感度分析,不敏感参数通过查阅文献或直接采用模型默认值来赋值,筛选出的作物参数中对 LAI 敏感程度高的 SLC、pcleaf12、pcleaf23、pcleaf34、pcleaf45 等 5 个参数则利用田间观测数据使用"试错法"进行标定,初始值分别赋为 570、0.350、0.401、0.042 2 和-0.591。通过严格的参数标定,确保了 WheatSM 模型的本地化效果。

5.3.2.3 SCE-UA 优化同化算法

SCE-UA 是一种全局优化算法,该算法可有效解决非线性约束最优化问题,基于确定性复合型搜索技术、基因算法和生物竞争进化原理,一致、有效并快速搜索到模型参数的全局最优解。本节以优化重建后的 MODIS LAI 为同化数据,选取 WheatSM 模型中 SLC、pcleaf12、pcleaf23、pcleaf34、pcleaf45 等 5 个作物参数作为优化变量,采用 SCE-UA 全局优化算法对 5 个变量进行全局优化。以最小二乘法构建代价函数,每个格点最大迭代次数为 1 000 次,根据参数优化结果重新驱动 WheatSM 模型运行得到同化产量。

5.3.2.4 EnKF 同化算法

EnKF 算法利用粒子集合的形式描述 Kalman 滤波中状态变量的概率密度分布演变，EnKF 同化包含预测和更新两个步骤，以观测值顺序更新背景场误差协方差与观测场误差协方差得到变量的同化值。本节基于 EnKF 算法将研究区经优化重建后的 MODIS LAI 时间序列数据同化到 WheatSM 模型中，以基于数据同化优化的 LAI 更新模型的状态变量，继续向后运行 WheatSM 模型得到同化产量。对 WheatSM 模拟 LAI 和遥感观测 LAI 添加扰动集合时给定方差在 1 个区间（10%~20%）内随机变化，将集合大小设在 30~100，同化步长设在 1~10 d，具体取值通过分析同化后作物生长模拟精度和产量预测精度确定。

5.3.3 两种同化策略的对比分析

5.3.3.1 站点尺度模拟

在站点尺度，使用 SCE-UA 优化同化和 EnKF 同化两种方法将重建后的 MODIS LAI 时序数据与作物模型耦合，输出 2013—2017 年浚县观测站和淇县观测站站点尺度的模拟结果。以 2017 年为例，同化前后模型输出 LAI 与总干物质重量变化曲线见图 5-5。SCE-UA 优化同化输出的两种变量与同化前模拟结果较为接近，EnKF 同化模拟结果则与同化前模拟结果差异较大，特别是对 LAI 的模拟结果。站点尺度模拟结果表明，采用 EnKF 算法进行顺序同化时，同化输出结果受遥感观测数据的影响较大，遥感观测数据的质量直接影响 EnKF 同化结果的精度。

计算两个观测站点在同化前、SCE-UA 优化同化和 EnKF 同化 3 种方案下运行 WheatSM 模型模拟冬小麦产量与观测站点实际测产结果的 RMSE（见表 5-11）。结果显示，两种同化策略下单点模拟产量的精度较同化前模拟产量的精度没有明显改善，其中，淇县观测站 EnKF 同化法模拟单产的 RMSE 高于同化前模拟产量的 RMSE。表明在单站点模型参数严格标定的前提下，引入本身带有不确定性的遥感数据并不能提高模型模拟结果的精度。

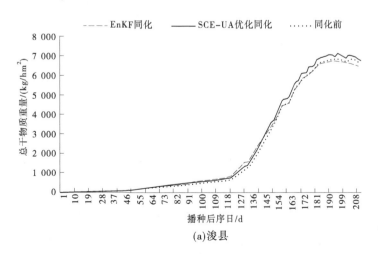

图 5-5　2017 年站点尺度两种方法同化遥感 LAI 前后模拟 LAI 与总干物质重量

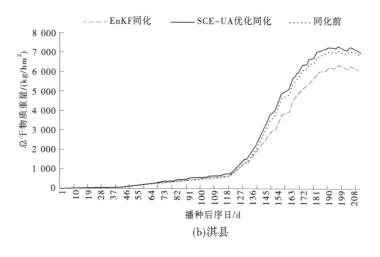

(b)淇县

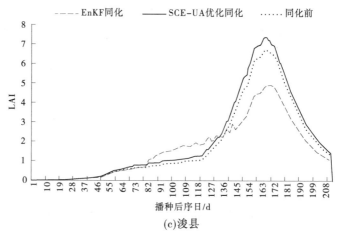

(c)浚县

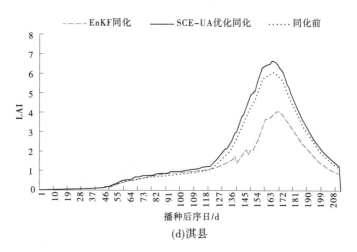

(d)淇县

续图 5-5

表 5-11　2013—2017 年站点尺度两种方法同化遥感 LAI 前后模拟单产与统计单产

单位：kg/hm²

年份	浚县观测站				淇县观测站			
	同化前	SCE-UA 优化同化	EnKF 同化	统计单产	同化前	SCE-UA 优化同化	EnKF 同化	统计单产
2013	6 182.2	6 343.0	5 802.5	7 280.2	6 111.3	6 261.7	5 591.8	6 995.1
2014	6 505.4	6 624.7	6 520.3	7 436.9	7 418.6	7 116.3	6 038.7	7 121.6
2015	4 619.5	4 770.5	5 170.2	7 717.4	5 435.9	5 657.9	5 089.9	7 455.7
2016	3 455.2	3 624.5	3 935.5	7 571.2	4 278.4	4 391.3	3 546.1	7 306.2
2017	5 643.1	5 799.0	5 496.9	7 655.1	5 843.9	5 996.3	5 189.8	7 394.2
RMSE	2 555.8	2 418.4	2 340.4	—	1 817.7	1 686.5	2 355.3	—

5.3.3.2　区域尺度模拟

在冬小麦种植区以 1 km 空间分辨率的气象数据驱动 WheatSM 逐格点运行，分别输出 2013—2017 年同化前的模拟单产、SCE-UA 优化同化模拟单产和 EnKF 同化模拟单产，根据冬小麦纯度图，使用格点内模拟单产乘以格点内冬小麦种植面积比例，得到 1 km 空间分辨率格点的冬小麦模拟产量分布（见图 5-6）。

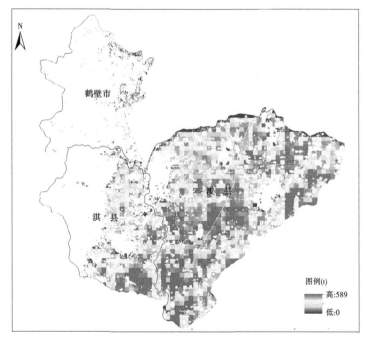

(a)2013年同化前

图 5-6　2013—2017 年同化前后模拟格点产量分布

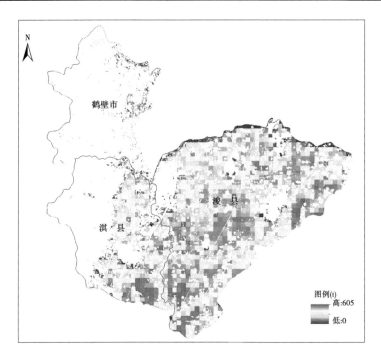

(b)2013年SCE-UA优化同化

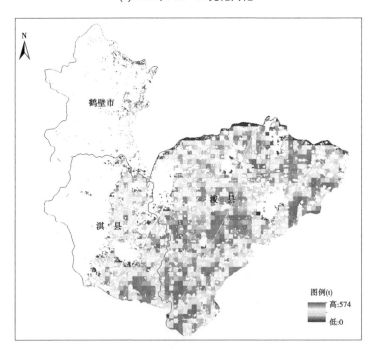

(c)2013年EnKF同化

续图5-6

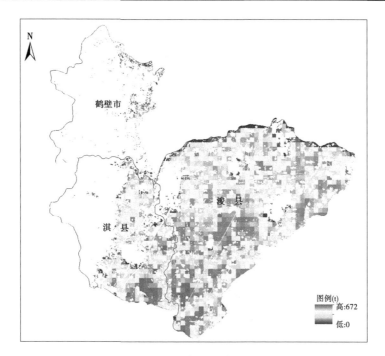

(d)2014年同化前

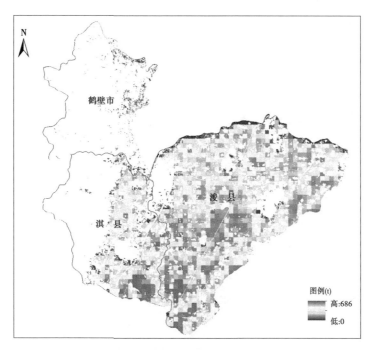

(e)2014年SCE-UA优化同化

续图5-6

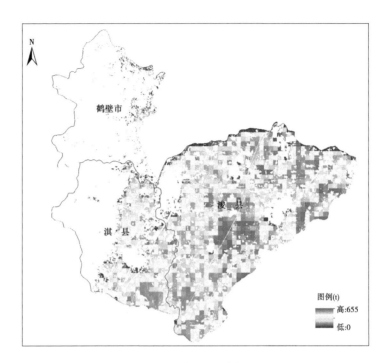

(f) 2014年EnKF同化

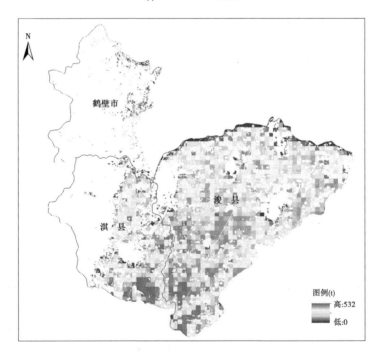

(g) 2015年同化前

续图 5-6

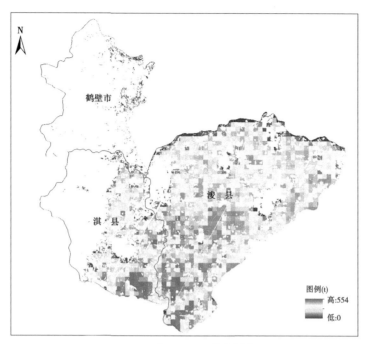

(h)2015年SCE-UA优化同化

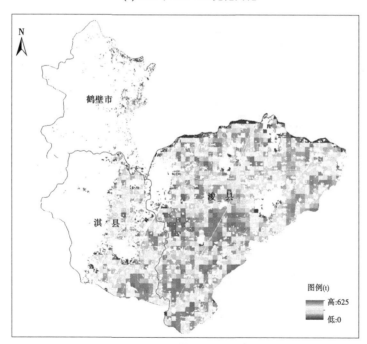

(i)2015年EnKF同化

续图5-6

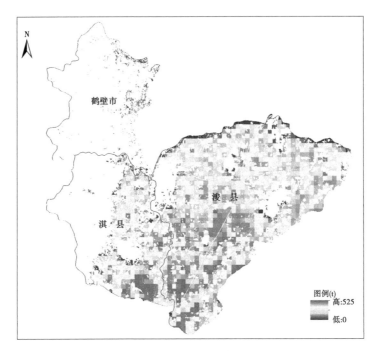

(j) 2016年同化前

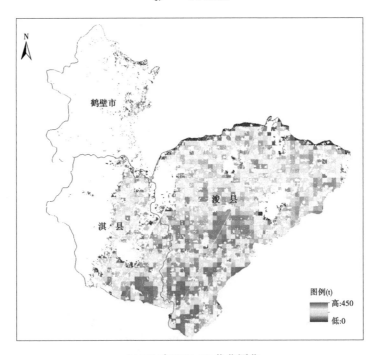

(k) 2016年SCE-UA优化同化

续图 5-6

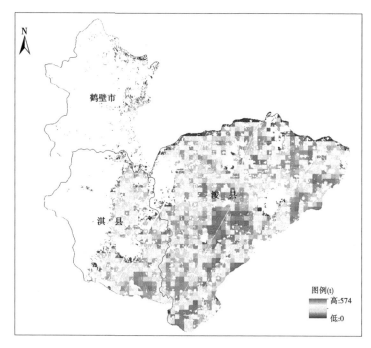

(l)2016年EnKF同化

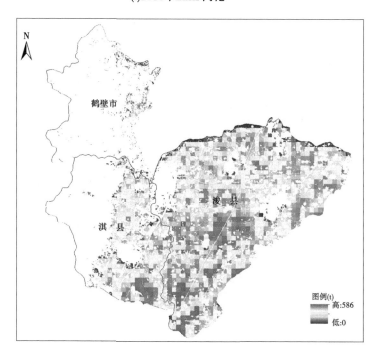

(m)2017年同化前

续图 5-6

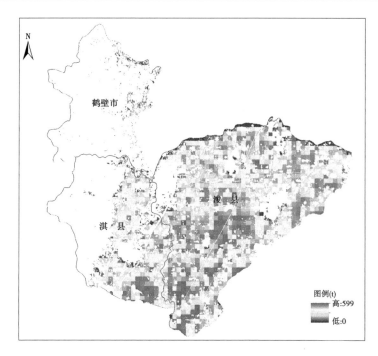

(n)2017年SCE-UA优化同化

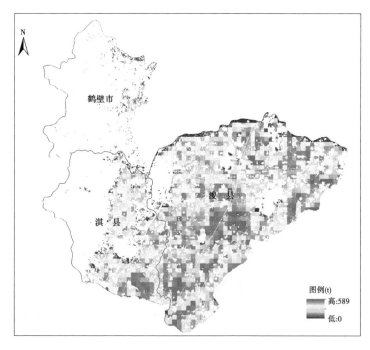

(o)2017年EnKF同化

续图 5-6

计算 2013—2017 年不同方法下模拟分县单产与统计单产的 RMSE（见表 5-12），SCE-UA 优化同化和 EnKF 同化模拟单产精度较同化前模拟单产精度均有明显提高,且 EnKF 同化模拟分县单产的 RMSE 低于 SCE-UA 优化同化法结果的 RMSE。在计算效率方面,EnKF 同化为顺序同化,计算效果较高,SCE-UA 优化同化则需要通过大量迭代运算得到参数优化结果,在本节中 SCE-UA 优化同化法耗时为 EnKF 同化法耗时的 50 倍左右。

表 5-12　2013—2017 年两种方法模拟分县单产与统计单产的 RMSE 评价

单位:kg/hm²

年份	县（区）	同化前	EnKF 同化	SCE-UA 同化	统计单产
2013	市辖区	4 743.2	5 680.6	4 925.8	5 790.5
	浚县	5 475.6	5 522.5	5 645.8	7 280.2
	淇县	5 806.3	5 738.3	5 964.4	6 995.1
2014	市辖区	5 375.4	5 681.5	5 534.0	5 813.2
	浚县	6 138.4	6 193.0	6 272.3	7 436.9
	淇县	6 555.3	5 857.4	6 688.3	7 121.6
2015	市辖区	4 221.9	6 231.9	4 495.1	6 199.0
	浚县	4 533.7	5 655.5	4 804.7	7 717.4
	淇县	5 165.8	6 147.6	5 395.6	7 455.7
2016	市辖区	4 253.0	5 102.4	4 564.6	6 036.0
	浚县	4 627.1	5 385.6	4 928.9	7 571.2
	淇县	5 120.1	5 174.3	5 303.5	7 306.2
2017	市辖区	5 738.6	5 666.1	5 822.1	6 067.2
	浚县	5 794.4	5 812.5	5 827.2	7 655.1
	淇县	5 879.9	5 753.1	5 935.2	7 394.2
RMSE		2 036.0	1 587.7	1 641.6	—

5.3.4　小结

本节利用 SCE-UA 优化同化法和 EnKF 同化法将重建后的 MODIS LAI 时间序列数据引入 WheatSM 模型,在站点和区域尺度开展冬小麦估产研究,实现了作物模型由单点向区域化应用的扩展。试验结果显示,EnKF算法同化结果较SCE-UA优化算法同化结果受遥感观测数据影响更大,原因在于采用顺序同化策略时,以遥感观测数据优化更新模型的状态变量并向后运行模型,而采用连续同化策略则是使用遥感观测数据与模型状态变量更新模型初始场并重新运行模型。在站点尺度,本节同化卫星遥感反演的LAI数据并没有提高模型模拟结果的精度,原因在于作物模型在单站点已基于实测数据进行了严格的参数标定,而遥感观测本身具有不确定性,同化低空间分辨率卫星遥感数据给模拟结果带来的不确定性大于单站点参数标定过程给模拟结果带来的不确定性。

在区域尺度运行时,本节采用SCE-UA优化同化和EnKF同化模拟单产精度较同化前模拟单产精度均有明显提高,原因在于区域尺度的作物模型参数化过程中存在很大不确定性,引入遥感数据可以帮助确定在空间上难以连续测量的模型参数。在SCE-UA算法与以EnKF为代表的连续同化算法进行比较时,SCE-UA优化同化法需要通过大量的迭代运算找到最优参数解,EnKF同化法的运行效率显著优于SCE-UA优化同化法。综合来看,EnKF同化法在区域尺度模拟的精度和运行效率方面更具优势。

5.4 作物模型与遥感信息双变量同化

5.4.1 概述

在第三节的基础上,为进一步提高作物模型区域应用精度,发展SCE-UA全局优化算法和集合卡尔曼滤波EnKF耦合的双变量数据同化算法。第一步采用SCE-UA函数全局优化作物模型敏感参数。在作物生长模型全局敏感性分析的基础上,选择对冬小麦LAI和ET敏感的参数集进行优化,修正对LAI、ET和产量敏感的参数集。拟采用SCE-UA全局优化算法最小化代价函数,实现模型参数在整个生育期阶段的全局优化。第二步为状态变量时间维集合卡尔曼滤波同化,以第一步优化后的模型参数为基础,产生高斯扰动,输入作物模型,生成LAI和ET的集合成员,同化来自遥感反演的LAI和ET,采用集合卡尔曼滤波同化算法构建遥感观测值与模型模拟值的多变量(LAI和ET)数据同化系统,在整个冬小麦生育期内调整LAI和ET的时间序列演变轨迹,提高模型输出的时间序列LAI和ET的精度。模型输出主要为冬小麦LAI、ET和产量等。最后将同化模拟结果与实测产量进行检验,分析数据同化方案的精度和计算效率。本节研究区与数据源见5.3节。

5.4.2 研究方法

5.4.2.1 SCE-UA参数优化算法

SCE-UA参数优化算法是段青云博士于1992年在Arizona大学水文与水资源系作研

究时提出的全局优化算法,最初应用于水文模型的优化中。主要针对在水文模型的参数自动标定过程中,一些优化算法容易陷入局部极值区而很难收敛于全局极值区的问题而开发。该算法继承了下山单纯形(downhill simplex)方法、控制随机搜索(controlled random search)方法、竞争演化(competitive evolution)方法和洗牌(shuffling)算法等算法的特色,保证迅速找到全局最优解(最小化代价函数)。

SCE-UA 参数优化算法的基本思路是:将基于确定性的复合形搜索技术和自然界中的生物竞争演化原理相结合。算法的关键部分为竞争复合形演化算法(CCE)。在 CCE 中,每个复合形的顶点都是潜在的父辈,都有可能参与产生下一代群体的计算。每个子复合形的作用如同一对父辈。随机方式在构建子复合形中的应用,使得在可行域中的搜索更加彻底。用 SCE-UA 参数优化算法求解最小化问题的具体步骤如下:

(1) 算法初始化:假定待优化问题是 n 维问题,参与演化的复合形个数为 $p(p \geqslant 1)$ 和每个复合形包含的点数量为 $m(m \geqslant n+1)$,则样本点数目为 $s = p \geqslant m$。

(2) 生成样本点:在可行域内随机产生 s 个样本点 $x_1, \cdots, x_s$,然后计算每一点 x_i 的函数值 $f_i = f(x_i)$, $i = 1, \cdots, s$。

(3) 样本点排序:把 s 个样本点函数值 (x_i, f_i) 按升序排列,排序后仍记为 (x_i, f_i), $i = 1, \cdots, s$,其中 $f_1 \leqslant f_2 \leqslant \cdots \leqslant f_s$, $D = \{(x_i, f_i), i = 1, \cdots, s\}$。

(4) 划分复合形群体:将 D 划分为 p 个复合形 $A_1, \cdots, A_p$,每个复合形含有 m 个点,其中:
$$A^k = \{(x_j^k, f_j^k) \mid x_j^k = x_{k+m(k-1)}, f_j^k = f_{j+m(k-1)}, j = 1, \cdots, m\}$$
其中,$k = 1, 2, \cdots, p$。

(5) 复合形演化:通过 CCE 方法,对每个复合形分别演化。

(6) 复合形混合:把演化后的每个复合形的所有点组合,生成新的点集,再次按函数值 f_i 升序排列。

(7) 收敛判断:如果满足收敛条件则停止,否则返回步骤(4)。

而 CCE 算法是下山单纯形方法的拓展。在下山单纯形方法中,单纯形内所有的点都参与演化,而在 CCE 算法中,只有部分点参加演化。CCE 算法通过竞争机制决定复杂形参与演化的是哪些点。根据每个点的目标函数值,CCE 算法根据特定方法来确定每个点被选择的概率,为的是保证目标函数值较高的点,参加演化的概率大于目标函数值较低的点,与此同时,即使目标函数最低的点也有参加演化的机会。这样 CCE 算法能够在广度优先和深度优先的不同搜索中维持平衡。CCE 算法的步骤如下:

(1) 算法初始化:确定参数 q、α 和 β,要求 $2 \leqslant q \leqslant m, \alpha \geqslant 1, \beta \geqslant 1$。

(2) 计算选择概率:根据三角概率分布,计算复合形内每个点的选择概率,计算公式为:
$$p = \frac{2(m+1-i)}{m(m+1)} \quad (i = 1, 2, \cdots, m) \tag{5-12}$$
复合形内 x_1 具有最高的选择概率 $2/(m+1)$,x_m 具有最低的选择概率 $2/m(m+1)$。

(3) 生成子复合形:根据步骤(2)计算出来的选择概率,在复合形 C_k 内随机地进行不放回抽样,共选取 q 个点,存放在缓冲区 B 中,分别用符号 $u_1,u_2,\cdots,u_q$ 表示,这 q 个点构成了一个子复合形(即一个单纯形),将这 q 个点在 C_k 中原来的位置保存在数据 L 中。

(4)演化:对存放在缓冲区 B 内的所有点进行演化,并重复 α 次。

(5)排序:将缓冲区 B 内的点,按 L 中的位置信息,重新放回复合形 C_k 中,并按照每点的目标函数值进行升序排列。

(6)迭代:对(2)到(5)步骤进行迭代,重复 β 次,返回 SCE 算法。

SCE 算法共有 5 个算法参数需要由用户确定。分别是复合形的个数 q,复合形内点的个数 m,CCE 算法中单纯形内点的个数 q,迭代控制参数 α 和 β。SCE 算法的使用手册中推荐按照如下方式确定算法参数:$m=2(n+1)$,$q=n+1$,$\alpha=1$ 和 $\beta=2n+1$。

5.4.2.2 双变量同化代价函数设计

参考包珊宁等(2015)的方法设计同化代价函数,同化 LAI 时采用四维变分方法构建代价函数,同化 ET 时采用遥感返演 ET 与模拟 ET 时间序列数据的变化趋势差异最小化法构建代价函数,同时同化 ET 和 LAI 双变量时,在对 ET 和 LAI 的代价函数分别进行归一化后,将两者归一化后代价函数的算术和作为总代价函数。

5.4.3 同化结果分析

以 MCMC 标定参数为基础,根据建立的代价函数,采用 SCE-UA 参数优化算法,以鹤壁市为研究对象,对鹤壁市 2013—2018 年(收割年)冬小麦产量分不同化任何数据、同化蒸散发(ET)、同化叶面积指数(LAI)、同时同化蒸散发和叶面积指数四种策略进行格点化模拟,并以 30 m 分辨率冬小麦识别结果对模拟结果进行采样,得到 30 m 分辨率格点产量。逐年统计四种模拟策略下鹤壁市鹤山区、山城区、淇滨区、淇县、浚县五个行政区的冬小麦总产,并通过统计总产量对不同模拟策略的模拟精度进行对比验证。

不同化任何数据模拟结果显示,区域单产差别不大,2016 年和 2018 年研究区域单产均在 4 000 kg/hm^2 以下,2013 年除西南局部地区在 4 000~4 500 kg/hm^2 外,其余区域均在 4 000 kg/hm^2 以下,2014 年和 2015 年全区域单产均在 5 000~5 500 kg/hm^2(见图 5-7),2017 年单产水平最高,全区域在 6 000~6 500 kg/hm^2。分行政区域模拟总产和统计总产交叉验证显示,两者斜率为 1.441 7,相关系数 R^2 为 0.893 8,均方根误差为 75 014 t,虽然相关性较高,但产量偏低明显(见图 5-8)。

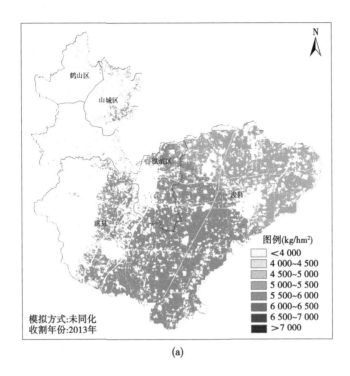

(a)

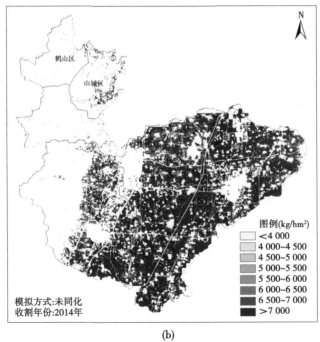

(b)

图 5-7 不同化时逐年格点产量

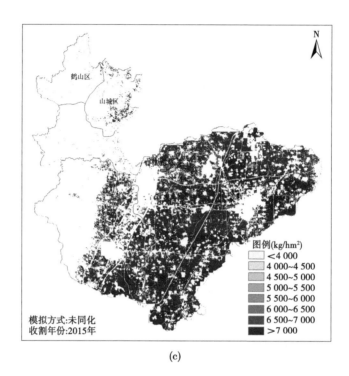

(c)

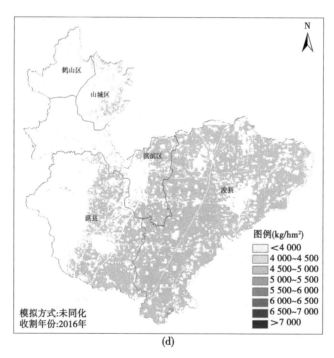

(d)

续图 5-7

第 5 章　作物模型的区域化应用及与遥感信息耦合估产

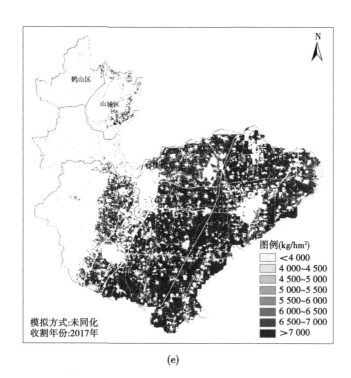

(e)

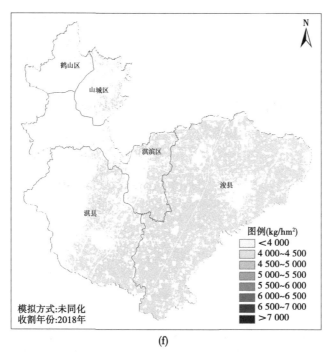

(f)

续图 5-7

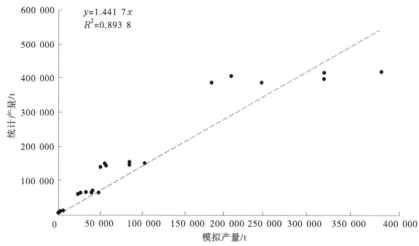

图 5-8　不同化时模拟结果与统计结果对比验证

同化 ET 数据模拟结果显示,与不同化遥感信息相比,区域内单产有了一定差距,2016 年和 2018 年浚县局部地区单产均在 4 000 kg/hm²,2013 年浚县及淇县有较多像元均在 4 000~4 500 kg/hm² 以上,2014 年部分像元可达 5 500 kg/hm² 以上,2015 年淇县局部地区出现了单产在 7 000 kg/hm² 以上的像元,2017 年浚县大部、淇县和淇滨区东部大片耕地区域单产大多在 7 000 kg/hm² 以上(见图 5-9)。分行政区域模拟总产和统计总产交叉验证显示,两者斜率为 1.315 1,相关系数 R^2 为 0.895 3,均方根误差为 65 619 t,相关性略升高,均方根误差略下降(见图 5-10)。

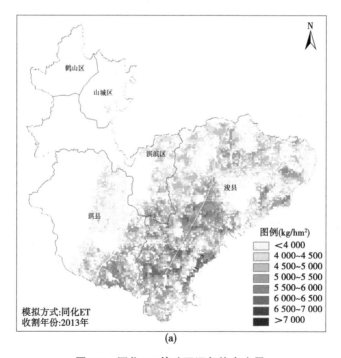

(a)

图 5-9　同化 ET 策略下逐年格点产量

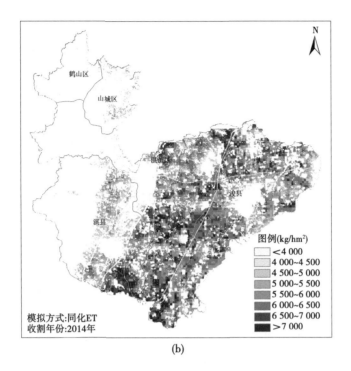

(b)

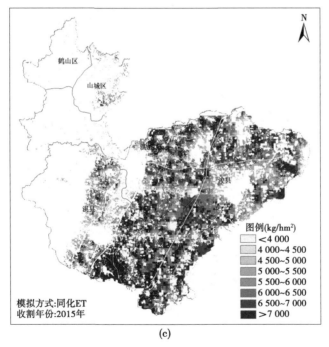

(c)

续图 5-9

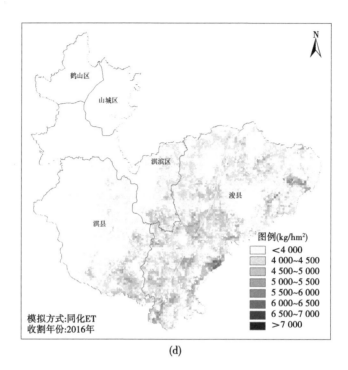

(d)

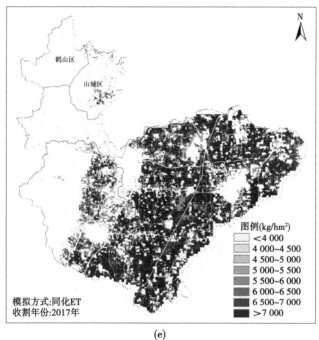

(e)

续图 5-9

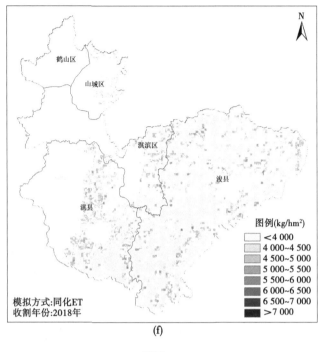

续图 5-9

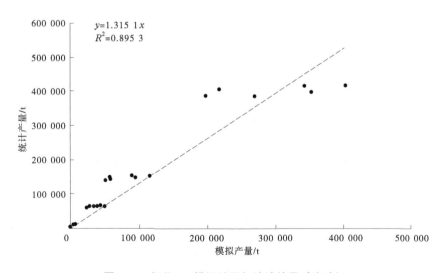

图 5-10 同化 ET 模拟结果与统计结果对比验证

同化 LAI 数据模拟结果显示，与不同化和同化 ET 两种策略相比，区域内单产差距更大，2013 年大部耕地像元均在 4 500 kg/hm² 以上，局部达到 5 000 kg/hm² 以上；2014 年单产分布与 2015 年差别不大，2015 年 7 000 kg/hm² 以上像元更多；2016 年部分区域单产在 5 500 kg/hm² 以上，2017 年浚县、淇县和淇滨区大片耕地区域单产基本在 7 000 kg/hm² 以上，2018 年有零星像元在 45 000 kg/hm² 以上，最大像元在 5 500 kg/hm² 以上（见图 5-11）。分行政区域模拟产量和统计产量交叉验证显示，两者斜率为 1.317 2，相关系

数 R^2 为 0.894 5,均方根误差为 65 903 t,相关性在前两种策略之间,均方根误差更低(见图 5-12)。

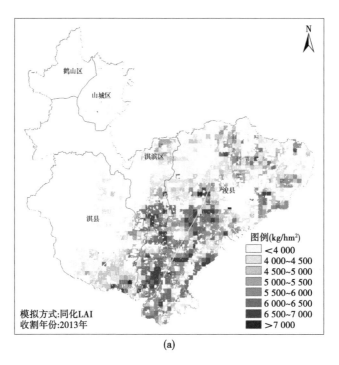

(a)

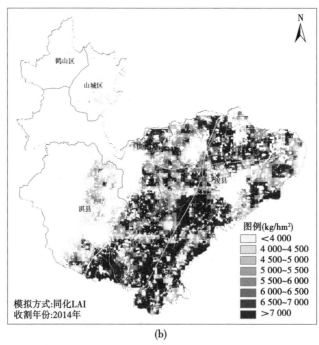

(b)

图 5-11 同化 LAI 策略下逐年格点产量

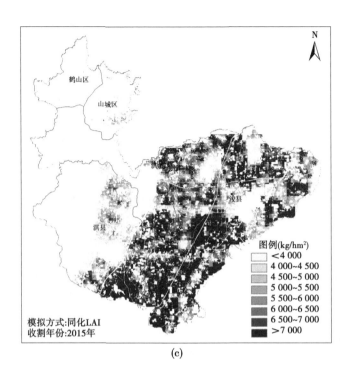

(c)

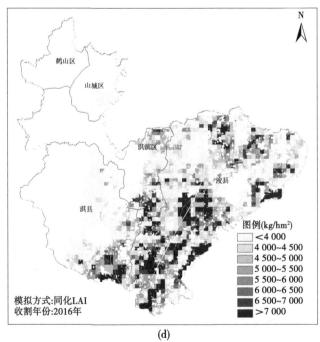

(d)

续图 5-11

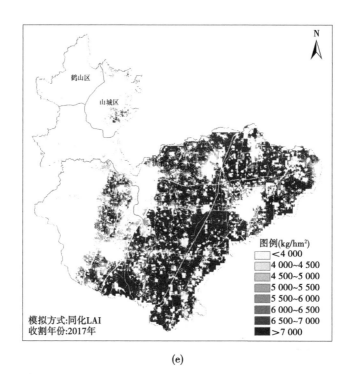

(e)

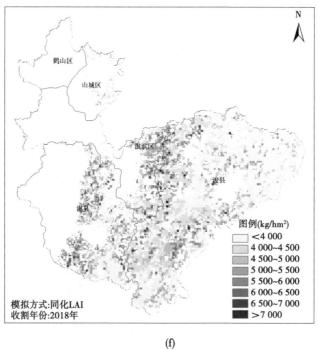

(f)

续图 5-11

第5章 作物模型的区域化应用及与遥感信息耦合估产

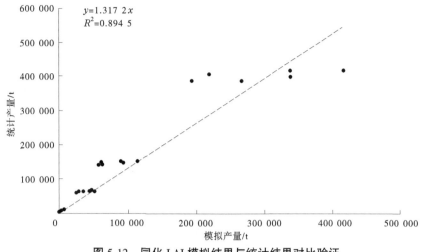

图 5-12 同化 LAI 模拟结果与统计结果对比验证

同化 LAI 和 ET 两个变量模拟结果显示,与前三种模拟策略相比,区域内单产差距更大,2013 年局部耕地像元达到 5 000 kg/hm² 以上,局部在 5 500 kg/hm² 以上;2014 年单产分布与 2015 年差别不大,浚县大部及淇县和浚县东部部分像元可达 7 000 kg/hm² 以上;2017 年浚县、淇县和淇滨区大片耕地区域单产基本在 7 000 kg/hm² 以上;2016 年部分区域单产在 5 500 kg/hm² 以上,最大在 7 000 kg/hm² 以上;2017 年大部分区域耕地单产均在 7 000 kg/hm² 以上;2018 年中部大部分耕地区域单产在 5 000 kg/hm² 以上(见图 5-13)。分行政区域模拟产量和统计产量交叉验证显示,两者斜率为 1.196 9,相关系数 R^2 为 0.898 9,均方根误差为 56 173 t,相关性最高,均方根误差更低(见图 5-14)。

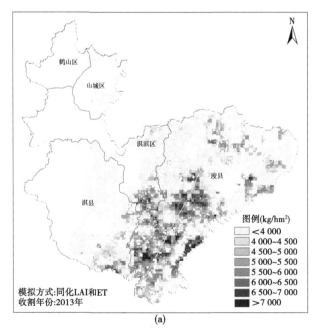

(a)

图 5-13 同化 LAI 和 ET 策略下逐年格点产量

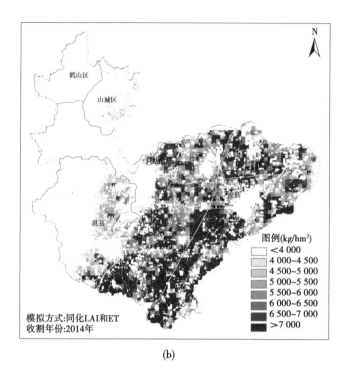

(b)

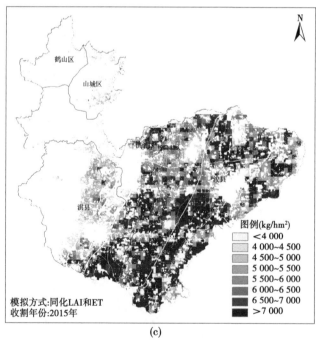

(c)

续图 5-13

第 5 章　作物模型的区域化应用及与遥感信息耦合估产

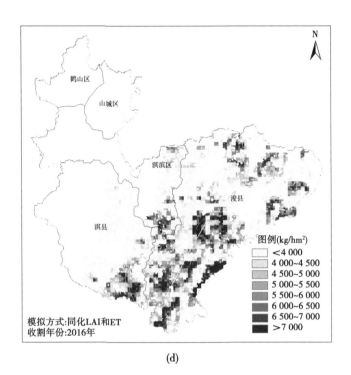

(d)

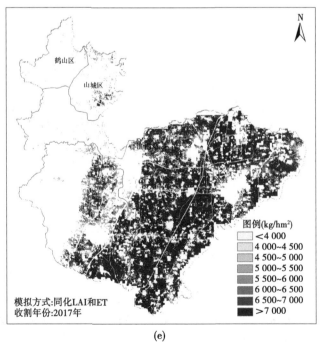

(e)

续图 5-13

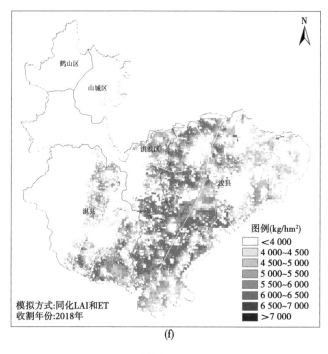

续图 5-13

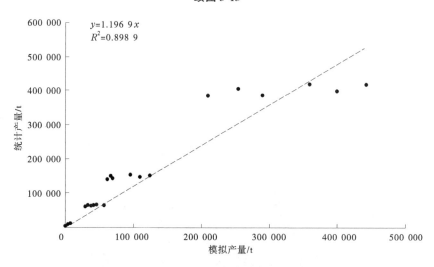

图 5-14 同化 LAI 和 ET 策略下逐年格点产量

根据不同化任何数据、同化蒸散发(ET)、同化叶面积指数(LAI)、同时同化蒸散发和叶面积指数四种模拟策略模拟结果计算鹤壁市各县(区)单产,模拟区域总产与统计总产相关分析显示:四种模拟策略相关的斜率分别为 1.441 7、1.315 1、1.317 2 和 1.196 9,相关系数 R^2 分别为 0.893 8、0.895 3、0.894 5 和 0.898 9,均方根误差分别为 75 014 t、65 619 t、65 903 t、56 173 t。同化 ET 和 LAI 均可提高相关性,降低均方根误差。同时同化两种遥感信息斜率最接近1,相关性最高,均方根误差最低,可有效提高区域模拟结果。

5.4.4 小结

本节在研究背景方面,针对目前遥感信息与作物模型同化过程中存在同化遥感参量单一的问题,发展多遥感反演参数与作物生长模型同化技术,具有更强的机制性,提供更准确的区域作物模拟结果。通过开发、应用遥感数据与作物模型耦合的区域冬小麦双变量同化技术,实现了遥感 LAI 和 ET 信息支持下的冬小麦产量动态预测,提高了区域农情监测和作物产量预测的精度和效率,进一步促进卫星遥感数据在农业领域的应用,为管理部门提供决策支持服务,指导田间科学管理,促进粮食增产增收。

参考文献

[1] ANTLE J M, BASSO B, CONANT R T, et al. Towards a new generation of agricultural system data, models and knowledge products: Design and improvement[J]. Agricultural systems, 2017, 155: 255-268.

[2] BOOTE K J, JONES J W, PICKERING N B. Potential uses and limitations of crop models[J]. Agronomy Journal, 1996, 88: 704-716.

[3] BRAAK C J T. A Markov Chain Monte Carlo version of the genetic algorithm differential evolution: easy bayesian computing for real parameter spaces[J]. Statistics and Computing, 2006, 16: 239-249.

[4] CURNEL Y, DE WIT A J, DUVEILLER G, et al. Potential performances of remotely sensed LAI assimilation in WOFOST model based on an OSS Experiment[J]. Agricultural and Forest Meteorology, 2011, 151(12): 1843-1855.

[5] DETTORI M, CESARACCIO C, MOTRONI A, et al. Using CERES-Wheat to simulate durum wheat production and phenology in Southern Sardinia, Italy[J]. Field Crops Research, 2011, 120(1): 179-188.

[6] EDWARDS D, HAMSON M. Guide to Mathematical Modeling[M]. Florida, USA: CRC Press, Inc., 1990.

[7] HASTINGS W K. Monte Carlo sampling methods using Markov chains and their applications[J]. Biometrika, 1970, 57(1): 97-109.

[8] LI Y, CHEN H, TIAN H, et al. Research on remote sensing information and WheatSM model-based winter wheat yield estimation[A]. GOLDBERG M, CHEN J, KHANBILVARDI R. Proceedings of Land Surface and Cryosphere Remote Sensing IV[C]. Washington, USA: SPIE Press, Inc., 2018, 10777: 61-69.

[9] NOSSENT J, ELSEN P, BAUWENS W. Sobol' sensitivity analysis of a complex environmental model[J]. Environmental Modelling & Software, 2011, 26(12): 1515-1525.

[10] SOBOL' I M. Global sensitivity indices for nonlinear mathematical models and their Monte Carlo estimates[J]. Mathematics and computers in simulation, 2001, 55: 271-280.

[11] SOBOL' I M. On sensitivity estimates for nonlinear mathematical models[J]. Matematicheskoe modelirovanie, 1990, 2(1): 112-118.

[12] TANG Y, REED P, WAGENER T, et al. Comparing sensitivity analysis methods to advance lumped watershed model identification and evaluation[J]. Hydrology and Earth System Sciences, 2007, 3(6): 793-817.

[13] 包姗宁, 曹春香, 黄健熙, 等. 同化叶面积指数和蒸散发双变量的冬小麦产量估测方法[J]. 地球信息科学学报, 2015, 17(7): 871-882.

[14] 陈怀亮,李颖,田宏伟,等.利用亚像元尺度信息改进区域冬小麦生长的模拟[J].生态学杂志,2018,37(7):2221-2228.

[15] 陈劲松,黄健熙,林珲,等.基于遥感信息和作物生长模型同化的水稻估产方法研究[J].中国科学:信息科学,2010,40(S1):173-183.

[16] 陈思宁,赵艳霞,申双和,等.基于PyWOFOST作物模型的东北玉米估产及精度评估[J].中国农业科学,2013,46(14):2880-2893.

[17] 程耀达.基于遥感数据与作物模型同化的区域估产研究[D].郑州:郑州大学,2021.

[18] 段国辉,田文仲,温红霞,等.近13 a河南省高产冬小麦产量构成及亲本利用演变分析[J].山西农业科学,2020,48(2):148-153.

[19] 冯利平.小麦生长发育模拟模型(WHEATSM)的研究[D].南京:南京农业大学,1995.

[20] 符天凡.基于聚类的随机梯度马尔科夫链蒙特卡洛算法[D].上海:上海交通大学,2018.

[21] 郭其乐,李颖,田宏伟.小麦生长发育模型WheatSM参数优化及适用性分析[J].麦类作物学报,2017,37(12):1571-1580.

[22] 何亮,侯英雨,赵刚,等.基于全局敏感性分析和贝叶斯方法的WOFOST作物模型参数优化[J].农业工程学报,2016,32(2):169-179.

[23] 黄健熙,黄海,马鸿元,等.基于MCMC方法的WOFOST模型参数标定与不确定性分析[J].农业工程学报,2018,34(16):113-119.

[24] 黄健熙,李昕璐,刘帝佑,等.顺序同化不同时空分辨率LAI的冬小麦估产对比研究[J].农业机械学报,2015,46(1):240-248.

[25] 黄健熙,贾世灵,马鸿元,等.基于WOFOST模型的中国主产区冬小麦生长过程动态模拟[J].农业工程学报,2017,33(10):222-228.

[26] 黄健熙,马鸿元,田丽燕,等.基于时间序列LAI和ET同化的冬小麦遥感估产方法比较[J].农业工程学报,2015,31(4):197-203.

[27] 黄敬峰,王秀珍,王福民.水稻卫星遥感不确定性研究[M].杭州:浙江大学出版社,2013.

[28] 解毅,王鹏新,刘峻明,等.基于四维变分和集合卡尔曼滤波同化方法的冬小麦单产估测[J].农业工程学报,2015,31(1):187-195.

[29] 李宁.小麦生长模拟模型(WheatSM)V4.0版软件设计[D].北京:中国农业大学,2015.

[30] 李彤霄,李颖,田宏伟,等.基于WheatSM模型参数优化的鹤壁地区冬小麦生长发育模拟研究[J].气象与环境科学,2018,41(4):105-109.

[31] 李颖,陈怀亮,田宏伟,等.同化遥感信息与WheatSM模型的冬小麦估产[J].生态学杂志,2019,38(7):2258-2264.

[32] 李颖,赵国强,陈怀亮,等.基于冬小麦农业气候分区的WOFOST模型参数标定[J].应用气象学报,2021,32(1):38-51.

[33] 林忠辉,莫兴国,项月琴.作物生长模型研究综述[J].作物学报,2003,29(5):750-758.

[34] 罗毅,郭伟.作物模型研究与应用中存在的问题[J].农业工程学报,2008,24(5):307-312.

[35] 马玉平,王石立,张黎,等.基于遥感信息的华北冬小麦区域生长模型及模拟研究[J].气象学报,2005,63(2):204-215.

[36] 申双和,杨沈斌,李炳柏.基于ENVISAT ASAR数据的水稻估产方案[J].中国科学:地球科学,2009,39(6):763-773.

[37] 孙玫.MCMC算法及其应用[J].应用数学进展,2018,7(12):1626-1637.

[38] 孙宁,冯利平.小麦生长发育模拟模型在华北冬麦区适用性验证[J].中国生态农业学报,2006,14(1):71-72.

[39] 吴伶,刘湘南,周博天,等.多源遥感与作物模型同化模拟作物生长参数时空域连续变化[J].遥感学报,2012,16(6):1173-1191.
[40] 谢云,JAMES R K.国外作物生长模型发展综述[J].作物学报,2002,28(2):190-195.
[41] 邢会敏,李振海,徐新刚,等.基于遥感和AquaCrop作物模型的多同化算法比较[J].农业工程学报,2017,33(13):183-192.
[42] 兴安,卓志清,赵云泽,等.基于EFAST的不同生产水平下WOFOST模型参数敏感性分析[J].农业机械学报,2020,51(2):161-171.
[43] 熊伟,林而达,杨婕,等.作物模型区域应用两种参数校准方法的比较[J].生态学报,2008,28(5):2140-2147.
[44] 许伟,秦其明,张添源,等.SCE标定结合EnKF同化遥感和WOFOST模型模拟冬小麦时序LAI[J].农业工程学报,2019,35(14):166-173.
[45] 张琨.遥感蒸散发模型参数敏感性分析与优化方法研究[D].兰州:兰州大学,2018.
[46] 张文君,顾行发,陈良富,等.基于均值-标准差的K均值初始聚类中心选取算法[J].遥感学报,2006,10(5):715-721.

第6章 基于卫星遥感的农业气象灾害监测方法

6.1 研究背景与研究内容

6.1.1 背景

河南省是粮食生产大省,是全国5个重要商品粮调出省之一。近年来,河南省不断加快推进国家粮食生产核心区建设,粮食连年丰收,粮食总产量保持稳定上升趋势。2021年河南省政府工作报告中提出,启动实施粮食生产核心区建设进入新时期,要让河南省粮食综合生产能力保持在1 300亿斤以上;要加快推进农业高质量发展,稳定提高粮食生产能力。然而在全球气候变暖背景下,全球极端气象灾害发生频繁,气候统计表明,我国农业气象灾害发生风险也在不断增加,干旱、低温冷害、高温热害等极端气象灾害发生风险较高,对粮食高产稳产构成严重威胁,因此加强这些灾害的监测及预警,及时准确地为各级政府、农业生产部门提供灾害监测预警信息,对有效地防控农业气象灾害,最大限度减轻灾害对农业生产造成的危害,提升农业综合防灾减灾能力、促进农业经济的可持续发展、实现我国乡村振兴建设目标、保障粮食安全具有重要的意义。

农业气象灾害是指不利气象条件给农业造成的灾害。对冬小麦、夏玉米等华北粮食作物而言,由温度因子引起的有冬小麦晚霜冻和冻害、夏玉米高温热害等;由水分因子引起的有农业干旱、渍涝灾害等;由风引起的有大风倒伏等;由气象因子综合作用引起的有干热风、连阴雨等。随着卫星、无人机等遥感技术和智能网格数值气象预报技术的不断发展,气象灾害监测预测技术研究也从单一化转向立体化、多元化。从地面到高空的三维监测体系被广泛建立,卫星、雷达等智能遥感监测系统也逐渐拓展到干旱、洪涝、冷害等气象灾害的预警预防工作中,并且借助"3S"技术实现了气象灾害的动态化监测,从微观和宏观的角度全面提高了气象灾害预警的效率和准确度,为指导农业生产提供了可靠保障。

6.1.2 研究内容

本书重点针对河南省冬小麦、夏玉米等粮食作物,开展干旱、洪涝、冻害、花期阴雨等农业气象灾害遥感监测评估及相关系统研发,为研究区的农业气象灾害监测、评估及预报预警等业务服务提供技术支撑。具体如下:

(1)农业气象灾害指标:通过查阅行业标准或相关文献,收集整理河南省冬小麦和夏玉米主要农业气象灾害指标,为农业气象灾害遥感监测提供经验性基础评估指标。

（2）农业气象灾害监测与评估模型：针对研究区域内冬小麦、夏玉米作物主要农业气象灾害开展遥感监测模型研究。主要农业气象灾害包括干旱、洪涝、冻害、高温热害等。

（3）农业气象灾害监测评估与预报系统：介绍几个与本项农业气象灾害监测与评估模型研究成果相关的业务应用系统及应用情况。

6.2 河南省主要农业气象灾害指标

6.2.1 河南省冬小麦气象灾害指标

重点收集整理了河南省干旱、湿涝、冻害、干热风等气象灾害指标。

以下指标为河南省生态气象和卫星遥感中心在农业气象灾害遥感监测中常用的经验性灾害分级指标。在实际应用时，可能会根据灾情调查实况进行适当调整。

6.2.1.1 干旱

长期无降水或降水偏少，造成空气干燥、土壤缺水，从而使作物种子无法萌发出苗，或者使作物体内水分亏缺，影响正常生长发育，最终导致产量下降甚至绝收的气候现象。冬小麦生育期的各个时期都有可能发生干旱。

秋旱：9—11月为冬小麦播种、出苗、分蘖期，以旬降水量≥30 mm或日降水量≥20 mm为透墒，否则为干旱。

冬旱：小麦越冬期（12月至翌年2月上旬）降水比常年显著偏少，也会发生干旱。

春旱：自2月中旬，小麦开始返青，并逐渐进入起身、拔节、孕穗期，由于春季气温回升快，空气干燥、风大等使土壤水分蒸发加快，同时冬小麦返青后，生长加快，叶面积指数迅速增加，易发生春旱。

初夏旱：入夏后气温高，大气蒸发力强，小麦正处于籽粒发育的关键时期，若遇到无雨天气或少雨天气，对小麦灌浆和籽粒增重有重大影响。

河南冬小麦不同生育期不同土壤质地条件下的土壤含水量适宜指标和干旱指标如表6-1所示。

6.2.1.2 雨涝与湿害

秋涝：以月降水量≥150 mm，月雨日≥15 d或连续两个月降水量≥300 mm，9—11月雨日≥30 d为秋涝指标。

初夏涝：主要影响夏收夏种。

苗期湿害：由播种期和幼苗生长期雨水过多、土壤湿度过大造成。苗期湿害，叶尖黄化或淡褐色，根系伸长受阻，分蘖力弱，植株瘦小，往往成为僵苗。小麦苗期相对较耐湿，排水后能很快恢复生长。

表 6-1 土壤含水量适宜指标和干旱指标(深度 0~50 cm)　　　　　　　　%

发育期	指标(相对湿度)	砂土	壤土	黏土
播种—出苗	适宜	60~85	63~88	67~90
	轻旱	52.5~60	53~63	63~67
	中旱	45~52.5	45~53	52~63
	重旱	≤45	≤45	≤52
出苗—返青	适宜	55~85	58~88	63~90
	轻旱	50~55	52.7~58	60.5~63
	中旱	40~50	42~52.7	50.4~63.2
	重旱	≤40	≤42	≤50.4
返青—抽穗	适宜	60~85	60.4~88	71~90
	轻旱	50~60	55.4~60.4	63.2~71
	中旱	40~50	43~55.4	50.4~63.2
	重旱	≤40	≤43	≤50.4
抽穗—成熟	适宜	62~85	63.8~88	70.3~90
	轻旱	45~62	53.5~63.8	61.3~70.3
	中旱	40~45	43~53.5	47.3~61.3
	重旱	≤40	≤43	≤47.3

拔节—抽穗期湿害:拔节—抽穗期湿害茎叶黄化或枯死,根系暗褐色出现污斑,茎秆细弱,成穗率低,穗小粒少。抽穗期小麦既需水又怕涝,尤以孕穗期对湿害最为敏感。拔节—抽穗期对湿害敏感,很快出现萎蔫。有"寸麦不怕尺水,尺麦怕寸水"之说。

灌浆期湿害:灌浆期湿害旗叶提前枯死,根系早衰,严重时还会腐烂发黑,灌浆期短,粒重降低。

6.2.1.3 冻害

冬小麦越冬期可以忍受一定强度的低温。一般冬季气温-10 ℃以上时小麦不会发生冻害死苗现象,但当气温进一步降低到麦苗不能忍受的程度时,部分麦苗就会受冻致死,表 6-2 显示了低温持续天数与冬小麦死亡率之间的关系。一般把小麦死亡率 10% 称为开始死亡,50% 左右为大量死亡;70% 以上为毁灭死亡。强冬性品种一般为-16 ℃以下,中等抗寒品种为-13~-16 ℃,弱冬性品种为-12 ℃以下。

表 6-2 低温持续天数与冬小麦死亡率　　　　　　　　　%

	持续天数/d	1	2	3	4	平均
低温强度/℃	-14.1~-16.0	—	1.0	13.2	43.3	19.2
	-16.1~-18.0	—	46.7	56.1	84.3	62.2
	-18.1~-20.0	33.6	61.6	70.9	—	—
平均		—	23.9	34.7	63.8	

6.2.1.4 干热风

冬小麦灌浆期,高温、低湿并伴有较大风速,是典型的干热风天气条件,对小麦产量有很大的影响。具体指标见表 6-3。

表 6-3 小麦干热风指标

名称	等级	分类指标
干热风	重	14 时:气温≥32 ℃,相对湿度≤25%,风速≥3 m/s
	轻	14 时:气温≥30 ℃,相对湿度≤30%,风速≥3 m/s
干热风天气过程	重	连续出现 2 d 以上重干热风,或 3 d 以上轻干热风
	轻	连续出现 2 d 以上轻干热风,或 1 d 轻 1 d 重干热风
干热风年型	重	一年中出现 1 次重干热风,或 1 d 轻 1 d 重过程,或 2 次以上轻干热风过程
	轻	一年中出现 1~2 次轻干热风过程

河南省干热风多发于每年 5 月中旬至 6 月下旬。2013 年 5 月 12—13 日,根据小麦干热风灾害等级指标(见表 6-4),河南省 125 个气象台站共计 56 个气象台站监测到了不同程度的干热风(见表 6-5)。

表 6-4 黄淮海高温低湿型干热风等级指标

指标	轻度	重度
日最高气温/℃	≥32	≥35
14:00 相对湿度/%	≤30	≤25
14:00 风速/(m/s)	≥3	≥3

表6-5 2013年5月12—13日监测到干热风的气象台站

5月12日	5月13日	台站
重	重	宝丰、沁阳、渑池、新安、伊川
重	轻	新密、孟津、郑州、偃师
轻	重	舞钢、鲁山、汝州、舞阳
重	—	宜阳、孟州、获嘉、新乡、焦作、原阳、温县、博爱、巩义、中牟、武陟、济源、修武
—	重	汝阳、嵩县
轻	轻	漯河、卢氏、郏县、确山、栾川、平顶山
轻	—	卫辉、登封、辉县、清丰、开封、内黄、三门峡、新郑、遂平、兰考、汤阴、禹州、淇县、长葛、西平、台前
—	轻	灵宝、固始、西峡、潢川、新县、商城

注：—表示气象指标未达到干热风标准。

绿色植物的反射光谱特征主要体现为红光波段的强吸收和近红波段的强反射。以红光通道和近红外通道组合为主的多种植被指数可以增强植被信息，反映植物的生长状况。根据MERSI1-5通道设置，参考干旱、洪涝、冻害等农业气象灾害监测中使用的遥感指标，参考其他农业气象灾害遥感监测指标(见表6-6)，并考虑MERSI的1~5光谱通道能满足NDVI、RVI、ARVI、EVI这4种指标计算，因此本节以此构建植被指数，对比分析不同植被指数对干热风危害的监测效果。

表6-6 植被指数构建

植被指数	计算方法	出处
归一化植被指数 NDVI	$NDVI = \dfrac{\rho_{NIR} - \rho_{Red}}{\rho_{NIR} + \rho_{Red}}$	Rouse et al,1974
比值植被指数 RVI	$RVI = \dfrac{\rho_{NIR}}{\rho_{Red}}$	Birth & McVey,1968
大气阻抗植被指数 ARVI	$ARVI = \dfrac{\rho_{NIR} - (2 \times \rho_{Red} - \rho_{Biue})}{\rho_{NIR} + (2 \times \rho_{Red} - \rho_{Biue})}$	Kanfman,1992
增强型植被指数 EVI	$EVI = 2.5 \times \dfrac{\rho_{NIR} - \rho_{Red}}{1 + \rho_{NIR} + 6 \times \rho_{Red} - 7.5 \times \rho_{Biue}}$	Huete & Justice,1994

6.2.2 河南省夏玉米气象灾害指标

在夏玉米生育期间,干旱、涝渍、花期阴雨、大风等多种气象灾害发生频繁,严重制约玉米的高产稳产。为了揭示农业气象灾害对夏玉米生长发育及产量的影响机制,定量分析不同灾害发生程度对夏玉米产量造成的损失,重点针对夏玉米生育期内干旱、涝渍、花期阴雨及倒伏四种主要农业气象灾害,通过灾害影响试验,开展了相关分析及测定,确定了河南省夏玉米气象灾害指标。

6.2.2.1 干旱

初夏旱:5月下旬到6月上、中旬,是河南夏玉米的播种期,此期若三个旬中,每旬雨量均小于30 mm,且总雨量小于50 mm,会造成夏玉米晚播或出苗不好,从而导致减产。

卡脖旱:7月下旬到8月中旬是夏玉米孕穗、抽雄时期,也是夏玉米一生中需水最多的时期。此期若出现干旱(俗称卡脖旱),会影响玉米抽雄吐丝散粉,甚至造成雌雄花期不遇,从而形成大量缺粒与秃顶,并使灌浆过程严重受阻,产量明显降低。

具体指标见表6-7。

表6-7 夏玉米干旱指标

干旱等级	$R_{sm}/\%$			
	播种—拔节 6月上旬至7月上旬	拔节—抽雄 7月中旬至7月下旬	抽雄—乳熟 8月上旬至8月下旬	乳熟—成熟 9月上旬至9月下旬
无旱	$R_{sm}>60$	$R_{sm}>70$	$R_{sm}>75$	$R_{sm}>70$
轻旱	$50<R_{sm}\leq60$	$60<R_{sm}\leq70$	$65<R_{sm}\leq75$	$60<R_{sm}\leq70$
中旱	$40<R_{sm}\leq50$	$50<R_{sm}\leq60$	$55<R_{sm}\leq65$	$50<R_{sm}\leq60$
重旱	$30<R_{sm}\leq40$	$40<R_{sm}\leq50$	$45<R_{sm}\leq55$	$40<R_{sm}\leq50$
特旱	$R_{sm}\leq30$	$R_{sm}\leq40$	$R_{sm}\leq45$	$R_{sm}\leq40$

6.2.2.2 阴雨

花期阴雨:7月下旬到8月中旬的总雨量若大于200 mm,或8月上旬的雨量大于100 mm,就会影响夏玉米的正常开花授粉,造成大量缺粒和秃尖。

连阴雨:①苗期:从玉米小芽露出地面到三叶期时,玉米苗就不再靠种子提供的养分生长,而是从自身光合作用合成的有机物质获取养分。这一时期,充足的阳光有利于培育壮苗,若遇连阴雨天气(连续降雨大于5 d),玉米小苗会因养分供给"断绝",产生"饥饿"而弱黄或死亡。如果这一时段降雨量大于100 mm,土壤透气性变差,根系无法再从土壤中吸收养分,对玉米小苗更为不利。②拔节—抽穗期:玉米拔节—抽穗期,是玉米从营养生长过渡到生殖生长的阶段,这一阶段是玉米秆长高、长壮、长粗、吸收养分的关键时期。充足的阳光对玉米成多粒、成大穗十分重要。若此期出现大于10 d的连阴雨天气,玉米光合作用减弱,玉米秆呈"豆芽形",很瘦弱,常会出现空秆。

具体指标见表6-8。

表 6-8 夏玉米连阴雨气象等级指标

等级	花期	灌浆期
轻度	①至少连续 2 d 无日照; ②至少连续 3 d 出现降水过程; ③连续 4 d 日照小于或等于 2 h,且其中至少有 1 个降水日	①至少连续 3 d 无日照; ②至少连续 6 d 出现降水过程; ③连续 6 d 日照小于或等于 2 h,且其中至少有 1 个降水日
中度	①至少连续 4 d 无日照; ②至少连续 5 d 出现降水过程; ③连续 6 d 日照小于或等于 2 h,且其中至少有 1 个降水日	①至少连续 5 d 无日照; ②至少连续 8 d 出现降水过程; ③连续 8 d 日照小于或等于 2 h,且其中至少有 1 个降水日
重度	①至少连续 6 d 无日照; ②至少连续 8 d 出现降水过程; ③连续 9 d 日照小于或等于 2 h,且其中至少有 1 个降水日	①至少连续 7 d 无日照; ②至少连续 10 d 出现降水过程; ③连续 10 d 日照小于或等于 2 h,且其中至少有 1 个降水日

注:满足表中任意一个条件。

6.2.2.3 大风倒伏

小喇叭口期(株高 70 cm 左右)前遭遇大风,出现倒伏,可不采取措施,玉米会自行直立,基本不影响产量。小喇叭口期后遭遇大风而出现倒伏,应及时扶正,并进行浅培土,以促进气生根下扎,增强抗倒伏能力,降低产量损失。此外,对易倒伏品种或种植密度过大有倒伏倾向的地块,应适时喷施玉米抗倒剂进行预防。

具体指标见表 6-9。

表 6-9 夏玉米大风倒伏指标

发育期	倒伏等级	风速/(m/s)	过程降水量/mm
拔节—抽雄期 (大喇叭口期) 7月中旬至7月下旬	轻	6~8	20
	中	8~11	20
	重	≥11	20
抽雄—乳熟期 (灌浆期) 8月上旬至8月下旬	轻	6~9	30
	中	9~12	30
	重	≥12	30
乳熟—成熟期 9月上旬至9月下旬	轻	5~7	10
	中	7~10	10
	重	≥10	10

注:过程降水量指出现大风当日和前两日的降水累积之和。

6.2.2.4 涝灾

玉米是一种需水量大而又不耐涝的作物,当土壤湿度超过田间持水量的 80% 时,植株的生长发育即受到影响,尤其是在幼苗期,表现更为明显。玉米生长后期,在高温多雨条件下,根系常因缺氧而窒息坏死,活力迅速衰退,造成植株未熟先枯,对产量影响很大。玉米在抽雄前后一般积水 1~2 d,对产量影响不太明显,积水 3 d 减产 20%,积水 5 d 减产 40%。具体指标见表 6-10。

表 6-10 夏玉米洪涝标准

区域	月份	洪涝指标
平原地区	6 月	月降水量≥200 mm 且雨日≥15 d
	7—8 月	旬降水量≥150 mm 或者 2 旬降水量≥250 mm
	9—10 月	月降水量≥150 mm 且雨日≥15 d 或者 2 月降水量≥300 mm 且雨日≥20 d
山区	6—10 月	旬降水量≥200 mm 或 2 旬降水量≥350 mm

6.3 农业气象灾害监测与评估模型研究

6.3.1 基于 MERSI 的河南省夏玉米干旱遥感监测模型

6.3.1.1 引言

在全球气候变暖背景下,极端气象灾害愈发频繁,影响程度愈发严重。中国地处东亚季风区,是世界"气候脆弱区"之一,农业气象灾害多发重发,全国平均每年受灾面积占作物播种面积的 31.1%。其中,干旱较其他灾害遍及的范围更广、历时更长,对农业生产影响最大。华北地区作为中国玉米的主要产区,玉米种植面积占全国的 27%~29%,产量约占全国的 30%,其中干旱是造成玉米减产的重要原因之一。在气候变化背景下,降水的不确定性增加,未来气候暖干化的趋势可能使干旱变得更加严重且频繁。

随着空间信息技术的发展,卫星遥感以其时效性高、监测范围广及客观准确等优势在农业干旱监测工作中发挥了无可替代的作用。目前,农业干旱遥感监测主要围绕两方面开展:一是作物生长初期,地表裸露或低植被覆盖,主要是通过监测土壤含水量或构建反映土壤湿度的指标来反映旱情;二是作物生长中后期,地表部分或全部被植被覆盖,要综合考虑土壤水分和植被因子来监测旱情。

近几十年来,国内外学者做了大量研究,提出了多种不同类型、不同特点的农业干旱遥感监测方法或模型。然而,不同方法的适用性受特定环境条件的影响,不同模型的建立机制也不同,业务中常用的干旱监测模型为温度植被旱情指数(TVDI)和植被供水指数(VSWI)。本书主要针对河南省夏玉米生长季高覆盖条件下的干旱遥感监测问题,基于

FY-3D/MERSI卫星遥感资料,通过对众多时次的遥感资料和自动观测土壤水分资料的数学分析,建立了一种通用的土壤水分反演模型,该模型与土壤水分有良好的相关关系,与TVDI和VSWI模型相比,该模型更稳定、可靠,可用于土壤水分的实时反演和夏玉米生育期干旱遥感监测分析。

6.3.1.2 资料来源

1. FY-3/MERSI 数据

本书采用的卫星遥感数据来源于我国FY-3D气象卫星,FY-3D是我国第二代极轨监测卫星,其性能接近于EOS/MODIS卫星,目前FY-3D卫星已经投入业务运行,是我国今后一段时间遥感监测的主要应用型卫星系列。FY-3D搭载的MERSI-Ⅱ(中分辨率成像仪)共有25个通道,其中包括6个250 m分辨率的通道(见表6-11),可用于地表观测植被及地温观测,与EOS/MODIS相比,具有更加精细的地物观测能力,可将干旱监测反演分辨率估算到250 m。FY-3D每日可对全球观测两次,白天过境时间为地方时间13:30左右。

表6-11 FY-3D/MERSI-Ⅱ部分通道参数

通道序号	中心波长/μm	光谱带宽/μm	空间分辨率/m
1	0.470	0.05	250
2	0.550	0.05	250
3	0.650	0.05	250
4	0.865	0.05	250
24	10.80	2.5	250
25	11.25	2.5	250

研究中选取了2021—2022年6—9月河南省区域内的56个时次的FY-3D/MERSI数据,均来源于河南省气象局极轨气象卫星地面接收站,所选数据为经过预处理和投影处理后的河南区域局地数据。为了消除云、雾等天气对资料的影响,研究选用的数据资料多为晴空或少量云的数据。研究选取56个时次的MERSI数据较为均匀地覆盖了河南省夏玉米生育期,具有良好的代表性。

2. 土壤水分观测资料

用于模型分析的自动土壤水分观测资料来源于河南省300多个布设于农田作物地段的自动土壤水分观测站上报的土壤相对湿度数据,该数据全部由自动土壤水分仪自动观测计算所得。实测土壤湿度每天 24 h 整点观测,资料选取根据当天的 MERSI 数据的过境时间取最近一个时次进行匹配。

6.3.1.3 干旱监测模型

本书研究的干旱指数模型以 NSWI(归一化土壤水分指数)命名,定义如下:

$$\text{NSWI} = \frac{\text{CH}_2 - \text{CH}_3}{\text{CH}_2 + \text{CH}_3} \tag{6-1}$$

式中:CH_2、CH_3 分别为 MESRI 通道 2 和通道 3 的反射率(%),NSWI 的值域为 $[-1,1]$,NSWI 越小,表示土壤中水分越少,土壤干旱程度越重。为了对比模型效果,在计算 NSWI 的同时,计算了温度植被旱情指数(TVDI)和植被供水指数(VSWI)。

其中 TVDI 计算公式为:

$$\text{TVDI} = \frac{T_s - T_{s,\min}}{T_{s,\max} - T_{s,\min}} \tag{6-2}$$

$$T_{s,\min} = a + b \cdot \text{NDVI} \tag{6-3}$$

$$T_{s,\max} = c + d \cdot \text{NDVI} \tag{6-4}$$

式中:NDVI 为归一化植被指数;T_s 为地表温度;$T_{s,\min}$ 为湿边方程计算得到的最低地表温度;$T_{s,\max}$ 为干边方程计算得到的最高地表温度;a、b、c、d 为方程系数,可通过拟合得到。干、湿边方程可通过 NDVI-T_s 散点分布边界提取模拟得到。TVDI 的值域为 $[0,1]$,TVDI 越大,土壤湿度越低,TVDI 越小,土壤湿度越高。

VSWI 计算公式为:

$$\text{VSWI} = \frac{\text{NDVI} \cdot T_{s,\min}}{T_s} \tag{6-5}$$

式中:T_s 为地表温度;$T_{s,\min}$ 为区域内最低地表温度。VSWI 的值域为 $[0,1]$,VSWI 越大,土壤湿度越高,VSWI 越小,土壤湿度越低。

6.3.1.4 遥感数据处理与结果分析

基于上述模型,对 56 个时次河南省区域内 FY-3D/MERSI 遥感数据进行处理,分别计算 NSWI、TVDI 和 VSWI 三种干旱指数,并根据当天卫星过境时临近整点时刻河南省各土壤水分自动观测数据,提取测站所在位置的干旱指数,分别将每时次干旱指数及全部时次干旱指数与 0~10 cm 及 0~50 cm 深度的自动观测平均土壤相对湿度进行相关性分析,了解各干旱指数与不同深度墒情的相关程度及模型稳定性。统计结果如表 6-12 所示。

用 Excel 将不同干旱指数与所有站点 10~50 cm 深度平均土壤相对湿度观测值的散点给出,如图 6-1~图 6-3 所示。

表 6-12 不同干旱指数与 10~50 cm 深度平均土壤相对湿度相关性统计

观测时间 (年-月-日)	有效样点数	0~10 cm			0~20 cm			0~30 cm			0~40 cm			0~50 cm		
		TVDI	VSWI	NSWI	TVDI	VSWI	NSWI	TVDI	VSWI	NSWI	TVDI	VSWI	NSWI	TVDI	VSWI	NSWI
2021-06-01	281	0.045 4	0.079 1	0.050 6	0.071 1	0.088 9	0.047 9	0.062 1	0.073 1	0.043 0	0.059 2	0.058 1	0.032 5	0.051 3	0.042 1	0.029 7
2021-06-04	329	-0.049 1	0.004 5	0.062 8	-0.050 5	0.015 2	0.094 3	-0.063 7	0.029 9	0.126 8	-0.058 3	0.031 3	0.139 2	-0.064 7	0.039 8	0.153 0
2021-06-05	329	-0.025 8	-0.002 2	0.024 7	-0.025 2	0.012 4	0.043 6	-0.017 9	0.032 6	0.068 5	-0.013 3	0.036 5	0.082 6	-0.021 1	0.038 5	0.098 3
2021-06-06	330	0.043 2	-0.012 5	-0.011 1	0.043 3	0.000 8	0.011 1	0.023 0	0.007 2	0.030 3	0.010 4	0.004 0	0.040 2	0.010 5	0.010 6	0.051 7
2021-06-11	329	0.091 5	-0.046 5	-0.072 1	0.107 7	-0.032 4	-0.052 1	0.114 3	-0.008 9	-0.029 5	0.116 5	0.004 4	-0.014 6	0.103 6	0.014 1	0.004 0
2021-06-20	288	-0.106 8	-0.073 0	0.041 4	-0.059 9	-0.044 8	0.029 1	-0.050 4	-0.037 3	0.025 7	-0.046 0	-0.050 0	0.023 1	-0.043 6	-0.059 2	0.024 0
2021-06-21	299	-0.010 6	0.109 9	0.116 8	0.027 1	0.104 0	0.083 6	0.042 5	0.102 5	0.075 7	0.040 5	0.092 5	0.073 2	0.030 9	0.089 4	0.079 6
2021-06-24	313	0.043 2	0.017 0	-0.028 4	0.068 8	0.053 6	0.021 7	0.092 3	0.077 7	0.056 1	0.112 7	0.084 9	0.067 7	0.116 4	0.096 6	0.090 0
2021-06-28	327	-0.183 4	0.017 8	0.098 6	-0.155 4	0.026 3	0.077 4	-0.139 6	0.032 3	0.077 4	-0.122 8	0.034 1	0.077 1	-0.121 0	0.034 3	0.084 7
2021-06-30	281	-0.026 4	0.112 0	0.166 7	-0.031 0	0.128 7	0.195 6	-0.039 7	0.128 0	0.210 2	-0.047 3	0.122 2	0.215 9	-0.059 4	0.116 5	0.219 4
2021-07-03	326	-0.135 4	-0.055 4	0.027 3	-0.103 8	-0.027 1	0.059 0	-0.098 6	-0.013 1	0.081 4	-0.090 3	-0.014 8	0.093 4	-0.079 0	-0.012 9	0.109 3
2021-07-05	225	-0.019 8	0.041 2	0.042 9	-0.013 9	0.063 6	0.066 0	-0.008 5	0.073 4	0.078 3	0.006 3	0.083 0	0.088 6	0.016 5	0.087 7	0.095 4
2021-07-06	205	0.173 2	0.136 9	0.140 1	0.196 3	0.138 4	0.158 1	0.194 8	0.126 3	0.155 6	0.194 9	0.120 9	0.154 6	0.192 0	0.115 4	0.158 1
2021-07-09	331	-0.171 6	0.026 5	0.169 2	-0.167 5	0.019 8	0.140 9	-0.170 5	0.034 5	0.146 8	-0.168 4	0.028 0	0.136 4	-0.176 4	0.011 8	0.133 4
2021-07-13	325	-0.155 4	0.008 4	0.177 6	-0.196 8	0.007 1	0.194 1	-0.216 4	0.013 8	0.210 5	-0.237 6	0.005 6	0.216 4	-0.257 7	-0.004 4	0.217 9
2021-07-14	315	-0.005 4	-0.061 4	0.058 6	-0.012 3	-0.046 9	0.064 8	-0.023 6	-0.028 0	0.081 5	-0.026 2	-0.014 4	0.098 5	-0.031 8	-0.005 0	0.112 2
2021-07-16	261	0.017 2	0.025 3	0.121 7	0.016 9	0.033 9	0.139 6	0.012 3	0.035 7	0.156 9	0.021 3	0.053 5	0.185 3	0.019 0	0.056 5	0.191 6
2021-07-18	176	0.085 9	0.014 3	0.154 6	0.108 9	0.058 8	0.204 5	0.116 6	0.094 5	0.232 6	0.115 1	0.108 6	0.231 6	0.112 7	0.119 2	0.245 3
2021-07-26	314	0.300 5	0.054 0	0.051 0	0.283 8	0.067 2	0.061 0	0.260 1	0.068 5	0.074 7	0.259 8	0.070 0	0.090 1	0.254 6	0.052 5	0.081 5
2021-07-27	246	0.199 8	0.071 5	0.130 3	0.169 6	0.069 3	0.110 4	0.177 3	0.073 7	0.098 8	0.186 2	0.084 0	0.101 9	0.184 3	0.076 0	0.096 0

续表 6-12

观测时间(年-月-日)	有效样点数	0~10 cm			0~20 cm			0~30 cm			0~40 cm			0~50 cm		
		TVDI	VSWI	NSWI	TVDI	VSWI	NSWI	TVDI	VSWI	NSWI	TVDI	VSWI	NSWI	TVDI	VSWI	NSWI
2021-08-04	318	-0.105 1	0.009 1	0.025 8	-0.145 2	0.005 4	0.032 7	-0.144 3	0.006 1	0.039 4	-0.124 5	0.002 6	0.041 1	-0.121 0	-0.006 6	0.032 9
2021-08-07	277	0.005 9	-0.057 4	-0.023 3	-0.018 7	-0.065 1	-0.029 3	-0.023 3	-0.070 4	-0.036 0	-0.041 1	-0.092 6	-0.056 1	-0.057 6	-0.112 9	-0.077 9
2021-08-11	200	0.014 5	-0.049 1	0.030 4	0.034 8	-0.042 5	0.034 7	0.026 5	-0.055 9	0.012 6	0.001 8	-0.077 0	-0.013 1	-0.011 5	-0.081 2	-0.018 8
2021-08-18	312	-0.007 5	-0.082 9	-0.072 9	0.026 2	-0.057 5	-0.035 6	0.054 1	-0.034 2	-0.012 4	0.068 9	-0.025 8	0.001 7	0.075 4	-0.021 6	0.011 7
2021-08-21	305	0.038 2	0.104 2	0.118 7	0.014 2	0.088 2	0.113 8	0.033 7	0.082 9	0.104 0	0.033 3	0.069 1	0.090 1	0.027 6	0.061 8	0.082 8
2021-08-23	179	0.029 2	0.039 5	0.032 4	0.013 6	0.066 5	0.070 0	0.030 9	0.078 7	0.092 1	0.029 3	0.072 9	0.088 7	0.031 3	0.067 2	0.083 9
2021-09-02	323	-0.079 8	0.022 7	-0.012 7	-0.034 2	0.032 4	0.012 3	-0.015 0	0.038 7	0.018 9	0.006 2	0.053 3	0.035 1	0.010 6	0.042 1	0.025 5
2021-09-06	150	-0.034 0	0.136 0	-0.001 0	0.001 2	0.171 6	0.068 7	0.017 8	0.161 7	0.085 2	0.013 1	0.156 0	0.097 7	0.023 1	0.164 9	0.114 2
2021-09-14	331	0.086 2	-0.088 4	-0.098 5	0.094 8	-0.074 2	-0.093 2	0.097 1	-0.052 8	-0.068 5	0.090 5	-0.051 9	-0.064 4	0.074 4	-0.047 5	-0.049 1
2021-09-23	294	-0.103 4	-0.246 0	-0.138 0	-0.092 8	-0.226 4	-0.131 5	-0.070 2	-0.199 7	-0.113 8	-0.052 5	-0.177 1	-0.108 9	-0.046 0	-0.157 9	-0.099 7
2021-09-29	325	0.068 3	-0.075 6	-0.022 5	0.058 3	-0.061 2	-0.009 7	0.055 9	-0.043 8	0.013 2	0.047 5	-0.041 4	0.015 5	0.036 7	-0.044 9	0.014 7
2022-06-03	311	-0.033 4	0.002 8	0.042 4	-0.014 4	0.000 6	0.039 1	-0.010 3	-0.003 9	0.044 8	-0.021 8	-0.018 8	0.056 0	-0.022 3	-0.017 0	0.066 7
2022-06-05	326	-0.167 5	0.084 5	0.165 5	-0.122 8	0.027 7	0.114 6	-0.093 4	-0.010 4	0.086 7	-0.074 9	-0.037 0	0.068 3	-0.078 0	-0.047 9	0.071 0
2022-06-13	259	-0.053 3	0.020 4	-0.003 3	-0.060 9	0.032 7	0.031 1	-0.056 2	0.041 0	0.047 6	-0.062 8	0.028 6	0.053 6	-0.066 6	0.022 7	0.062 7
2022-06-19	317	0.004 8	0.033 3	-0.083 3	-0.006 5	0.032 7	-0.071 1	-0.005 7	0.033 6	-0.067 8	-0.003 7	0.035 0	-0.062 6	-0.004 9	0.036 2	-0.046 0
2022-06-24	332	-0.002 9	0.071 9	0.021 5	-0.000 7	0.066 2	0.016 4	-0.004 3	0.049 7	0.009 1	-0.006 0	0.022 1	0.000 5	-0.002 0	0.010 4	-0.000 6
2022-06-29	296	0.045 3	0.121 0	0.210 3	0.055 5	0.154 3	0.249 3	0.080 5	0.169 1	0.263 9	0.075 0	0.153 5	0.260 1	0.062 6	0.133 9	0.245 2
2022-07-02	281	0.125 8	0.056 8	0.058 9	0.164 4	0.108 2	0.089 6	0.177 5	0.139 3	0.111 1	0.178 6	0.147 5	0.121 6	0.170 2	0.142 4	0.120 3
2022-07-06	300	-0.208 8	-0.162 0	0.120 3	-0.225 9	-0.160 4	0.170 1	-0.227 7	-0.156 2	0.182 9	-0.230 4	-0.152 3	0.185 0	-0.227 2	-0.148 6	0.169 8
2022-07-07	335	-0.121 4	-0.010 6	0.092 2	-0.140 5	0.006 3	0.129 5	-0.140 2	0.012 8	0.138 9	-0.136 3	0.016 0	0.142 4	-0.138 0	0.012 0	0.134 9

续表 6-12

观测时间(年-月-日)	有效样点数	0~10 cm			0~20 cm			0~30 cm			0~40 cm			0~50 cm		
		TVDI	VSWI	NSWI	TVDI	VSWI	NSWI	TVDI	VSWI	NSWI	TVDI	VSWI	NSWI	TVDI	VSWI	NSWI
2022-07-14	323	-0.060 1	0.060 9	0.066 8	-0.073 3	0.034 7	0.042 7	-0.089 3	0.024 1	0.033 0	-0.083 1	0.032 1	0.047 0	-0.067 5	0.035 4	0.054 0
2022-07-17	310	0.108 5	0.211 0	0.397 4	0.082 9	0.196 0	0.396 5	0.065 8	0.187 3	0.390 5	0.048 3	0.180 8	0.387 6	0.033 7	0.164 1	0.367 1
2022-07-21	333	0.144 0	-0.024 4	0.028 3	0.188 6	-0.021 8	0.031 2	0.178 8	-0.016 6	0.053 0	0.144 1	-0.003 1	0.090 2	0.101 9	0.002 8	0.114 3
2022-07-23	327	0.093 7	0.093 7	0.125 9	0.103 8	0.091 2	0.116 4	0.102 0	0.081 8	0.103 3	0.078 2	0.059 9	0.089 3	0.044 4	0.032 8	0.079 0
2022-07-28	254	0.042 1	0.033 7	0.011 7	0.050 3	0.043 4	0.002 8	0.040 1	0.032 6	-0.002 6	0.025 3	0.019 8	-0.013 2	0.016 1	0.010 7	-0.022 2
2022-08-02	334	0.170 9	0.119 9	0.090 5	0.153 7	0.095 8	0.058 4	0.142 6	0.078 8	0.037 9	0.125 2	0.067 8	0.037 3	0.113 1	0.051 4	0.032 6
2022-08-06	332	-0.055 6	-0.060 6	-0.024 2	-0.051 6	-0.042 5	-0.008 9	-0.029 6	-0.031 6	-0.003 0	-0.013 6	-0.025 0	0.000 4	-0.004 5	-0.021 8	0.000 1
2022-08-17	257	-0.018 0	0.081 5	0.107 0	0.017 6	0.085 1	0.106 1	0.021 5	0.080 2	0.099 1	0.024 2	0.071 9	0.087 1	0.020 4	0.063 1	0.081 3
2022-08-23	255	-0.001 8	0.083 2	0.068 8	0.032 9	0.108 8	0.087 5	0.035 4	0.123 7	0.103 6	0.048 5	0.143 1	0.123 9	0.065 0	0.149 2	0.127 9
2022-08-31	255	0.039 0	0.060 0	0.035 0	0.037 0	0.063 8	0.023 3	0.048 1	0.072 2	0.019 5	0.061 9	0.080 0	0.021 8	0.079 3	0.088 6	0.027 8
2022-09-02	324	0.067 1	0.023 8	-0.002 8	0.120 5	0.031 2	0.020 1	0.123 9	0.025 0	0.018 8	0.129 6	0.021 8	0.019 2	0.125 7	0.015 9	0.017 9
2022-09-13	323	-0.023 4	0.013 7	0.029 0	-0.017 0	0.012 0	0.029 5	-0.022 8	-0.003 1	0.019 0	-0.011 1	-0.007 2	0.012 5	-0.004 1	0.001 3	0.014 0
2022-09-15	305	0.061 6	0.127 4	0.122 2	0.044 2	0.097 6	0.094 3	0.044 9	0.092 3	0.085 9	0.036 1	0.077 0	0.074 1	0.032 0	0.076 2	0.079 9
2022-09-20	281	-0.053 5	-0.037 2	0.005 6	-0.028 3	-0.021 7	0.018 0	0.008 8	-0.000 5	0.026 5	0.027 5	0.003 5	0.024 5	0.039 5	0.009 8	0.032 5
2022-09-23	319	-0.042 6	0.014 8	0.039 6	-0.022 0	0.036 4	0.028 8	-0.013 5	0.040 7	0.017 2	0.004 7	0.054 9	0.017 9	0.004 3	0.055 6	0.020 4
2022-09-28	329	0.105 8	0.084 9	0.125 8	0.133 7	0.069 0	0.102 6	0.162 3	0.064 4	0.088 5	0.183 1	0.052 1	0.073 1	0.169 2	0.034 7	0.069 1
全部时次	16 462	-0.024 6	0.142 0	0.231 3	-0.020 5	0.146 8	0.241 3	-0.017 9	0.151 4	0.250 0	-0.016 3	0.150 3	0.252 1	-0.016 9	0.146 7	0.250 5

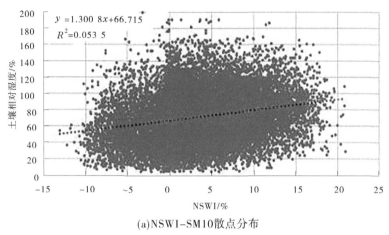

(a) NSWI-SM10散点分布

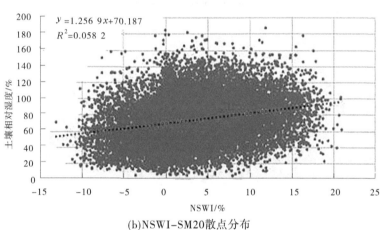

(b) NSWI-SM20散点分布

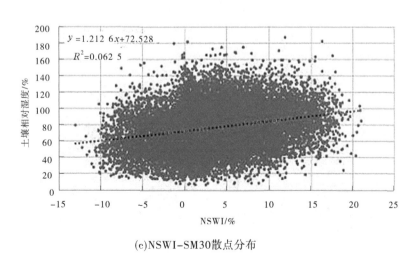

(c) NSWI-SM30散点分布

图 6-1　NSWI 分别与 10~50 cm 平均土壤相对湿度散点分布

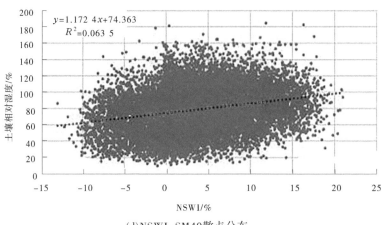

(d)NSWI-SM40散点分布

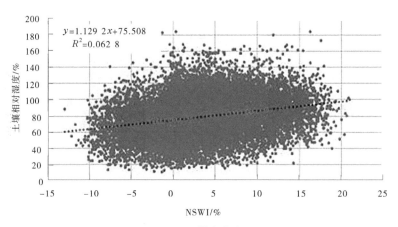

(e)NSWI-SM50散点分布

续图 6-1

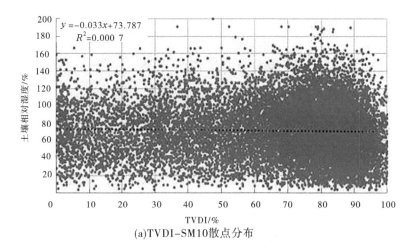

(a)TVDI-SM10散点分布

图 6-2　TVDI 分别与 10~50 cm 平均土壤相对湿度散点分布

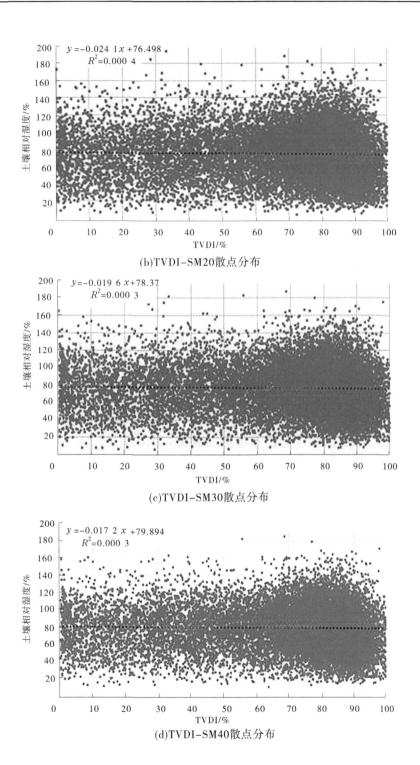

(b) TVDI-SM20散点分布

(c) TVDI-SM30散点分布

(d) TVDI-SM40散点分布

续图 6-2

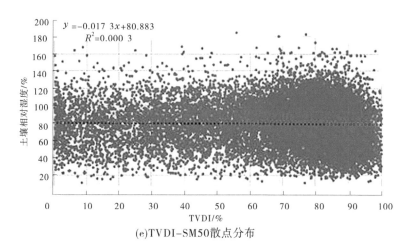

(e)TVDI-SM50散点分布

续图 6-2

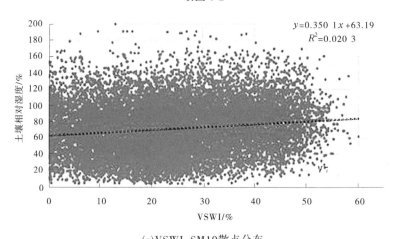

(a)VSWI-SM10散点分布

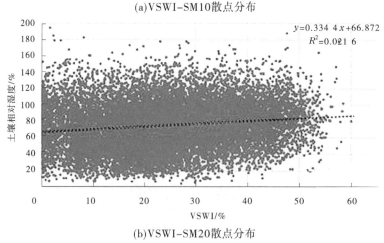

(b)VSWI-SM20散点分布

图 6-3　VSWI 分别与 10~50 cm 平均土壤相对湿度散点分布

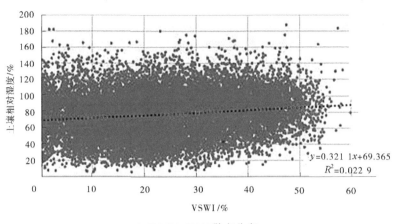

(c) VSWI-SM30散点分布

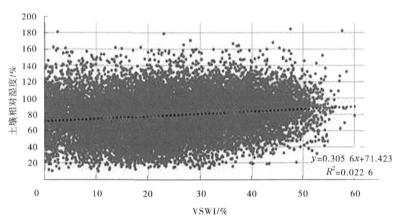

(d) VSWI-SM40散点分布

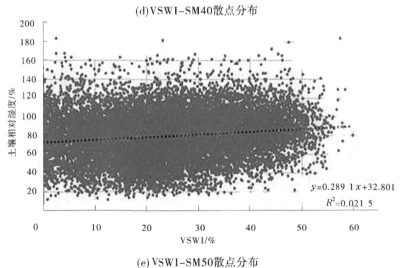

(e) VSWI-SM50散点分布

续图 6-3

从表 6-12 中全部时次的相关性统计数据来看，TVDI、VSWI、NSWI 三种干旱指数和 10~50 cm 中 5 个深度的平均土壤相对湿度具有相关关系，三种干旱指数可通过 $\alpha=0.01$ 的相关显著性检验。可以看出 VSWI 的相关性明显要强于 NSWI 和 TVDI，其分别与 10~50 cm 平均土壤相对湿度总体相关系数为 0.231 3、0.241 3、0.250 0、0.252 1、0.250 5，由于总体样本数为 16 462，因此表现极为显著，这一点也可以从图 6-1~图 6-3 散点图中得到印证。从不同干旱指数和不同深度的土壤相对湿度的相关性来看，30 cm、40 cm 深度土壤相对湿度比其他深度的相关系数要略高一些。从不同时次的相关性来看，三种模型不同时次监测结果的相关性变化均较大，表明模型易受各种因素影响，存在较大的不确定性。总体来看，多数时次模型正负相关性表现一致，观察可发现，在河南省冬小麦或夏玉米收获期间的监测结果相关性总体要差于其他时次，有可能受收获期间地表下垫面条件变化而影响。

研究选取了 2021 年 7 月 13 日（TVDI 与实测墒情相关性较高）、2022 年 7 月 17 日（VSWI、NSWI 与实测墒情相关性较高）两个时次的遥感监测结果作为代表，对三种干旱指数的分布及实测土壤墒情分布进行对比分析（见图 6-4~图 6-5）。从图 6-4~图 6-5 中可以看出 NSWI 和 VSWI 分布较为接近，干旱指数分布趋势基本一致，但与 TVDI 分布差异较大，与实况墒情分布相比，VSWI、NSWI 数值空间分布趋势与实况更为接近一些。此外与 VSWI 相比，VSWI 更多地反映了 NDVI 的分布，而 NSWI 受植被影响相对较小一些。对比 2021 年 7 月 13 日和 2022 年 7 月 22 日 NSWI，2022 年豫北区域的 NSWI 比 2021 年明显要高，而 2022 年豫北区域的实况墒情也要高于 2021 年，南阳等南部区域则有相反的趋势，实况也较为吻合，因此认为 NSWI 模型总体上基本反映了地表干旱的相对状况。

6.3.1.5 夏玉米干旱遥感监测

利用前述 56 个时次河南省区域内 FY-3D/MERSI 遥感 NSWI 计算结果和自动土壤水分观测站数据，通过统计回归建立遥感土壤墒情反演方程，并利用该方程结合夏玉米土壤墒情干旱指标，可得到 NSWI 干旱的划分指标，用于开展夏玉米干旱监测。

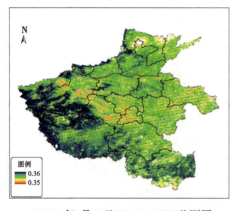 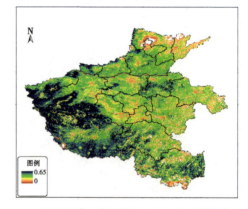

(a)2021年7月13日FY-3D NSWI监测图　　　　　(b)2021年7月13日FY-3D VSWI监测图

图 6-4　2021 年 7 月 13 日 NSWI、VSWI、TVDI 及实测土壤墒情分布

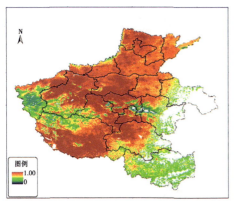

(c)2021年7月13日FY-3D TVDI监测图

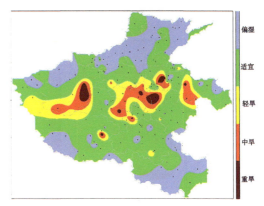

(d)河南省土壤水分分布图[2021年7月13日14时0~30 cm平均土壤相对湿度（%）]

续图 6-4

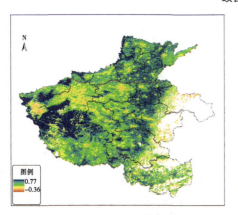

(a)2022年7月17日FY-3D NSWI监测图

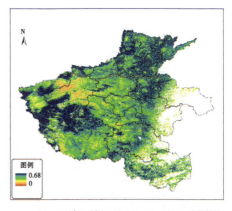

(b)2022年7月17日FY-3D VSWI监测图

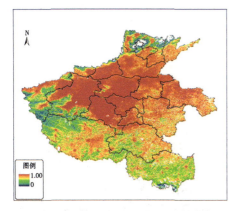

(c)2022年7月17日FY-3D TVDI监测图

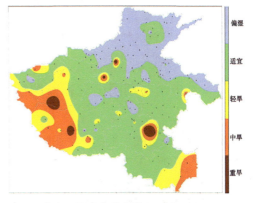

(d)河南省土壤水分分布图[2022年7月17日14时0~30 cm平均土壤相对湿度（%）]

图 6-5　2022 年 7 月 17 日 NSWI、VSWI、TVDI 及实测土壤墒情分布

以2022年8月6日河南省夏玉米干旱监测为例（见图6-6），监测结果显示，河南省洛阳、南阳、三门峡、郑州、焦作及安阳等地存在不同程度的旱情，主要分布于河南省西部。

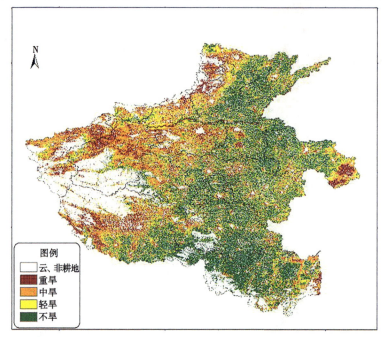

图6-6　2022年8月6日河南省夏玉米干旱遥感监测

6.3.1.6　结论与存在的问题

通过对众多时次的 FY-3D/MERSI 遥感 NSWI 与自动土壤水分观测站数据的对比分析可知，本书提出的 NSWI 具有比 VSWI 更高的相关性，可用于高植被覆盖条件下的夏玉米干旱遥感监测。由于 NSWI 为归一化的指数，不存在 VSWI 计算公式中地温参数易受外部气象条件影响的不利因素，监测结果受气象条件因素影响相对较小。

但 NSWI 也存在一些不能回避的问题，如 MERSI 通道2、通道3反射率受大气能见度影响较大，当存在雾霾性天气时，监测误差较大。此外，由于 FY-3D MERSI 传感器的通道2有时会出现轻微的和太阳高度角有关的条纹现象，也会在一定程度上影响监测的准确性。

6.3.2　夏玉米花期阴雨灾害监测模型

6.3.2.1　引言

河南省地处黄淮玉米优势产业带的中心区域，光热资源丰富，形成了小麦、玉米一年两熟的耕作制度。玉米是河南省的第二大作物，常年种植面积在240万 hm^2，面积和总产量均占全国的1/10，区位优势十分明显，对我国的玉米生产有着举足轻重的影响。玉米花期在阴雨天气，雄穗不能正常开花，部分植株花粉膨胀破裂或黏结成团失去活力，影响授粉受精的正常进行，可能造成玉米不结籽粒，或形成秃头或秃尾现象，甚至整个果穗只有几粒散乱分布，严重的形成空穗，对玉米产量影响很大。开展夏玉米花期阴雨监测与预报，能够为各级政府指挥农业生产管理、制定防灾减灾决策提供科学依据。

在夏玉米花期阴雨监测手段方面,目前主要依赖于地面气象观测,可通过对地面气象资料的分析,来对夏玉米花期阴雨进行监测评估,其精确程度依赖于地面气象观测站密度,本书主要探讨了一种利用静止气象卫星和地面气象观测数据相结合的方法,可作为夏玉米花期阴雨监测的一种可行的技术手段。

6.3.2.2 连阴雨气象指标

连阴雨是连续 3~5 d 或以上的阴雨天气现象(中间可以有短暂的日照时间)。连阴雨天气的日降水量可以是小雨、中雨,也可以是大雨或暴雨。不同地区对连阴雨有不同的定义,一般要求雨量达到一定值才称为连阴雨。河南和安徽作为相邻省份,气候资源相似,因此本书借鉴陈晓艺研究结果,并且从农业服务角度划分秋季连阴雨的气候标准:①连续 3 d 或 3 d 以上有降水(日降水量≥0.1 mm)作为一次连阴雨过程;②在>3 d 的连阴雨过程中,允许 1 d 无降水,但该日日照应<2 h;③在连阴雨过程中,允许有微量降水,但该日日照应<4 h。同时规定,各区域≥2/3 台站出现一次连阴雨过程计一个连阴雨年。同时依据连阴雨天气持续时间的长短,将其划分为两级:3~6 d 的连阴雨过程为一次短连阴雨过程,≥7 d 的连阴雨过程为一次长连阴雨过程。

6.3.2.3 连阴雨遥感监测

目前用遥感方法对连阴雨进行监测的研究还不多见,本书以河南省为例,基于葵花 8 静止气象卫星逐时云监测产品数据,通过遥感反演云覆盖率的方法建立连阴雨遥感指数,并以连阴雨气象指标为基础,确定连阴雨遥感指标,用于玉米花期连阴雨监测,并与实况气象观测资料进行对比验证,确定方法的可行性。

1. 气象数据来源

根据前述连阴雨气象指标,与连阴雨相关的气象因子为日照时数和降水量,研究中的相关气象观测数据来源于河南省气象探测数据中心,包括 2021 年 7—8 月河南省 120 个国家基本气象台站观测的逐日日照时数与降水量。

2. 遥感数据来源

河南省夏玉米花期一般在 7 月底到 8 月初,一般持续 10 d 左右。本书选取了 2021 年 7 月 20 日至 8 月 12 日河南省玉米花期间的每日逐时正点时刻的葵花 8 卫星遥感云监测数据,来源于 JAXA(日本宇宙航空研究开发机构)官网,数据产品由日本 EROC 制作。原始数据产品文件格式为 NetCDF(文件扩展名为.NC,为 HDF 文件格式的一个子集),数据范围包括整个亚洲区域,遥感数据分辨率约为 0.05°。

6.3.2.4 数据处理过程

1. 气象监测连阴雨指数的计算

根据连阴雨气象指标可知,连阴雨过程发生的强度主要和每天的日照时数和降水量有关,为了客观评价连阴雨过程的强度,按以下规则计算气象连阴雨指数:

连续 3 d 或 3 d 以上有降水(日降水量≥0.1 mm)作为一次连阴雨过程。

降水量≤1 mm 且日照时数≥4 h 或连续 2 d 日照时数≥2 h 视为连阴雨过程结束。

以连阴雨持续天数作为连阴雨指数,其中当某一天降水量≥10 mm 时为 1 d 计数,当不足 10 mm 时,以当日降水量/10 作为等效天数计入连阴雨指数。

为了使连阴雨指数呈现连续性,当阴雨持续日数不足 3 d 时,即连阴雨指数<3 时,也

输出连阴雨指数作为相对强度比较;当时段内出现多次过程时,以最大的连阴雨指数作为结果。

2. 遥感监测连阴雨指数的计算

遥感监测连阴雨过程主要通过云量估算,首先基于葵花 8 静止气象卫星逐时云监测产品数据,对每天北京时间 6~20 时共 15 个时次的遥感影像中像元的云覆盖情况进行判断处理,并根据周边像元云覆盖的情况进行折算,规则如下:

(1)对于每个像元,统计以其为中心 3×3 网格像元的云像元数量,并除以 9 作为该时次日照时数。

(2)根据上一规则统计每个像元 15 个时次的累计日照时数,作为该像元该天日照时数。

(3)当某一天日照时数为 0 时视为阴雨开始,持续 3 d 以上视为连阴雨过程。

(4)当某一天日照时数≥4 h 或连续 2 d 日照时数≥2 h 视为连阴雨过程结束。

(5)以阴雨持续天数作为连阴雨指数,其中当某一天日照时数为 0 时,计为 1 d,当日照时数 $h<4$ 时,通过公式 $(4-h)/4$ 计算等效天数并计入连阴雨指数。

为了使连阴雨指数呈现连续性,当阴雨持续日数不足 3 d 时,即连阴雨指数<3 时,也输出连阴雨指数作为相对强度比较;当时段内出现多次过程时,以最大的连阴雨指数作为结果。

6.3.2.5 监测结果分析

基于上述模型,对 2021 年 7 月 20 日至 8 月 12 日期间的 120 个气象台站的气象监测连阴雨指数进行计算,并利用 ArcGIS 地理信息系统软件采用克里金算法进行了空间插值处理,得到河南省夏玉米花期气象连阴雨指数分布[见图 6-7(a)];基于葵花 8 卫星数据,利用遥感监测连阴雨指数计算模型,对遥感监测连阴雨指数进行了计算,得到河南省夏玉米花期遥感连阴雨指数分布[见图 6-7(b)]。

从 2021 年河南省气象连阴雨指数分布来看,连阴雨指数较高的区域主要分布在焦作、新乡、安阳、鹤壁、郑州、许昌等北部及中部地区,三门峡、商丘及濮阳、周口、驻马店、信阳等四地的东部地区相对较低;从相应的遥感连阴雨指数来看,连阴雨指数高值区分布地市与气象连阴雨指数大致相同,但范围要偏小,低值区分布区域则范围要偏大,总体来看,遥感监测连阴雨指数与气象监测连阴雨指数在空间分布上具有较好的一致性,说明遥感监测连阴雨在技术上是可行的。

为了对比遥感连阴雨指数和气象连阴雨指数结果差异,根据各气象台站计算得到的连阴雨指数,并通过其地理位置可获得相应的遥感连阴雨指数,利用 Excel 绘制散点分布图(图 6-8),并对二者相关性进行分析。从图 6-8 可以看出,遥感连阴雨指数和气象连阴雨指数具有相对较好的相关关系,其拟合方程为:$y=0.351\ 4x+2.262\ 9$(x,y 分别为遥感和气象连阴雨指数),决定系数为 0.164 6。总体上,遥感连阴雨指数要高于气象连阴雨指数,主要原因为遥感连阴雨指数是通过云覆盖率而不是实际降雨来判定连阴雨是否发生,而实际情况经常会出现阴天不下雨的情况,因此遥感监测会存在较大的阴雨判定误差,但阴天和降雨天仍是密切相关的,因此二者之间具有一定的相关性。

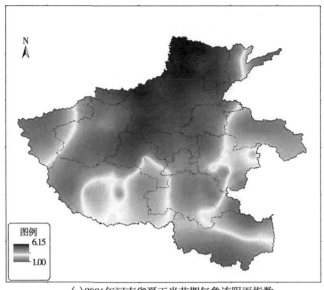

(a) 2021年河南省夏玉米花期气象连阴雨指数

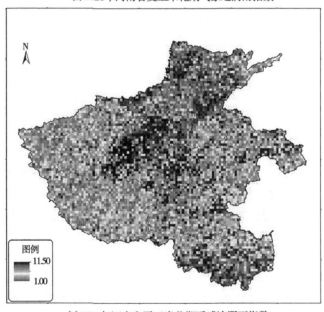

(b) 2021年河南省夏玉米花期遥感连阴雨指数

图 6-7　夏玉米花期气象连阴雨指数和遥感连阴雨指数分布

6.3.2.6　结论和讨论

本书针对连阴雨的监测研究提出了一种新方法,从前述的分析可以得出,基于遥感监测的方法进行连阴雨监测在技术上是可行的,它可以快速对连阴雨情况进行监测分析,相比气象监测而言,遥感监测具有相对较高的空间分辨率。本书不仅使 FY-3 数据和遥感方法的应用得到进一步拓展,而且使连阴雨的研究不再局限于地面观测数据,对连阴雨这个灾种的研究提供了一种新的研究思路。但是由于本书是基于云覆盖率来监测连阴雨的,而云覆盖并不意味着阴雨天气,因此该方法存在先天的不足,未来可利用卫星遥感的

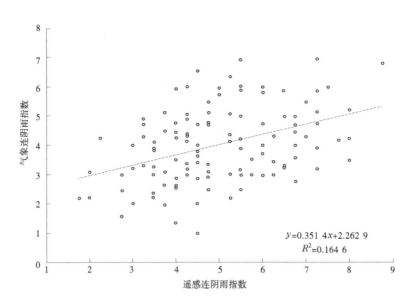

图 6-8 夏玉米花期气象连阴雨指数和遥感连阴雨指数散点分布

降雨产品来替代云覆盖产品进行研究,可提高遥感监测的准确性。

6.3.3 基于多源卫星遥感的洪涝灾害监测与评估方法

6.3.3.1 引言

我国地处东亚大陆,地形地势复杂,气候地区差异大,东部受季风气候和热带气旋影响,降雨量年内分布不均,暴雨洪涝灾害突出,大约 2/3 的国土面积有着不同类型和不同危害程度的洪涝灾害,是世界上洪涝灾害最严重的国家之一。河南省中南部所处的淮河流域,是易受洪涝灾害影响的地区,近年来,在气候变暖背景下,极端暴雨天气发生频繁,局地洪涝时有发生,如 2021 年 7 月 20—21 日,河南中北部出现大暴雨,郑州、新乡、开封、周口、焦作等地部分地区出现特大暴雨(250~350 mm),郑州城区局地 500~657 mm,造成了严重的人员和财产损失。

在洪涝灾害遥感监测中,基于 EOS/MODIS 水体监测的模型较为常见。在水体监测中,一般根据水体在可见光和近红外波段上的光谱特点进行监测;具体的模型又可分为单波段法和多波段法,多波段法主要分析水体在多波段、各类植被指数域特征,建立逻辑判别式确定相应阈值,综合提取水体信息,水体监测效果相对较好。目前较为常用的水体监测模型有归一化水体指数法、混合水体指数法等。本书以 2007 年 7 月淮河特大暴雨洪涝灾害和 2021 年 7 月河南省特大暴雨灾害为例,介绍利用 EOS/MODIS 和高分卫星开展洪涝灾害监测评估服务的技术方法。

6.3.3.2 2007 年淮河流域特大洪涝灾害监测

2007 年 6 月底至 7 月中旬,淮河流域多个大城市和地区遭遇罕见暴雨袭击,灾情严重,这是一场中华人民共和国成立以来仅次于 1954 年的全流域性大洪水,而且洪水量级超过了 1991 年和 2003 年。受暴雨洪水影响,安徽、江苏、河南等省共有 2 600 多万人受灾,死亡30多人;农作物受灾面积200多万hm²,其中绝收面积60多万hm²;因灾直接经济损失达170多亿元。

河南省生态气象与卫星遥感中心利用EOS/MODIS数据,开展了流域内河南省驻马店市和信阳市的洪涝灾害监测,并对灾害程度进行了评估,取得了较好的服务效果。基本方法为:利用ENVI 5.3遥感影像处理软件对EOS/MODIS1-7波段进行水体光谱特征分析,采用差异水体指数对河南省中南部洪涝水分进行了监测,并根据连续晴空遥感水体监测结果,在ArcGIS平台下利用空间分析、栅格运算等模块对受灾区域进行灾害评估。将归一化植被指数NDVI与减产率建立模型,根据遥感数据得到的NDVI数据作为对作物受灾程度进行分类的主要数据源,实地调查数据作为控制数据,对作物受灾程度进行定量评估。

1. 水体的通道特征

以EOS/MODIS遥感数据为例,通过图像合成和统计分析得出以下结论:

(1)在可见光波段(CH_1、CH_3、CH_4),水体的反射率较高呈亮白色调,部分水体因受水深、叶绿素浓度、悬浮泥沙等影响而反射率降低,导致差异较小而难以区分,植被因反射率较低而整体呈暗色调,裸土的反射率高于植被和水体,呈白色调。CH_1因空间分辨率更高而纹理更为清晰,水体形状明显,并且有利于区分不同水质。CH_4中水体和裸地均为亮白色而难以区分。

(2)在近红外波段(CH_2、CH_5、CH_6),水体吸收很强,反射率很低,植被的反射率明显高于水体,裸土的反射率高于水体而低于植被。因此,在CH_2单波段影像上,农作物表现出较明显的强反射而呈浅色调,林区呈灰色调,水体呈明显的黑暗色调,水陆边界清晰可辨。

(3)在中红外波段(CH_7),水体吸收强,反射率最低,植被反射率比水体稍高,土壤反射率最高,表现为水体呈最暗色调,植被亮度稍高,少植被区和裸地呈亮色调。易于区分裸地。

(4)在归一化植被指数(NDVI)、比值植被指数(RVI)和差值植被指数(DVI)图像上,水体呈黑色,各植被指数随植被绿度大小而变化,RVI对植被变化最为敏感。但在各种植被指数图中裸地和水体灰度接近,不易于区分。

2. 水体识别

主要通过分析水体与背景地物的波谱曲线特征,找出它们之间的变化规律,然后构建水体指数模型,对模型运算结果进行阈值分析,从而实现水体信息提取,这种方法关键在于水体指数模型的建立,需要考虑影响水体信息提取的主要因子。

1)归一化差异水体指数(Normalized Difference Water Index,NDWI)

根据不同地类在不同波段中的波谱特点,利用比值计算快速提取水体信息,如用绿光或红光波段除以近红外波段的简单比值运算就有利于抑制植被信息,增强水体信息。模型如下:

$$MNDWI = \frac{CH_4 - CH_2}{CH_4 + CH_2} \tag{6-6}$$

2) 改进的归一化差异水体指数模型

为区分城市与水体将 NDWI 指数做了修改,用中红外波段(MIR)替换了原来的 NDWI 近波段(NIR),取得很好的效果。改进的归一化差异水体指数(MNDWI:Modified-NDWI)为:

$$MNDWI = \frac{CH_4 - CH_6}{CH_4 + CH_6} \tag{6-7}$$

由于河南省大面积的洪涝发生并不常见,多数仅在局部发生,并且发生时由于天气原因往往难以获得当时晴空条件下的遥感影像。2007 年 7 月 11—16 日,河南省中南部连续出现暴雨天气,淮河流域出现较大面积洪涝灾情。以此为例,根据遥感资料用该指数对 2007 年 7 月 18 日 10 时 52 分的 EOS/MODIS 卫星遥感资料进行监测分析,水体监测结果见图 6-9。

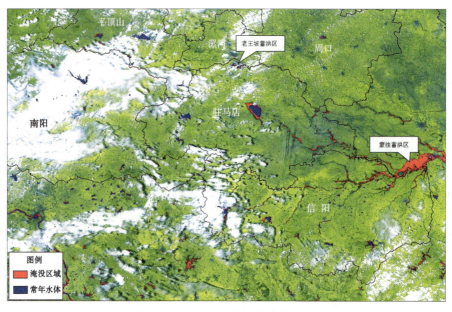

图 6-9 EOS/MODIS 数据水体监测结果

根据连续晴空遥感水体监测结果,在 ArcGIS 平台下利用空间分析、栅格运算等模块对受灾区域进行灾害评估。将归一化植被指数 NDVI 与减产率建立模型,根据遥感数据得到的 NDVI 数据作为对作物受灾程度进行分类的主要数据源,实地调查数据作为控制数据,对作物受灾程度进行定量评估。

3. 灾损评估模型

为了比较全面地反映淮河流域农田受灾程度、面积及区域分布状况,采用分辨率为 250 m×250 m 的 EOS/MODIS 卫星遥感图像与实地调查相结合的方法,确定作物受灾程度和遥感监测指标,进而进行作物受灾程度分类评估。卫星遥感图像时间为 7 月 10—18 日,玉米处于拔节期,遥感监测产品主要有植被生长状况(NDVI)、积水面积和可能的持续时间,以及地物光谱反照率等;实地调查作物受害状况(主要包括根、茎、叶的形态表现等)。

卫星遥感水体监测指标——MNDWI。利用该指标对多日数据进行淹没日期计算,逐像元计算淹没天数。利用该指标代入玉米灾损计算模型计算灾损空间分布。

拔节期玉米灾损模型:

$$y = 0.2833x^3 - 5.8929x^2 + 41.112x \quad (0 < x < 9.19) \tag{6-8}$$

抽雄期玉米灾损模型:

$$y = 0.4293x^3 - 5.3464x^2 + 29.259x \quad (0 < x < 7.51) \tag{6-9}$$

4. 洪涝灾害影响程度分级与受灾面积

根据模型计算,基本绝收作物(作物减产在80%以上)主要集中在西平县和新蔡县境内,重灾农田(减产幅度在50%~80%)主要分布在小洪河流域,中度灾害(减产幅度在20%~50%)和轻度灾害(减产幅度约在20%以下)则比较零星。

1) 基本绝收农田

基本绝收农田指作物减产在80%以上的农田。第一种情况是滞洪区和小洪河流域地势低洼处,积水深度正在或者曾经100 cm以上、积水时间10 d以上,处于这种状况的作物已全部或接近枯死;第二种情况是地势低洼的内涝区大量出现老僵苗,即将全部死亡。

基本绝收农田主要分布在西平县境内的老王坡滞洪区、新蔡境内孙召乡区域、汝南县宿鸭湖周边及其他前期降水量大、地势低洼的田块。

第二次泄洪后的老王坡,作物浸泡时间已达10 d以上。周边地势稍高,田块虽无明水,但受灾较重,作物长势参差不齐,大部分死亡。新蔡县孙召乡积水已经退去,但玉米、大豆、花生、棉花等作物已经枯死或基本死亡。曾经积水较浅的玉米、大豆等作物也奄奄一息。

其他几乎绝收的作物还包括上蔡、平舆、息县、淮滨、固始等地势低洼的内涝区。这些农田已经由于径流、排水、下渗等原因少有明水,但多日持续降水使农田土壤水分处于过饱和状态。玉米植株低矮、近地面叶片干枯死亡、上部叶片浅黄、根部茎秆发紫(见图6-10)。

2) 重度受灾农田

重度受灾农田指减产幅度在50%~80%的农田,多靠近绝收作物区域的小块田地及地势低洼的点状内涝区域附近。因积水浅、时间短,未彻底绝收,这部分作物收成主要由后期天气条件及管理决定。受灾症状大部分作物表现为近地面2~3片叶枯死,玉米多为7叶以下、株高60 cm以下,由于抗涝能力较差,叶片发黄、近地面茎秆发紫,田内无明水,但土壤水分过饱和,水肥吸收及光合作用受到抑制,灾害还在发展。分布呈点片状,广泛而零散(见图6-11)。

3) 中度受灾农田

中度受灾农田指减产幅度在20%~50%的农田。田间曾积水1~2 d,田内无明水,土壤湿度较大,存在点片老僵苗,其他苗情长势一般。整体受灾表现为株体生长发育迟缓,根部有枯死叶,苗体弱,作物高度参差不齐,长势良莠不齐(见图6-12)。

4) 轻度受灾农田

轻度受灾农田指减产幅度约在20%以下的农田。所处地势相对较高,积水持续时间短。植株近地面有少量枯死叶,群体发育状况不一致,农田低洼处有个别老僵苗,受灾面积为 178.29 万亩(见图 6-13)。

图 6-10　绝收地块

图 6-11　重度受灾地块

图 6-12　中度受灾地块

图 6-13　轻度受灾地块

5. 农作物受灾状况遥感监测与评价

通过模型估算分析得到:驻马店市受灾最严重的地区主要分布在西平县的老王坡滞洪区、新蔡县小洪河沿岸及其他低洼带。其中,西平县基本绝收面积为 14.98 万亩,新蔡县基本绝收面积为 21.76 万亩。信阳受灾较严重的农田分布在息县、淮滨县和固始县等,基本绝收面积分别为 10.87 万亩、8.87 万亩和 6.22 万亩。根据灾损模型可以估算出受此次洪涝影响信阳、驻马店玉米减产率大约为 6.82%(见表 6-13、图 6-14)。

表 6-13　2007 年 7 月 10—18 日 EOS/MODIS 卫星遥感监测农作物受灾状况统计

市(县、区)	基本绝收/万亩	重度受灾/万亩	中度受灾/万亩	轻度受灾/万亩	基本未受灾/万亩	减产率/%
西平县	14.98	7.08	6.41	3.80	102.69	14.70
驿城区	0.26	0.31	0.41	0.32	10.45	4.76
汝南县	1.79	5.34	11.26	8.72	170.35	4.37
正阳县	1.40	13.54	28.42	21.89	197.25	7.24

续表 6-13

市(县、区)	基本绝收/万亩	重度受灾/万亩	中度受灾/万亩	轻度受灾/万亩	基本未受灾/万亩	减产率/%
新蔡县	21.76	31.41	27.27	15.55	92.44	25.15
泌阳县	3.41	5.52	7.27	5.92	234.43	3.45
确山县	0.51	2.16	4.45	4.28	191.97	1.62
上蔡县	5.77	6.25	7.00	4.92	170.51	5.81
平舆县	3.35	10.13	14.26	9.13	130.36	8.27
遂平县	6.41	6.17	5.89	3.67	122.87	7.88
信阳市区	5.85	12.57	26.27	29.53	210.38	7.79
潢川县	1.32	2.88	4.56	5.23	208.24	2.05
固始县	6.22	4.62	8.67	10.58	318.29	3.30
光山县	0.24	0.91	2.67	4.39	212.57	0.81
罗山县	1.21	4.10	7.50	8.21	193.59	2.89
新县	1.55	3.11	3.91	3.40	115.35	3.62
商城县	0.73	2.48	7.84	10.69	138.65	3.14
息县	10.78	26.85	26.51	17.69	162.70	14.17
淮滨县	8.87	11.63	15.60	10.39	106.27	13.20
总计	96.41	157.06	216.7	178.31	3 089.36	6.82

6.3.3.3　2021年河南省特大洪涝灾害监测

2021年7月17—23日,河南省遭遇历史罕见特大暴雨。其中,降雨过程17—18日主要发生在豫北(焦作、新乡、鹤壁、安阳);19—20日暴雨中心南移至郑州,发生长历时特大暴雨;21—22日暴雨中心再次北移,23日逐渐减弱结束。过程累计面雨量鹤壁最大(589 mm)郑州次之(534 mm)、新乡第三(512 mm);特大暴雨引发河南省中北部地区严重汛情,12条主要河流发生超警戒水位以上洪水。全省启用8处蓄滞洪区,共产主义渠和卫河新乡、鹤壁段多处发生决口,新乡卫辉市城区受淹长达7 d。据核查评估,河南省共有150个县(市、区)1 478.6万人受灾,直接经济损失1 200.6亿元,其中郑州409亿元。

降水过程结束后,河南省生态气象和卫星遥感中心利用高分三号(GF3)等卫星数据,对豫北地区卫河的水体变化情况进行了监测分析。高分三号卫星是我国首颗分辨率达到1 m的C频段多极化合成孔径雷达(SAR)卫星,具有全天候、全天时对地观测目标的重要能力,由于不受天气影响,对洪涝灾害具有强大的监测能力。本书选取了2021年7月20日至8月18日期间的多幅GF3/SAR遥感影像,较好地监测了豫北卫河部分区域洪涝发生至消退的动态过程。

图6-15～图6-22分别为2021年7月20日至2021年8月18日GF3/SAR河南新乡卫河区域遥感影像图,图中深色区域为水体。从图中可以看出,7月20日,仅有部分河段

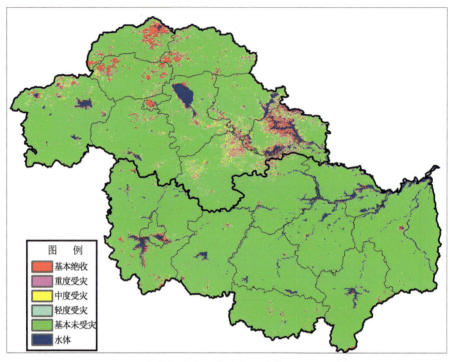

图 6-14 河南省部分市县农作物受灾状况遥感监测评价

(图 6-15 左下角区域)发生洪涝;7 月 22 日,暴雨发生之后,卫河发生大面积洪涝;至 7 月 28 日,洪涝面积逐渐扩大,之后逐渐消退;至 8 月 18 日,大部分积水区域已经消退,仅有局部仍有积水。

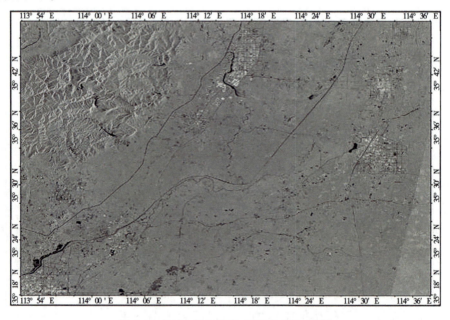

图 6-15 2021 年 7 月 20 日 GF3/SAR 影像

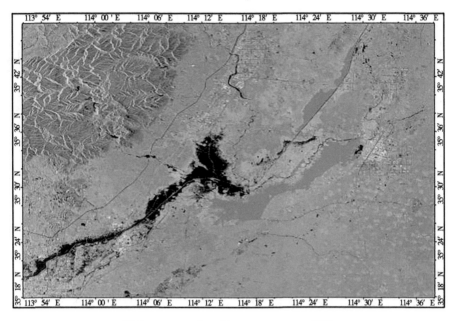

图6-16 2021年7月22日GF3/SAR影像

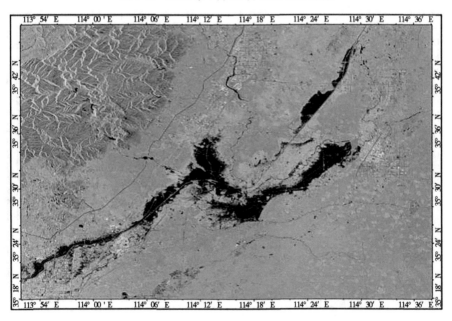

图6-17 2021年7月25日GF3/SAR影像

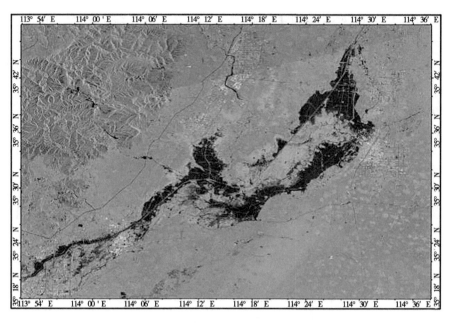

图 6-18　2021 年 7 月 28 日 GF3/SAR 影像

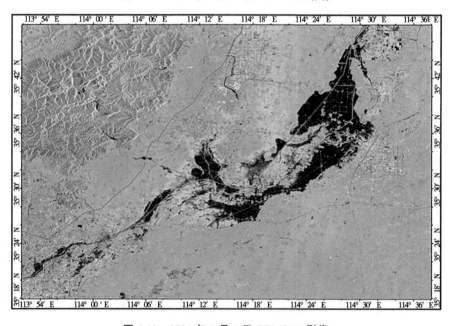

图 6-19　2021 年 8 月 1 日 GF3/SAR 影像

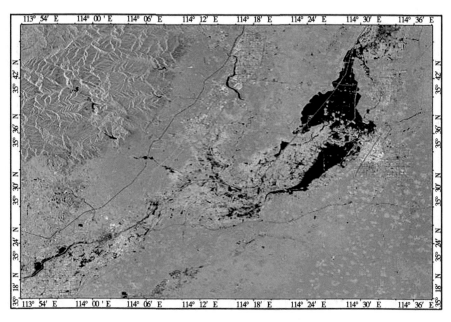

图 6-20　2021 年 8 月 6 日 GF3/SAR 影像

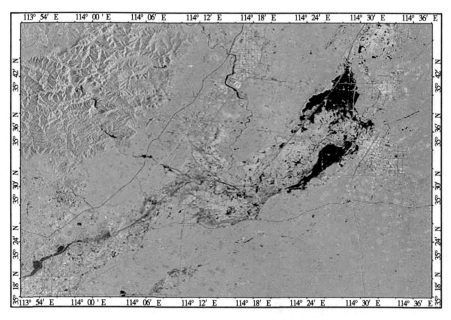

图 6-21　2021 年 8 月 11 日 GF3/SAR 影像

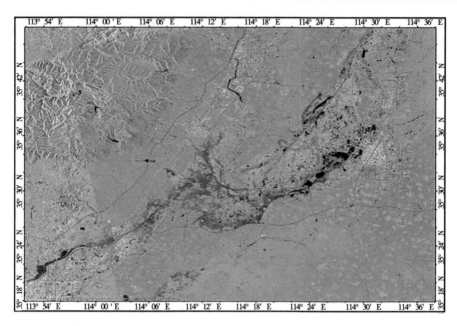

图 6-22 2021 年 8 月 18 日 GF3/SAR 影像

6.3.4 河南省晚霜冻遥感监测与评估模型

6.3.4.1 冬小麦晚霜冻评估模型

河南省晚霜冻害主要发生在 2 月下旬至 4 月下旬,正值小麦小花分化、雌雄蕊分化形成期,也是决定穗粒数多少、穗头大小的关键期。常见的气象灾害除晚霜冻害外,还有连阴雨、低温及旱涝等。假设返青—抽穗期的连阴雨、低温、旱涝和晚霜冻发生等级和产量影响权重分别用 a_1、a_2、a_3、a_4 和 β_1、β_2、β_3、β_4 表示,则晚霜冻造成的产量损失 f_i 可以表示为:

$$f_i = h_i \frac{a_4 \beta_4}{a_1 \beta_1 + a_2 \beta_2 + a_3 \beta_3 + a_4 \beta_4} \tag{6-10}$$

式中:h_i 是返青—抽穗期各种气象灾害造成总的产量损失率,对于仅发生晚霜冻而无其他灾害的典型年份(如 1993 年和 1995 年),h_i 为该年晚霜冻造成的产量损失,如果还伴有其他气象灾害发生,则要剔除其影响。根据返青—抽穗期对产量影响程度,以上 4 种灾害的影响权重分别赋予经验值 0.2、0.2、0.3 和 0.3。

6.3.4.2 冬小麦晚霜冻灾害分级标准

河南省麦区返青—抽穗典型丰产年是春季回暖早,气温回升平稳,适宜气温持续时间长,降水适中,光照充足。如果 3—4 月日平均气温在 8~12 ℃ 的天数少于 16 d,降水量小于 20 mm 或者大于 80 mm,连阴雨天多,则对产量形成影响。返青—抽穗期常见气象灾害及其分级标准见表 6-14。

表6-14 冬小麦返青—抽穗期农业气象灾害分级标准

等级	连阴雨 (3—4月雨日)/d	低温 (3—4月日平均气温<8℃天数)/d	旱涝 (干旱指数 Z)	晚霜冻 (霜冻指数)
0	<15	<18	−0.5244~0.5244	0
1	15~18	18~22	0.5244~1.0367 或 −1.0367~−0.5244	0~1
2	19~20	21~23	1.0367~1.645 或 −1.645~−1.0367	1.1~1.5
3	>20	>24	>1.645 或 <−1.645	>1.5

6.3.4.3 冻害遥感监测指标——冻害农学指标

小麦冻害是指麦田经历连续低温天气而导致的麦穗生长停滞。冻害较轻麦田麦株主茎及大分蘖的幼穗受冻后,仍能正常抽穗和结实,但穗粒数明显减少;冻害较重时主茎、大分蘖幼穗及心叶冻死,其余部分仍能生长;冻害严重的麦田小麦叶片、叶尖呈水烫一样地硬脆,后青枯或青枯成蓝绿色,茎秆、幼穗皱缩死亡。相关的小麦冻害试验表明,小麦发生冻害死亡的比例与低温强度、持续天数密切相关(见表6-15)。

表6-15 低温持续天数与冬小麦死亡率 %

	持续天数/d	1	2	3	4	平均
低温 强度/ ℃	−14.1~−16.0	—	1.0	13.2	43.3	19.2
	−16.1~−18.0	—	46.7	56.1	84.3	62.2
	−18.1~−20.0	33.6	61.6	70.9	—	—
平均		—	23.9	34.7	63.8	

6.3.4.4 基于地温的冻害遥感监测方法

由于冻害的核心是低温,因此可利用遥感反演地面最低温度的方法来监测小麦冻害,国内外也有较多研究。对于地温的反演,也有很多方法,本书主要研究了3种,即Becker-Li、Sobrino 以及覃志豪的 3 种劈窗算法,其中前两种算法是针对 NOAA AVHRR 数据的,选择与 AVHRR 第 4、5 通道相近的 MODIS 第 31、32 通道数据进行地表温度估算。覃志豪的反演方法相对简单,也具有较好的精度,并在 MODIS 数据中得到验证。

1. Becker-Li LST 反演算法

Becker-Li 算法的基本公式为:

$$T_s = \frac{T_{s31}+T_{s32}}{2} + \frac{T_{s31}-T_{s32}}{2}\left[\frac{C+1+X(C-1)\beta\cos\theta}{C-1+X(C+1)\beta\cos\theta}\right] \quad (6-11)$$

$$T_{si} = T_i + \frac{(1-\varepsilon_i)}{\varepsilon_i}L_i \quad (i=31,32) \quad (6-12)$$

式中:T_s 为地表温度;T_i 为通道亮温;ε_i 为地表比辐射率;$X=\Delta\varepsilon/(2\varepsilon\gamma)$,$\gamma=2(1-\cos)\theta+1$,

$\varepsilon = (\varepsilon_{31} + \varepsilon_{32})/2$，$\Delta\varepsilon = \varepsilon_{31} - \varepsilon_{32}$；$\beta = 1/\cos\theta + 2$；$\theta$ 为观测天顶角；L_i 是在对辐射传输方程进行 Planck 展开过程中产生的导数项，后面将具体介绍其计算方法；$C = k_{32}/k_{31}$，k_{31}、k_{32} 分别为 MODIS31、32 通道水汽吸收系数，因为 31 通道和 32 通道都位于大气窗口，在假定水汽吸收很小的情况下可以近似认为透过率的计算如下：

$$\tau_i = e^{1-\frac{k_i w}{\cos\theta}} \approx 1 - \frac{k_i w}{\cos\theta} \tag{6-13}$$

式中：τ_i 为通道大气透过率；w 为水汽含量。

只需要知道透过率 τ_i 和水汽含量 w，就可以计算出通道水汽吸收系数 k_i。

2. Sobrino LST 反演算法

Sobrino LST 反演算法的基本公式为：

$$T_s = T_{31} + A(T_{31} - T_{32}) + B \tag{6-14}$$

$$A = \frac{\alpha_{32}\beta_{31} + \beta_{31}\beta_{32}w}{Q} \tag{6-15}$$

$$B = \frac{1-\varepsilon_{31}}{\varepsilon_{31}} \frac{\alpha_{31}\beta_{32}}{Q}(1 - 2k_{31}w)L_{31} - \frac{1-\varepsilon_{32}}{\varepsilon_{32}} \frac{\alpha_{32}\beta_{31}}{Q}(1 - 2k_{32}w)L_{32} \tag{6-16}$$

$$\alpha_i = \varepsilon_i \tau_i \cos\theta \tag{6-17}$$

$$\beta_i = k_i[1 + 2\tau_i(1-\varepsilon_i)\cos\theta] \tag{6-18}$$

$$Q = \alpha_{31}\beta_{32} - \alpha_{32}\beta_{31} \tag{6-19}$$

式中：T_s 为地表温度；T_{31}、T_{32} 为 MODIS31、32 通道亮温；w 为水汽含量；θ 为观测天顶角；k_i 为通道水汽吸收系数；ε_i 为通道比辐射率；τ_i 为通道大气透过率；L_i 等同于方法一中的 $L_i(i=31、32)$。

3. 覃志豪 LST 反演算法

覃志豪 LST 反演算法基本公式为：

$$T_s = A_0 + A_1 T_{31} - A_2 T_{32} \tag{6-20}$$

式中：T_{31}、T_{32} 分别为 MODIS31、32 通道亮温；A_0、A_1、A_2 参数需查阅相关资料。

L_i 的计算如下：

$$L_i = \frac{B(T_i)}{[\partial B(T)/\partial T]_{T_i}} \tag{6-21}$$

L_i 是在对辐射传输方程进行 Planck 展开过程中产生的导数项，为了计算方便，Price 认为可以采用如下计算形式：

$$L_i = \frac{T_i}{n_i} \tag{6-22}$$

Franca 和 Cracknell 针对 NOAA 的 4、5 通道，在温度范围 280~320 K，给出了 n 值分别为 $n_4 = 4.592$，$n_5 = 4.126\,36$。Qinetal 通过模拟发现 n 值并不是常数，而是随亮温的变化而变化，其计算形式如下：

$$L_i = a_i + b_i T_i \quad (i=31,32) \tag{6-23}$$

对于 MODIS 的 31、32 通道，覃志豪通过模拟，给出了常数 a、b 的值，公式如下：

$$L_{31} = -64.603\,63 + 0.440\,817 \times T_{31} \tag{6-24}$$

$$L_{32} = -68.72575 + 0.473453 \times T_{32} \tag{6-25}$$

4. 通道比辐射率和大气透过率的计算

上述公式涉及通道比辐射率和大气透过率的计算。

通道比辐射率的计算：

$$\varepsilon_{31} = P_V R_V \varepsilon_{31V} + (1 - P_V) R_s \varepsilon_{31s} + d\varepsilon \tag{6-26}$$

$$\varepsilon_{32} = P_V R_V \varepsilon_{32V} + (1 - P_V) R_s \varepsilon_{32s} + d\varepsilon \tag{6-27}$$

$$P_V = \frac{NDVI - NDVI_{min}}{NDVI_{max}} \tag{6-28}$$

$NDVI_{max}$ 和 $NDVI_{min}$ 分别为该像元一年中 NDVI 的最大值和最小值，在这里 $NDVI_{max}$、$NDVI_{min}$ 分别取 0.9 和 0.15；R_V，R_s 分别为植被和裸土的辐射比率，$R_V = 0.92762 + 0.07033 P_V$，$R_s = 0.99782 + 0.08362 P_V$；$\varepsilon_{31V}$、$\varepsilon_{31s}$ 分别为植被和裸土在 31 通道的比辐射率，取值为 0.98672 和 0.96767；ε_{32V}、ε_{32s} 分别为植被和裸土在 32 通道的比辐射率，取值为 0.98990 和 0.97790；$d\varepsilon$ 为校正项，由植被和土壤的相互作用产生，$d\varepsilon = 0.003796 \min[P_V, (1 - P_V)]$，$\min[P_V, (1 - P_V)]$ 为 P_V 和 $1 - P_V$ 中较小的一项。

大气透过率的计算：

由于 MODIS 设计有专门用于水汽观测的通道，因此它具备提供实时大气水汽含量的能力，其中 17、18、19 通道为水汽吸收波段，2、5 通道为大气窗口，Kaufman 和 Gao 认为可以利用两通道比值法来估算大气水汽含量。他们利用 LOWTRAN 进行模拟，将水汽含量 w 与 MODIS 的第 2 与第 19 通道反射率的比值建立线性关系：

$$w = \frac{\left[\alpha - \dfrac{\ln(\rho_{19})}{\rho_2}\right]}{\beta^2} \tag{6-29}$$

式中：$\alpha = 0.02$；$\beta = 0.651$；ρ_{19} 和 ρ_2 分别为 MODIS 第 19 和第 2 通道的反射率。

MODIS 31、32 通道位于大气窗口内，所以气体吸收可忽略不计，影响透过率的主要因素应该是大气水汽廓线、温度廓线及传感器视角。在姜立鹏的文章中，给出了这三者与总透过率的线性关系：

$$\tau_i(\theta) = \tau_i(10) + \delta\tau_i(T) - \delta\tau_i(\theta) \tag{6-30}$$

式中：$\tau(10)$ 为传感器视角为 $10°$ 时的星下透过率；$\delta\tau(T)$ 为透过率的温度校正项；$\delta\tau(\theta)$ 为透过率的视角校正项。

5. 夜间温度计算

在利用劈窗算法进行地表温度反演过程中，需要用到 MODIS 传感器的可见光、近红外通道来计算比辐射率及水汽含量，而夜间没有可见光数据，因此无法直接用于计算夜间地表温度。

考虑到 NDVI 在同一天的白天夜晚几乎没有变化，可以直接用白天的 NDVI 来计算比辐射率。由于夜间露水的原因可能会造成白天与夜晚的比辐射率有所差异，但这里暂时不考虑这种差异。水汽含量采取折中的方法来计算，将白天计算出来的水汽含量取平均值，代入到晚上的计算模式中。

6.3.4.5 冻害遥感监测应用个例及分析

2020年3月26—30日，河南省出现一次较大范围的冷空气过程，3月26—30日全省日平均温度为8.9 ℃，低于冬小麦拔节—抽穗期适宜的日平均气温16~18 ℃，豫西山区极端最低气温低于0 ℃，中南部地区过程最低气温2~4 ℃，长时间低温对冬小麦幼穗分化及正常生长不利，减缓冬小麦发育进程。局部地区出现了晚霜冻害，受低温胁迫，易造成小麦幼穗不孕，穗粒数减少，可能影响产量。受影响地区主要分布在开封、许昌、商丘、周口、许昌等地。根据晚霜冻害和倒春寒指标和气象数据，结合作物苗情遥感监测，对此次冬小麦晚霜冻过程进行监测评估，结果如图6-23所示，并根据行政区划对冻害监测结果进行统计分析（见表6-16）。

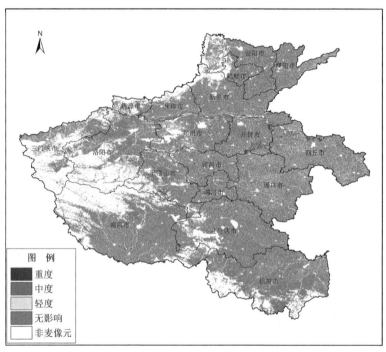

图6-23 2020年3月26—30日河南省冬小麦冻害遥感监测图

表6-16 2020年3月26—30日河南晚霜冻面积比例

地区	重度/%	中度/%	轻度/%	总计/%	总计/万亩
安阳	0	0.02	0.06	0.08	0.32
鹤壁	0.03	0.08	0.17	0.28	0.33
濮阳	0.01	0.07	0.18	0.26	0.69
新乡	0.11	0.21	0.46	0.78	3.74
焦作	0.03	0.10	0.21	0.35	0.64
三门峡	0.02	0.01	0.01	0.03	0.07

续表6-16

地区	重度/%	中度/%	轻度/%	总计/%	总计/万亩
洛阳	0.22	0.06	0.13	0.42	2.22
郑州	0.05	0.10	0.24	0.38	1.53
开封	2.79	3.51	5.49	11.79	47.21
许昌	0.44	1.28	4.05	5.77	17.90
平顶山	0.01	0.03	0.21	0.26	1.01
漯河	0.17	0.78	3.23	4.18	7.17
商丘	3.28	5.57	11.63	20.48	137.86
周口	0.93	3.55	10.13	14.61	121.73
驻马店	0.03	0.18	0.85	1.05	8.79
南阳	0.02	0	0	0.02	0.28
信阳	0.02	0.02	0.05	0.08	0.85
济源	0.71	0.27	0.38	1.37	0.85
全省	0.54	1.06	2.54	4.14	353.18

6.3.5 基于地面光谱数据与FY-3/MERSI数据的干热风灾害监测评估

6.3.5.1 引言

干热风是一种高温、低湿、伴随一定风力的灾害性天气,在我国北方麦区的小麦产量形成期危害严重,危害重的年份普遍减产达10%~20%甚至20%以上。河南省是我国冬小麦主产区之一,受干热风灾害影响频繁。目前,干热风监测基本根据气象指标以气象台站为单元进行,由于气象台站分布离散,利用插值方法得到的区域监测结果存在很大不确定性,无法客观、定量地提供大面积冬小麦受干热风危害的空间信息。卫星遥感技术具有大面积同步监测、时效性强等优势,已在干旱、洪涝、冻害等农业气象灾害监测评估中得到广泛应用,而国内外直接利用卫星遥感手段监测评估干热风灾害的研究却较少。开展地面光谱试验和干热风卫星遥感监测研究,可取得连续而准确的大面积干热风灾害监测评估结果,有力保障区域和国家的粮食安全。

本书涉及的研究内容主要包括以下方面:

(1)试验测定冬小麦在干热风条件下的地面光谱响应曲线,研究不同危害程度下冬小麦的高光谱特征;结合叶绿素相对含量、叶水势、千粒质量等田间调查数据,分析干热风过程对冬小麦各生长指标的具体影响程度,并对各因子与高光谱植被指数在干热风前后的变化进行相关分析。

(2)针对河南麦区,利用 FY-3/MERSI 数据构建包括 NDVI、RVI、ARVI、EVI 等在内的多种植被指数,研究不同遥感指数用于干热风灾害监测评估的适用性和敏感性,结合开展冬小麦干热风危害的地面光谱特征分析,构建干热风灾害遥感监测指标。

(3)在干热风发生前后遥感监测指标变化量与气象指标(日最高气温、14 时相对湿度、14 时地面 10 m 风速)之间进行单因子和多因子相关分析,结合农学指标分析,基于优选出的遥感监测指标构建评估干热风灾害等级的阈值模型,将不同取值的气象因子分级后代入回归方程来确定遥感监测指标评估干热风等级的阈值。为大面积干热风灾害的卫星遥感监测评估提供遥感监测指标、评估模型及方法依据。

6.3.5.2 干热风灾害的地面光谱特征

地面干热风光谱试验于 2014 年 5 月 6—8 日在郑州农业气象试验站进行。试验首先在种植郑麦 366 的冬小麦试验田中选取小麦长势均匀的 1.5 m×9 m 大小的长方形区域,再将此区域划分成 3 个长 2 m、宽 1.5 m 的样方,分别记为 A、B、C 组。在试验区利用简易气候室人工模拟干热风气象条件。在气候室外设置一个对照组(D 组),用以比较与气候室内小麦的差异(见图 6-24)。

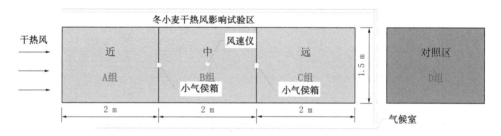

图 6-24 冬小麦干热风试验设计示意图

气候室为高 1.5~1.8 m 的不锈钢支架,外罩透光良好的 PVC 塑料薄膜,室内热源为红外加热灯管,利用控温仪控制室内温度,达到预设温度时可自动断电停止加热;风源为热风机。试验处理选择在空气相对湿度较小的晴天麦地进行。气象条件控制从上午 10:30 开始,12:00~15:00 气温及风速维持较高水平,之后逐渐降低,16:30 左右,撤去简易气候室,温湿度与当时大田一致,至此,算一个干热风日。控制处理的同时用温湿度自记表在箱内外小麦穗高处测定温湿度,用轻便风速表测箱内风速。

2014 年 5 月 6 日和 5 月 7 日符合试验的气象条件,分别对试验区进行干热风过程模拟,使试验区内温度、相对湿度和最大风速均达到两日重度干热风指标。除干热风试验期间的模拟气象条件外,4 个样方内冬小麦从种植到成熟的土壤肥力、水分、光照温度等生长条件均保持一致。光谱数据的测定:利用 SVC GER1500 野外便携式光谱仪对冬小麦光谱信息进行采集,该仪器的光谱测量范围为 350~1 050 nm,通道数 512,全波段光谱分辨率为 6.2 nm。其所有光学元件均固定安装,保证了结果的准确性和重复性。该仪器测定的光谱数据完全满足研究需求。5 月 6—8 日每天上午 10:00,采集 4 个试验组的冠层光谱数据。每个样区测定前分别进行白板光谱标定,每个样区测量 7 个重复,取平均值作为群体反射光谱。

农学参数的测定:在光谱测定的同时,分别利用 SPAD502 叶绿素仪和 PSYPRO 露点水势仪对每个样区冬小麦相对叶绿素(SPAD)和叶水势进行测定,其中叶绿素和叶水势的测定对样区内小麦植株进行均匀选择,每个样方测定 30 组数据进行平均,作为该组小麦相对叶绿素和叶水势的均值。干热风试验光谱和生长参数测定完成后,试验样方被完整保留,样方内作物在自然条件下生长至完熟期,收获后分别测定每组冬小麦的千粒重和产量。

1. 干热风前后冬小麦光谱的变化特征

对光谱数据进行分析(见图 6-25),试验区小麦的光谱反射率曲线符合正常生长冬小麦灌浆期光谱特征,在 540~570 nm 绿光波段光谱出现较小的反射峰,660~680 nm 红光波段的强烈吸收导致出现波谷,干热风前反射率最低处仅 0.02,680~760 nm 因叶片组织的散射,反射率急剧上升,反射率急剧增大到接近 0.4。760~940 nm 为近红外高反射率平台,反射率从 0.4 缓慢增高到 0.45 附近;970~990 nm 是冬小麦光谱的又一个吸收谷,此后出现第 2 个增大区,在 1 084~1 095 nm 处形成窄带反射峰值,随后,随着波长的继续增加,反射率急剧减小。

各试验组冬小麦在干热风过程前后的光谱响应特征表明:干热风试验过程对冬小麦冠层光谱反射率的影响很大。干热风试验过程后,760~940 nm 的近红外波段对干热风影响的反应最敏感,各试验组冬小麦冠层在近红外波段的反射率普遍下降。主要原因是近红外反射平台具有反射率数值随叶片水分含量减小而减小的明显特征。干热风试验后,作物的生长状况变差,植株含水量迅速下降,近红外平台反射率也因此下降。

通过计算三组光谱的下降指标,发现 C 组小麦受灾程度最重,B 组次之,A 组相对较轻。根据试验后的实际观察,主要原因是挡风棚造成干热风气流在 C 组处形成回流堆积。对三组小麦在干热风前后的光谱变化进行对比分析,各组小麦近红外波段反射率的下降程度不同,且反射率下降幅度随干热风程度的增加而增加。

此外,与试验前相比,各试验组内冬小麦冠层光谱反射率在 540~680 nm 的绿光和红光波段均出现不同程度上升,且绿峰波长向红光方向"红移"。红边斜率均出现不同程度下降,红边在近红外的拐点波长均向短波方向"蓝移"。原因在于冬小麦受干热风危害后,叶绿素遭到破坏,可见光波段的反射率升高,即对光合有效辐射的利用率降低,而近红外波段的反射率降低,反映出近红外光的热效应加剧,冠层温度升高。

2. 适用于干热风监测的高光谱植被指数分析

干热风会导致作物叶绿素含量、水分含量、细胞结构等发生变化,而多种高光谱植被指数与植物中的某些生化组分含量具有较强的相关关系,因此高光谱植被指数可用于对干热风受灾程度的判断。考察多种高光谱植被指数对干热风灾害的敏感程度,使用光谱敏感度分析的方法如下:

$$S_i = \frac{VI_{ij} - VI_i}{VI_i} \tag{6-31}$$

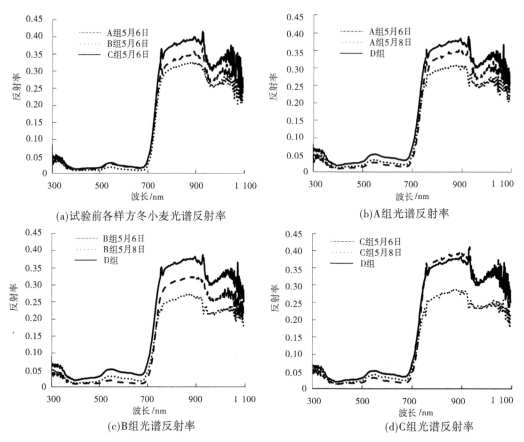

图 6-25 干热风试验前后各试验组冬小麦光谱反射率

式中：S_i 为某种高光谱植被指数对干热风灾害的敏感程度；VI_i 为正常情况下植被指数；VI_{ij} 为干热风影响后的植被指数。

由于干热风会导致植被指数下降，因此 S_i 值越小，表明该种植被指数对干热风的响应越敏感，最后根据计算结果选择适用于干热风监测的高光谱植被指数。根据 5 月 6 日和 8 日测定的冬小麦冠层光谱反射率数据计算每个试验组两天的高光谱植被指数，并以 5 月 6 日的高光谱植被指数作为 VI_i，以 5 月 8 日计算得到的植被指数作为 VI_{ij}，进而计算不同高光谱植被指数对此次干热风过程的敏感程度（见表 6-17）。

对 17 种高光谱植被指数 S_i 的变化分析发现：从 A 组到 C 组的 S_i 的绝对值整体上逐渐上升，表明多种高光谱植被指数对干热风影响的敏感程度逐渐增加，同时说明 A 组到 C 组冬小麦的受灾程度逐渐加剧。

对比 S_i 的平均值：RVI_{MERSI}、PSSRa 和 PSSRb 三种指数对干热风灾害的敏感度最好，mSR_{705}、SR_{550}、SR_{705} 和 PSSRc 四种高光谱植被指数对干热风灾害的敏感度较好。此外，mND_{705}、$NDVI_{705}$、EVI_{MERSI} 和 GNDVI 等多种指数对干热风灾害也有一定程度的敏感性。上述高光谱植被指数可以在干热风灾害遥感监测中得到更广泛的应用。

表 6-17 多种高光谱植被指数对干热风灾害的敏感程度

高光谱植被指数	表达式	S_i A组	S_i B组	S_i C组	平均值
$NDVI_{680}$	$(\rho_{800}-\rho_{680})/(\rho_{800}+\rho_{680})$	-0.054	-0.075	-0.083	-0.071
$NDVI_{705}$	$(\rho_{750}-\rho_{705})/(\rho_{750}+\rho_{705})$	-0.136	-0.191	-0.256	-0.194
GNDVI	$(\rho_{750}-\rho_{550})/(\rho_{750}+\rho_{550})$	-0.074	-0.122	-0.150	-0.115
PSSRa	ρ_{800}/ρ_{680}	-0.348	-0.539	-0.473	-0.453
PSSRb	ρ_{800}/ρ_{675}	-0.355	-0.530	-0.464	-0.450
SR_{705}	ρ_{750}/ρ_{705}	-0.283	-0.427	-0.443	-0.384
SR_{550}	ρ_{750}/ρ_{550}	-0.272	-0.465	-0.443	-0.393
mSR_{705}	$(\rho_{750}-\rho_{445})/(\rho_{705}-\rho_{445})$	-0.286	-0.476	-0.487	-0.416
mND_{705}	$(\rho_{750}-\rho_{705})/(\rho_{750}+\rho_{705}-2\rho_{445})$	-0.108	-0.171	-0.228	-0.169
SIPI	$(\rho_{800}-\rho_{445})/(\rho_{800}-\rho_{680})$	0.010	0.024	0.020	0.018
PSSRc	ρ_{800}/ρ_{470}	-0.337	-0.413	-0.398	-0.383
WI	ρ_{970}/ρ_{900}	0	0.039	0.035	0.025
$WI/NDVI_{680}$	$(\rho_{970}/\rho_{900})/[(\rho_{800}-\rho_{680})/(\rho_{800}+\rho_{680})]$	0.057	0.124	0.129	0.103
$NDVI_{MERSI}$	$(\rho_{865}-\rho_{650})/(\rho_{865}+\rho_{650})$	-0.052	-0.079	-0.086	-0.072
RVI_{MERSI}	ρ_{865}/ρ_{650}	-0.350	-0.576	-0.491	-0.472
$ARVI_{MERSI}$	$[\rho_{865}-(2\rho_{650}-\rho_{470})]/[\rho_{865}+(2\rho_{650}-\rho_{470})]$	-0.064	-0.116	-0.120	-0.100
EVI_{MERSI}	$2.5(\rho_{865}-\rho_{650})/(1+\rho_{865}+6\rho_{650}-7.5\rho_{470})$	-0.115	-0.179	-0.258	-0.184

6.3.5.3 干热风条件下冬小麦各农学参数与植被指数变化的相关性分析

1. 农学参数变化分析

对田间测定的干热风试验前后不同试验组冬小麦的相对叶绿素含量、叶水势、千粒重及单位产量数据进行分析,得到不同影响程度下每种参数的变化量(见表 6-18),实现不同干热风条件下危害程度的定量分析。

表 6-18　干热风条件下不同试验组冬小麦主要农学参数

农学参数	试验组			
	A 组	B 组	C 组	D 组
叶绿素变化量 SPAD	−2.202 5	−1.656	−3.586	1.971
叶水势变化量/MPa	−0.017	−0.271	−0.582	0.175
千粒重/g	30.73	30.37	30.07	47.53
单产/(kg/hm^2)	5 273.684	4 470	4 285.714	6 571.667
相对于 D 组减产率/%	19.75	31.98	34.79	—

根据光谱特征的分析,已知由 A 组到 C 组冬小麦的受灾程度逐渐增加,结合表 6-18 中各种参数的变化可知:干热风过程能够导致作物相对叶绿素含量明显下降、叶水势降低,且随着干热风程度的加重,其变化更加显著。这一结果与光谱反射率的变化情况吻合,叶绿素含量和叶水势的降低分别导致了作物冠层光谱反射率在绿光波段的上升和近红外波段的下降。D 组为未受干热风过程影响的对照组,其叶绿素含量和相对叶水势较试验前略有上升。

千粒重、单产和减产率三个指标反映出干热风对冬小麦产量的影响程度。D 组是此次冬小麦未受干热风影响情况下的产量,A、B、C 组为不同程度干热风影响下的冬小麦产量。分析发现,受此次干热风试验过程的影响,每组冬小麦的平均千粒重随其受灾程度的增加而减少,进而严重影响到冬小麦的产量。根据收获后对该批冬小麦产量的测定,若以 D 组作为该季冬小麦的正常产量,A、B、C 三组每公顷产量分别减少了 1 297.983 kg、2 101.667 kg 和 2 285.953 kg,相对于 D 组,干热风导致的作物减产率分别达到了 19.75%、31.98% 和 34.79%。因此,干热风过程能够对小麦的产量造成严重影响,利用遥感方法加强对干热风过程的监测、预测,及时采取积极有效的应对措施,才能有效提升农业抗灾减灾能力。

2. 农学参数与高光谱植被指数变化相关性分析

将 A、B、C 三组小麦 SPAD、叶水势和千粒重在不同程度干热风条件下的下降量和筛选出的敏感植被指数的下降量进行相关性分析(见表 6-19),从而得到干热风条件下适宜各类农学参数检测的高光谱植被指数。

分析发现:此次干热风前后,SPAD 的下降量与高光谱植被指数下降量之间未表现出显著相关性。其可能的原因在于:各组小麦均经历干热风过程,SPAD 与植被指数都有较大程度下降。另外,与千粒重不同,SPAD 值受人为采集位置影响较大,人工取点植株、叶面、位置等测量位置不同会导致此项数据有较大变化。

叶水势下降量与 $NDVI_{705}$、$GNDVI$、SR_{705}、mSR_{705}、$NDVI_{MERSI}$ 和 EVI_{MERSI} 多种植被指数的下降量之间已表现出较好的相关性,而千粒重的下降量与这些植被指数下降量之间的相关性更高。此外,植被指数对于干热风灾害的敏感性和其与农学参数之间的相关性并非完全同步,如 $NDVI_{MERSI}$ 和 $ARVI_{MERSI}$ 的 S_i 绝对值并不高,但是与农学参数下降量之间却有很好的相关性,这与 RVI_{MERSI} 的情况正好相反。

表 6-19　干热风前后 3 种农学参数与主要高光谱植被指数下降量的关系模型

高光谱植被指数	农学参数					
	SPAD		叶水势/MPa		千粒重/g	
	拟合模型	R^2	拟合模型	R^2	拟合模型	R^2
$NDVI_{705}$	$y=0.0443x-0.084$	0.536	$y=0.1852x-0.063$	0.988	$y=0.1811x+2.91$	0.989
GNDVI	$y=0.0225x-0.059$	0.338	$y=0.1332x-0.077$	0.958	$y=0.0956x+1.542$	0.963
PSSRa	$y=-0.009x-0.478$	0.01	$y=0.205x-0.394$	0.359	$y=0.2006x+2.986$	0.467
PSSRb	$y=-0.012x-0.48$	0.019	$y=0.178x-0.398$	0.325	$y=0.1757x+2.562$	0.432
mSR_{705}	$y=0.033x-0.335$	0.08	$y=0.344x-0.317$	0.742	$y=0.3119x+4.93$	0.832
mND_{705}	$y=0.0407x-0.068$	0.455	$y=0.1634x-0.085$	0.963	$y=0.1421x+2.304$	0.992
SR_{550}	$y=0.015x-0.356$	0.02	$y=0.289x-0.31$	0.599	$y=0.2682x+4.204$	0.704
SR_{705}	$y=0.029x-0.312$	0.11	$y=0.275x-0.305$	0.778	$y=0.2476x+3.86$	0.862
PSSRc	$y=0.002x-0.377$	0.004	$y=0.102x-0.353$	0.516	$y=0.0963x+1.269$	0.626
$NDVI_{MERSI}$	$y=0.0077x-0.053$	0.177	$y=0.059x-0.055$	0.854	$y=0.0527x+0.831$	0.923
RVI_{MERSI}	$y=-0.0156x-0.51$	0.018	$y=0.23x-0.405$	0.326	$y=0.2269x+3.417$	0.433
$ARVI_{MERSI}$	$y=0.0098x-0.076$	0.1	$y=0.096x-0.072$	0.765	$y=0.0865x+1.383$	0.852
EVI_{MERSI}	$y=0.0533x-0.052$	0.547	$y=0.1852x-0.063$	0.988	$y=0.2155x+3.51$	0.987

注:表中,x 为各农学参数,y 代表各植被指数。

原因在于,干热风过程对作物光谱的影响主要表现在近红外波段反射率大幅下降,绿光波段的下降幅度远远小于近红外波段。近红外波段反射率的变化主要的主导因素是叶片水分含量,而绿光波段反射率变化的主导因素是叶绿素含量,因此导致 SPAD 与植被指数变化的相关性并不显著,而叶水势与多种接近近红外波段的植被指数的变化具有较好的相关性。此外,千粒重的下降是多种因子综合作用的结果,反映了作物的整体受灾程度,因此与干热风过程前后的高光谱植被指数间的相关性最好。

根据上述分析,并结合各植被指数对干热风灾害的敏感性,在干热风过程后,可运用 $NDVI_{705}$、GNDVI、SR_{705}、mSR_{70} 和 EVI_{MERSI} 等多种高光谱植被指数对作物受灾程度进行检测,并可以根据其在干热风过程前后的变化量预测千粒重的下降量,进而实现干热风灾害造成的作物减产率的预估。

6.3.5.4　卫星遥感监测指标对比分析

1. 干热风发生前后像元植被指数频次分布对比

在河南省冬小麦种植区,分别统计冬小麦像元在干热风发生前后四种植被指数的数值分布情况,直方图见图 6-26。由图 6-26(a)可看出,干热风发生前,像元 NDVI 值的分布呈单峰结构,峰值在 0.65 左右,有 40.6% 像元的 NDVI 值在 0.6 以上;干热风发生后 NDVI 峰值明显下降,两处较明显的峰值在 0.55 和 0.35 处,NDVI 值在 0.6 以上像元比例下降 10.7%。由图 6-26(b)可看出,干热风发生前,像元的 RVI 值主要分布在 2.5~5.0,

占 65.2%，大于 4 的像元占 40.6%；干热风发生后，像元 RVI 值也整体下降，在 1.0 和 2.0 附近的低值区出现两处峰值，大于 2.5 的像元占 52.5%，大于 4 的像元仅占 10.9%。图 6-26(c)显示，干热风发生前，像元 ARVI 值的分布呈单峰结构，峰值在 0.8 左右，大于 0.6 的像元占 59.2%；干热风发生后，像元 ARVI 值整体下降，其分布呈多峰结构，两处较明显的峰值在 0.65 和 0.35 处，大于 0.6 的像元减少，仅占 27.9%。由图 6-26(d)可看出，干热风发生后较干热风发生前，EVI 值的分布范围有所增大，像元值有升有降。对比冬小麦像元在干热风发生前后四种植被指数的数值分布差异可知，NDVI、RVI、ARVI 数值在干热风发生前后分布情况的变化趋势较一致，EVI 则明显不同。可能是 NDVI、RVI、ARVI 指数对叶绿素含量敏感，可对干热风造成的以降低功能叶绿素含量为主的原生伤害在干热风结束次日即作出反应，而 EVI 对生物量更敏感，更多反映出作物本身的生长变化或轻度干热风刺激作物生长的现象。

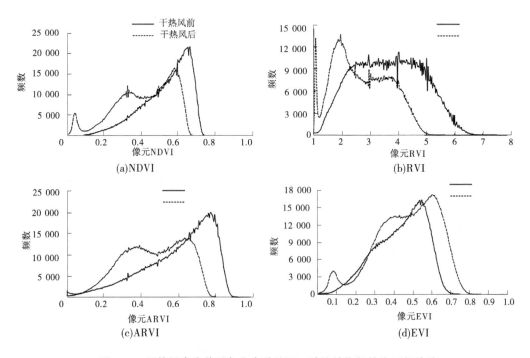

图 6-26　干热风发生前后冬小麦种植区 4 种植被指数的像元数统计

2. 干热风发生前后像元植被指数变化量空间分布对比

进一步分析各冬小麦像元在干热风发生前后四种植被指数数值的变化量，即将同一像元处 5 月 12 日的植被指数值减去 5 月 14 日的植被指数值，得到各植被指数变化量的空间分布结果，如图 6-27 所示。对于同一种植被指数，由于间隔时间短，故认为植被指数减小是由本次干热风造成的，减小越多说明该像元处冬小麦受灾越严重。由图 6-27(a)可看出，干热风发生后，河南省北部地区像元 NDVI 值普遍下降，其 NDVI 变化量统计显示，干热风发生后像元 NDVI 值减小量的峰值在 0.1 左右，峰值右侧 1/2 降幅位置值为 0.15，下降量大于 0.15 的像元占研究区冬小麦像元总数的 27.2%。由图 6-27(b)可看出，干热风发生后河南省北部地区像元 RVI 值以下降为主，其 RVI 变化量统计显示，干热

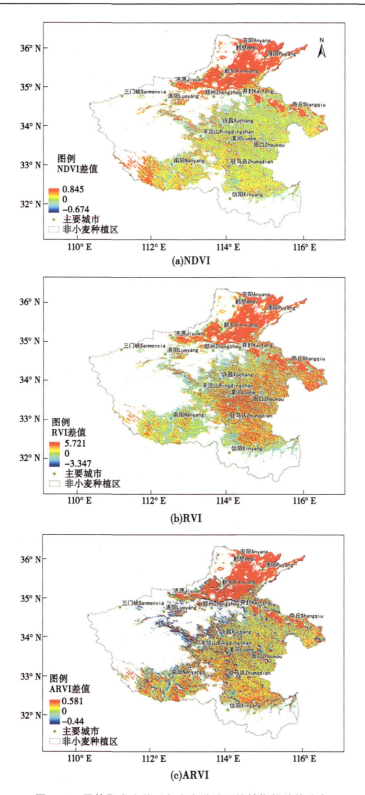

图6-27 干热风发生前后冬小麦种植区植被指数差值分布

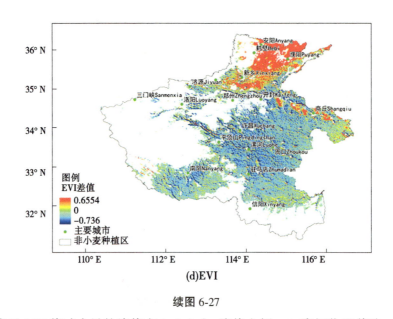

(d)EVI

续图 6-27

风发生后像元 RVI 值减小量的峰值在 0.5 左右,峰值右侧 1/2 降幅位置值为 1.5,下降量大于 1.5 的像元占研究区冬小麦像元总数的 22.5%。由图 6-27(c)可看出,干热风发生后河南省北部地区像元 ARVI 值普遍下降,其 ARVI 变化量统计显示,干热风发生后像元 ARVI 值减小量的峰值在 0.125 左右,峰值右侧 1/2 降幅位置值为 0.2,下降量大于 0.2 的像元占研究区冬小麦像元总数的 26.4%。对比干热风发生前后 NDVI、RVI、ARVI 变化量的空间分布情况可知,这三种植被指数的空间变化趋势较一致,其中 NDVI 和 ARVI 的一致性最高,这两种植被指数监测的干热风灾害程度略重于 RVI 的监测结果。由图 6-27(d)可看出,EVI 指数与其他三种植被指数有明显不同,可能是因为 EVI 对生物量更敏感,更多反映出作物本身的生长变化或轻度干热风刺激作物生长的现象,因此后文干热风灾害监测中不再讨论该指标。

3. 干热风前后像元植被指数变化量与气象指标的相关分析

将气象台站监测到的干热风情况分为两类:一类代表相对严重的干热风过程,包括两日均为重度干热风和两日发生一重一轻干热风的情况;另一类代表相对较轻的干热风过程,包括单日重度干热风和两日均发生轻度干热风的情况。利用卫星遥感 MERSI 数据计算气象台站最临近冬小麦像元的 NDVI、RVI、ARVI 在不同程度干热风灾害发生前后的变化均值(见表 6-20),三种指数的下降量均随着干热风灾害程度的加重而增大,说明三种植被指数的变化量可用于区分干热风灾害等级。

表 6-20　三种植被指数在不同程度干热风灾害前后的变化均值

灾害情况	下降均值		
	NDVI	RVI	ARVI
两日重度或一重一轻	0.071 6	0.387 9	0.043 2
单日重度或两日轻度	0.067 3	0.371 3	0.019 0

分析干热风日气象台站上报的 14:00 湿度、14:00 地面 10 m 风速、日最高气温与气象台站附近冬小麦像元 NDVI、RVI、ARVI 在干热风发生前后变化量的相关性。当干热风灾害程度较重时,三种气象要素与植被指数变化量的相关性明显优于干热风灾害程度较轻时的相关性,采用 R^2 为判断指标,以 NDVI 变化量与干热风日 14:00 地面 10 m 风速和日最高气温为例,均选择二次方程为拟合形式(见图 6-28),在干热风灾害程度较重时,NDVI 与日最高气温拟合方程的 R^2 为 0.545 3,与 14:00 地面 10 m 风速拟合方程的 R^2 为 0.544 2;在干热风灾害程度较轻时,NDVI 与日最高气温拟合方程的 R^2 仅为 0.143 2,与 14:00 地面 10 m 风速拟合方程的 R^2 仅为 0.002 9。结果表明,干热风发生前后 NDVI、RVI、ARVI 的变化量与干热风灾害程度的相关性均随着干热风灾害程度的加重而增大,即干热风灾害程度越重,遥感监测效果越好。

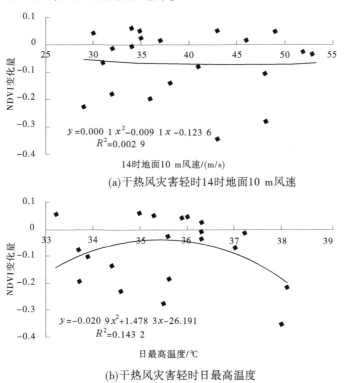

(a) 干热风灾害轻时14时地面10 m风速

(b) 干热风灾害轻时日最高温度

图 6-28　NDVI 变化量与干热风灾害轻、重条件下日 14:00 地面 10 m 风速和日最高气温的相关关系

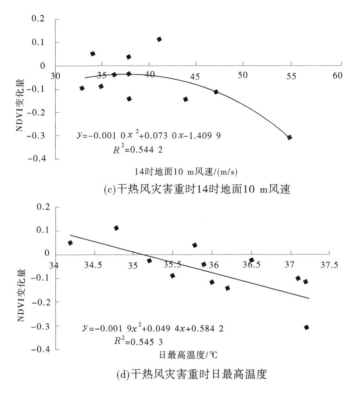

续图 6-28

选择干热风灾害程度较重的气象台站,以干热风日气象台站上报的 14:00 湿度、14:00 地面 10 m 风速、日最高气温为自变量,分别以 NDVI、RVI、ARVI 的变化量为因变量进行三元线性回归(见表 6-21),以比较 NDVI、RVI、ARVI 对干热风灾害程度的敏感性差异。分析表 6-21 可知,利用三种气象因子建模时,NDVI 与 RVI 模型的相关系数优于 ARVI 模型,由于干热风等级是由这三种气象因子的取值确定的,因此可认为 NDVI 和 RVI 对干热风灾害程度的敏感性优于 ARVI。结合参数估计值和显著性检验 P 值还可说明,日最高气温对 NDVI、RVI、ARVI 变化量的影响最大,且均通过 0.05 水平的显著性检验。

表 6-21　NDVI、RVI、ARVI 变化量与多气象因子回归分析结果

	项目	系数	标准误差 SE	P	R^2
NDVI	常数项	2.510	0.822	0.007	0.708
	14:00 湿度	0.004	0.003	0.222	
	14:00 地面 10 m 风速	−0.050	0.003	0.149	
	日最高气温	−0.070	0.024	0.014	

续表 6-21

	项目	系数	标准误差 SE	P	R^2
RVI	常数项	10.088	4.108	0.014	0.688
	14:00 湿度	0.005	0.015	0.234	
	14:00 地面 10 m 风速	−0.142	0.017	0.061	
	日最高气温	−0.312	0.12	0.03	
ARVI	常数项	3.114	1.498	0.067	0.530
	14:00 湿度	−0.009	0.005	0.141	
	14:00 地面 10 m 风速	−0.008	0.006	0.243	
	日最高气温	−0.075	0.044	0.122	

6.3.5.5 干热风灾害的卫星遥感评估模型

1. 基于 MERSI NDVI 的干热风灾害卫星遥感评估模型

NDVI 对干热风灾害程度具有较高的敏感性，以 NDVI 变化量作为因变量，以温度、湿度和风速三种气象因子作为自变量，建立三元线性回归模型形式如下：

$$\Delta \text{NDVI}_{\text{MERSI}} = 2.510 + 0.004H - 0.050V - 0.070T \tag{6-32}$$

式中：ΔNDVI 为干热风前后 NDVI 变化量；H 为 14 时湿度；V 为 14 时地面 10 m 风速；T 为日最高温度。由式(6-32)可知，温度的权重最大，这表明在这三种气象因子中，相对于湿度、风速作用，温度对 NDVI 变化的影响最大。

根据黄淮海冬小麦种植区的干热风等级指标及重度、轻度气象站点监测到的气象指标，取平均值作为不同干热风的等级指标。重度干热风的气象指标为日最高温度 36 ℃，14 时风速为 4 m/s，14 时湿度为 21%；轻度干热风的气象指标为日最高温度 33 ℃，14 时风速为 4 m/s，14 时湿度为 26%。分别把受干热风重度、轻度影响的指标代入推算公式，得到两种数据，利用干热风前后 NDVI 变化量表示受灾害程度分级。表 6-22 为基于 MERSI NDVI 的干热风灾害卫星遥感评估模型。

表 6-22 基于 MERSI NDVI 的干热风灾害卫星遥感评估模型

遥感数据源	NDVI 变化区间	受灾程度	气象要素临界值	推算公式
MERSI	(0.10, 1]	影响不显著	—	
	(−0.13, 0.10]	轻度影响	温度 33 ℃；风速 4 m/s；湿度 26%	$\Delta \text{NDVI}_{\text{MERSI}} = 2.510 + 0.004H - 0.050V - 0.070T$
	[−1, −0.13]	重度影响	温度 36 ℃；风速 4 m/s；湿度 21%	

2. 基于 MERSI RVI 的干热风灾害卫星遥感评估模型

RVI 对干热风灾害程度也具有较高的敏感性,以 RVI 变化量作为因变量,以温度、湿度和风速三种气象因子作为自变量,建立三元线性回归模型形式如下:

$$\Delta RVI_{MERSI} = 10.088 + 0.005H - 0.142V - 0.312T \tag{6-33}$$

式中:ΔRVI 为干热风前后 NDVI 变化量;H 为 14 时湿度;V 为 14 时地面 10 m 风速;T 为日最高温度。由式(6-33)可知,温度的权重最大,这与基于 NDVI 的多元回归分析结果一致。

根据黄淮海冬小麦种植区的干热风等级指标及重度、轻度气象站点监测到的气象指标,取平均值作为不同干热风的等级指标。重度干热风的气象指标为日最高温度 36 ℃,14 时风速为 4 m/s,14 时湿度为 21%;轻度干热风的气象指标为日最高温度 33 ℃,14 时风速为 4 m/s,14 时湿度为 26%。分别把受干热风重度、轻度影响的指标代入推算公式,得到两种数据,利用干热风前后 NDVI 变化量表示受灾害程度分级。表 6-23 为基于 MERSI RVI 的干热风灾害卫星遥感评估模型。

表 6-23 基于 MERSI RVI 的干热风灾害卫星遥感评估模型

遥感数据源	NDVI 变化区间	受灾程度	气象要素临界值	推算公式
MERSI	(-0.65, 4]	影响不显著	—	$\Delta RVI_{MERSI} = 10.088 + 0.005H - 0.142V - 0.312T$
	(-1.60, -0.65]	轻度影响	温度 33℃;风速 4m/s;湿度 26	
	[-5, -1.60]	重度影响	温度 36℃;风速 4 m/s;湿度 21%	

3. 干热风灾害卫星遥感监测结果

同样以 2013 年河南省发生的大面积干热风灾害为例,采用 NDVI 和 RVI 建立两种干热风灾害遥感评估模型,制作河南省冬小麦区域 NDVI、RVI 干热风灾害评估专题图(见图 6-29),红色为干热风灾害重度影响区域,黄色为干热风灾害轻度影响区域,绿色为影响不显著区域。

图 6-29 显示,NDVI 和 RVI 监测干热风灾害等级结果在空间分布上具有较高的一致性,其中豫北地区受干热风影响严重,重度灾害面积大,其他大部分区域受干热风影响较轻或影响不显著。分别统计 3 种干热风影像等级的面积及比例,如表 6-24 所示,统计结果同样表明,利用 NDVI 和 RVI 监测干热风灾害具有一致性。

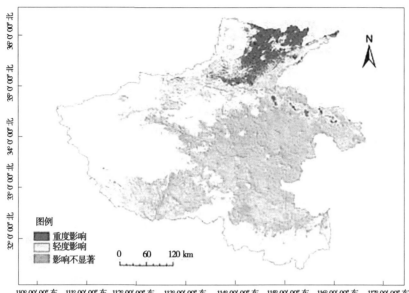

(a) NDVI

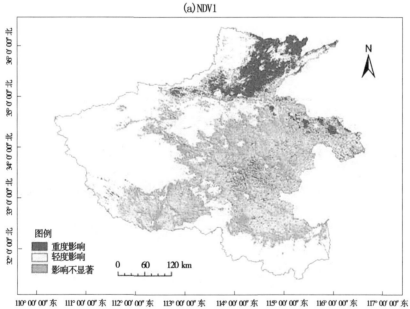

(b) RVI

图 6-29 2013 年河南省冬小麦区干热风灾害遥感评估专题图

表 6-24 基于 NDVI 和 RVI 指标的干热风灾害评估结果对比

项目	NDVI		RVI	
受灾程度	像素个数	所占比例/%	像素个数	所占比例/%
重度影响	118 974	8.52	158 632	11.36
轻度影响	858 550	61.49	818 579	58.62
影响不显著	418 890	29.99	419 203	30.02

6.4 主要粮食生产灾害监测预警信息系统

根据前述河南省主要农业气象灾害指标和农业气象灾害监测与评估模型,通过计算机编程,开发建立了主要粮食生产灾害监测预警信息系统。

主要粮食生产灾害监测预警信息系统主要功能包括:采用自动或交互方式加工制作干旱、洪涝、冻害和病虫害气象条件监测预警等产品,并采用 Web 方式进行发布,为社会公众提供信息服务。系统分为 4 个子系统,即初级产品生成系统、产品加工分析系统、产品 Web 查询显示系统、产品管理与监控系统(见图 6-30)。

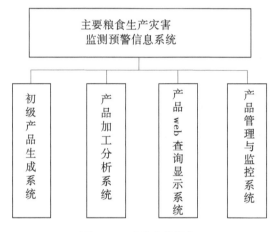

图 6-30 系统总体框架

6.4.1 初级产品生成系统

初级产品生成系统为本系统提供基本的遥感输入数据来源。主要功能包括:遥感数据自动预处理和局地数据的自动生成、植被指数和 LAI 自动生成、LST 自动反演、旬月遥感产品的自动合成等。本系统的主要算法均采用已有通用算法,并且尽可能借助已有的业务系统模块适当进行改善。

初级产品生成系统在服务器端自动运行,主要目的在于避免集中处理大量遥感数据,可以有效提高业务服务时效。

6.4.2 产品自动加工分析系统

针对本书研究中三种主要农业气象灾害(干旱、洪涝、冻害)和病虫害,利用研究的监测预警模型,采用自动或交互方式加工制作相应的监测预警及评估产品,并进行发布,产品形式以图形和统计分析数据为主。产品自动加工分析系统包括干旱监测评估及预警模块、洪涝监测评估及预警模块、冻害监测评估及预警模块和病虫害监测评估及预警模块,系统功能结构见图 6-31。

6.4.2.1 干旱监测评估及预警模块

干旱监测预警产品模块利用土壤水分资料、气象资料及卫星遥感资料,自动生成干旱

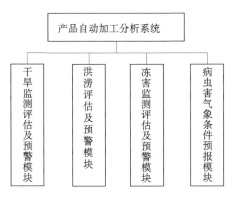

图 6-31 产品加工分析系统框架

监测产品,并进行统计分析和自动发布。

1. 土壤水分自动监测及干旱评估产品制作

基于自动站土壤水分观测资料,对河南省土壤湿度情况进行分析,定期制作河南省土壤水分分布图,同时根据历史统计结果,对比干旱预警指标,确定是否发出预警提示。

土壤水分自动监测及干旱评估产品制作主要由土壤水分监测分析子系统(客户端)和后台产品自动制作系统(服务器端)来完成。后台系统在服务端后台运行,可定时制作全省干旱分布图和分析结果。客户端系统主要用于用户交互查询分析,分析结果如图 6-32 所示。

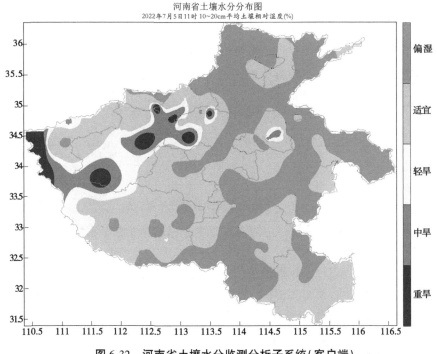

图 6-32 河南省土壤水分监测分析子系统(客户端)

土壤水分监测分析子系统主要功能包括全省各台站土壤水分分析、单站土壤水分趋势分析、不同深度土壤水分分析等。

2. 干旱遥感监测与评估产品制作

利用卫星遥感资料，开展干旱遥感监测，生成干旱遥感监测分析产品。系统首先根据用户选择的一天或邻近几天的卫星遥感资料，进行多天合成（必要时），再计算遥感干旱指数，然后根据实测土壤墒情反演遥感墒情，流程如图6-33所示。

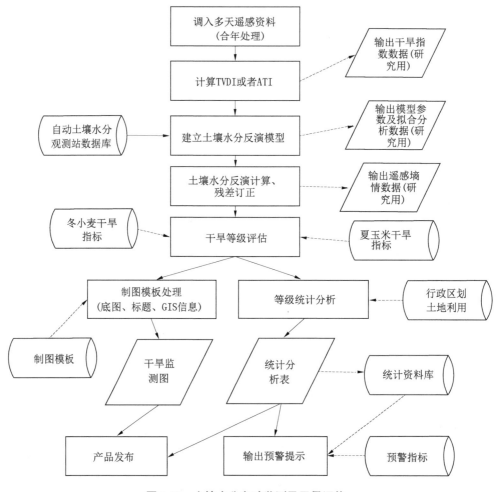

图 6-33　土壤水分自动监测及干旱评估

干旱遥感监测与评估产品制作由河南省干旱遥感监测业务子系统来完成。目前系统主要实现了以下功能。

(1)干旱指数反演：实现了热惯量法(ATI)、温度-植被旱情指数法(TVDI)、作物供水指数法(WSVI)、耕作层指数法(CSMI)、垂直干旱指数法(PDI)、修改的垂直干旱指数法(MPDI)等干旱监测方法，用户可以根据需要，基于不同分辨率的遥感数据，计算干旱指数。

(2)区域土壤湿度遥感反演功能：系统与全省土壤水分自动观测网数据库连接，可以实时提取河南省0~50 cm分层的土壤相对湿度。通过提取的自动站土壤湿度观测数据与干旱遥感指数建立河南省土壤湿度遥感反演模型，从而实现河南省全区域土壤湿度遥感反演。同时,可以根据需要,对土壤湿度遥感反演结果进行误差订正。

(3)干旱评估功能:利用遥感反演的区域土壤湿度,根据土壤水分干旱指标库,对全区域农作物进行干旱评估,输出干旱等级。

(4)产品输出:遥感墒情监测子系统输出的产品主要包括干旱遥感监测的干旱指数监测产品、土壤湿度反演产品、干旱评估及数据统计分析结果等。

(5)数据转换:为便于服务产品制作,系统提供了数据转换功能,可以实现产品格式向通用 GIS 软件转换,实现地理信息制图功能。

软件主要界面如图 6-34 所示。

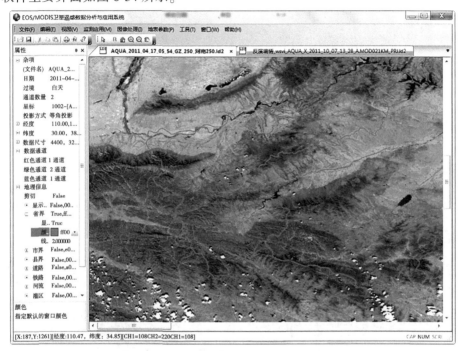

图 6-34　干旱遥感监测与评估子系统界面

3. 土壤墒情预报预警产品制作

基于自动站土壤水分观测资料,结合天气预报资料,对未来一周土壤水分进行预报,并可根据小麦需水量进行灌溉量预报,系统功能界面如图 6-35 所示。

6.4.2.2　洪涝监测评估及预警模块

河南省洪涝主要发生在夏季,目前主要针对夏玉米涝渍灾害而设计。洪涝监测评估及预警模块的功能主要由河南省夏玉米高产稳产气象保障技术综合系统来完成。主要功能包括夏玉米涝渍和花期阴雨灾害监测评估,软件界面如图 6-36 所示。

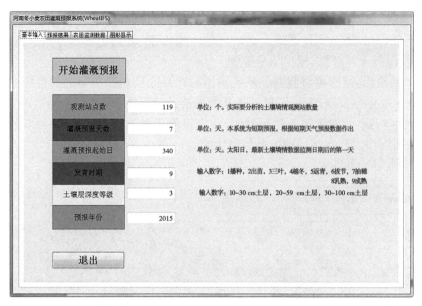

图 6-35　河南省土壤墒情与灌溉量预报

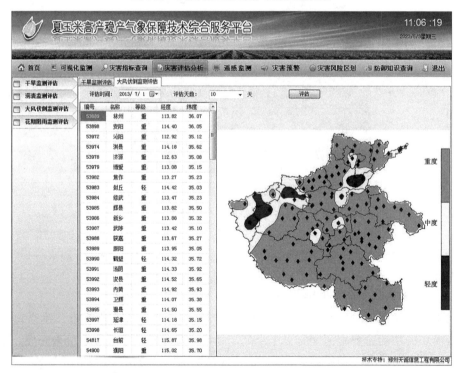

图 6-36　河南省夏玉米高产稳产技术保障系统

6.4.2.3　冻害监测评估模块

1. 基于最低地温和气温的气象监测

根据河南省自动气象站最低地温和气温资料,对冻害可能发生的范围进行监测分析,并绘制低温分布图。产品包括最低温度分布图、低温持续时间图。

冻害监测流程和干旱监测类似。

2. 遥感冻害监测分析

利用晴空卫星遥感资料进行地温反演,并根据冻害指标进行冻害监测。

冻害遥感监测流程和遥感干旱监测类似。

参考文献

[1] DOBROWSKI S Z, PUSHNIK J C, ZARCO-TEJADA P J, et al. Simple reflectance indices track heat and water stress-induced changes in steady-state chlorophyll fluorescence at the canopy scale[J]. Remote Sensing of Environment, 2005,97(3): 403-414.

[2] GONTARD N, THIBAULT R, CUQ B, et al. Influence of relative humidity and film composition on oxygen and carbon dioxide permeabilities of edible films[J]. Journal of Agricultural and Food Chemistry, 1996, 44(4):1064-1069.

[3] JACKSON R D, SLATER P N, PINTER JR P J. Discrimination of growth and water stress in wheat by various vegetation indices through clear and turbid atmospheres[J]. Remote Sensing of Environment,1983, 13(3):187-208.

[4] JENNER C F. Effects of exposure of wheat ears to high temperature on dry matter accumulation and carbohydrate metabolism in the grain of two cultivars Ⅰ: immediate responses[J]. Functional Plant Biology, 1991,18(2):165-177.

[5] LI Y, CHEN H, ZHANG Y, et al. NDVI and RVI-based dry hot wind comparative monitoring research [A]. GOLDBERG M, CHEN J, KHANBILVARDI R. Proceedings of Land Surface and Cryosphere Remote Sensing Ⅳ[C]. Washington, USA: SPIE Press, Inc., 2018, 10777: 87-94.

[6] PENUELAS J, FILELLA I, BIEL C, et al. The reflectance at the 950~970 nm region as an indicator of plant water status[J]. International Journal of Remote Sensing, 1993,14(10): 1887-1905.

[7] PEÑUELAS J, FILELLA I. Visible and near-infrared reflectance techniques for diagnosing plant physiological status[J]. Trends in Plant Science, 1998,3(4):151-156.

[8] SHAH N H, PAULSEN G M. Interaction of drought and high temperature on photosynthesis and grain-filling of wheat[J]. Plant and Soil,2003,257(1):219-226.

[9] ZHANG J, KIRKHAM M B. Drought-stress-induced changes in activities of superoxide dismutase, catalase, and peroxidase in wheat species[J]. Plant and Cell Physiology, 1994, 35(5): 785-791.

[10] 北方十三省(市)小麦干热风科研协作组. 小麦干热风伤害机理的研究[J]. 作物学报,1984, 10(2): 105-112.

[11] 程勇翔,王秀珍,郭建平,等. 农作物低温冷害监测评估及预报方法评述[J]. 中国农业气象, 2012, 33(2): 297-303.

[12] 丛建鸥,李宁,许映军,等. 干旱胁迫下冬小麦产量结构与生长、生理、光谱指标的关系[J]. 中国生态农业学报, 2010, 18(1): 67-71.

[13] 邓振镛,张强,倾继祖,等. 气候暖干化对中国北方干热风的影响[J]. 冰川冻土, 2009,(4): 664-671.

[14] 贺可勋,赵书河,来建斌,等. 水分胁迫对小麦光谱红边参数和产量变化的影响[J]. 光谱学与光谱分析, 2013, 33(8): 2143-2147.

[15] 李菁,王连喜,沈澄,等. 几种干旱遥感监测模型在陕北地区的对比和应用[J]. 中国农业气象, 2014, 35(1): 97-102.

[16] 李颖,韦原原,刘荣花,等. 河南麦区一次高温低湿型干热风灾害的遥感监测[J]. 中国农业气象,2014,35(5):593-599.
[17] 刘静,马力文,张晓煜,等. 春小麦干热风灾害监测指标与损失评估模型方法探讨——以宁夏引黄灌区为例[J]. 应用气象学报,2004,15(2):217-225.
[18] 刘静,张学艺,马国飞,等. 宁夏春小麦干热风危害的光谱特征分析[J]. 农业工程学报,2012,28(22):189-199.
[19] 沈斌,房世波,高西宁,等. 基于MODIS的雪情监测及其对农业的影响评估[J]. 中国农业气象,2011,32(1):129-133.
[20] 史印山,尤凤春,魏瑞江,等. 河北省干热风对小麦千粒重影响分析[J]. 气象科技,2007,35(5):699-702.
[21] 孙本普,王勇,李秀云,等. 气候条件对冬小麦千粒重的影响[J]. 麦类作物学报,2003,23(4):52-56.
[22] 王勇,马廷蕊,赵刚,等. 遮荫补灌提高陇东旱塬区小麦对干热风的抗逆适应[J]. 灌溉排水学报,2013,32(2):78-80.
[23] 尤凤春,郝立生,史印山,等. 河北省冬麦区干热风成因分析[J]. 气象,2007,33(3):95-100.
[24] 张乐乐. 基于风云三号卫星数据的河南麦区干热风灾损评估模型研究[D]. 郑州:郑州大学,2018.
[25] 张伟伟,何春梅,张举仁. 转betA基因增强小麦的干热风抗性[J]. 作物学报,2011,37(8):1315-1323.
[26] 赵风华,居辉,欧阳竹. 干热风对灌浆期冬小麦旗叶光合蒸腾的影响[J]. 华北农学报,2013,28(5):144-148.
[27] 赵俊芳,赵艳霞,郭建平,等. 过去50年黄淮海地区冬小麦干热风发生的时空演变规律[J]. 中国农业科学,2012,45(14):2815-2825.
[28] 全国农业气象标准化技术委员会. 小麦干热风灾害等级:QX/T 82—2019[S]. 北京:气象出版社,2019.
[29] 朱玉洁,杨霏云,刘伟昌,等. 利用作物模型提取小麦干热风灾损方法探讨[J]. 气象与环境科学,2013,36(2):10-14.

第7章 高光谱遥感技术在农业中的应用

7.1 研究背景

相对于传统的低光谱分辨率的遥感技术，高光谱遥感在农业气象中有了更为广泛的应用，主要体现在以下几个方面：①地物的分辨识别能力大大提高，并且可以区别属于同一种地物的不同类别，这在传统的低光谱分辨率遥感中是不容易实现的。同时，由于成像光谱的波段变窄，可选择的成像通道变多，使得"异物同谱"与"同谱异物"的现象减少，只要波段的选择与组合恰当，一些地物光谱空间混淆的现象可以得到极大的控制，这无疑为进一步的分析提供了最为可靠的保证。②成像通道大大增加，使得在处理不同应用的分析中，光谱的可选择性变得灵活和多样化，这极大地增加了可以通过遥感手段进行分析的目标物的数量，如不同树种的识别、不同矿物的识别，使遥感技术应用的范围扩大。③由于光谱空间分辨率的提高，使得原先不可进行的应用方向成为可能，如生物物理化学参数的提取，利用高光谱数据进行有关植被叶绿素a、木质素、纤维素等生化分析，取得了较好的结果，为遥感技术的应用提供了新的研究方向。④使遥感定性分析向定量或半定量的转化成为可能，传统成像遥感技术主要的应用是以定性化的分析为主，部分定量分析结果的精度并不理想，这显然是由于成像传感器的光谱和空间分辨率、大气与土壤背景的干扰等限制有关，高光谱分辨率成像遥感首先突破了光谱分辨率这一个限制，在光谱空间很大程度上抑制了其他干扰因素的影响，这对于定量分析结果精度的提高有很大的帮助。基于以上优势，高光谱遥感已经被广泛应用在农业气象中，特别是作物长势评估、灾害监测和农业管理等方面，利用高光谱遥感数据能准确地反映田间作物本身的光谱特征以及作物之间光谱差异，可以更加精准地获取一些农学信息，如作物含水量、叶绿素含量、叶面积指数等生态物理参数，从而方便地预测作物的长势和产量。但目前大多数研究是基于地物光谱仪，通过不同方法获得光谱敏感波段，构造特征光谱参量或改进植被指数，建立作物长势诊断的高光谱遥感监测模型。一方面，由于作物光谱反射率与生态生理参数受不同生态区域、不同栽培条件及不同生长发育阶段的影响，存在一定差异。在不同生育时期内，大田观测视场内作物冠层结构和背景信息也在不断的变化，诸多因素导致在不同发育阶段所构建的植被指数对作物生态生理参数的敏感程度不同，最终导致遥感监测模型的稳定性和重演性也受局限。另一方面，这类研究限于点尺度，难以扩展到大面积监测和评估。目前，已有国内外学者开展机载成像高光谱遥感在农业气象中的研究，取得了一定的成效，但机载成像高光谱遥感也存在很多问题：①成本高；②地形、水汽、气溶胶等因素对光谱信息产生影响，造成误差；③反演结果受低信噪比、大气扰动和混合像元的影响而精度降低。卫星高光谱相关研究较少，主要是因为卫星高光谱目前数据源较少，空间分辨率较低。

综上所述,对比分析地面、航空和卫星高光谱技术及其应用,地面便携式高光谱测量信噪比高,作业简单,适合于小面积的研究,可以通过科学的采样方法获得区域上的光谱数据。机载成像高光谱测量系统可以获取图谱合一的高光谱数据,信噪比较地面的光谱数据低,适合于较大面积的区域性监测和分析。卫星高光谱数据源较少,空间分辨率一般低于机载成像高光谱数据。基于以上分析,地面、机载、卫星高光谱各有优劣。目前,农业高光谱遥感主要聚焦在作物生物生化参量反演、农业生产监测、农情信息监测等方面,未来农业高光谱遥感将在实验室近景高光谱技术、"航空"多角度高光谱遥感、航天高光谱遥感、结合AI技术的高光谱图像分析等方面得到快速发展。

7.2 高光谱遥感介绍

高光谱遥感平台包括卫星、航空和地面,地面高光谱遥感又根据是否成像分为成像光谱仪(如 pushbroom imagingspectrometer, PIS)与地物光谱仪(如 FieldSpec ProFR2500, ASD)。

地物光谱仪一般为便携式光谱仪,常用的 ASD HandHeld 2(美国)光谱仪,其波长范围为 325~1 075 nm,光谱采样间隔约 1.5 nm。使用 ASD 光谱自带的 ViewSpecPro 程序计算采集到的作物冠层光谱反射率,通过作物参数和光谱反射率特征变量进行相关分析获取作物特征。

自 20 世纪 80 年代 JPL 实验室提出高光谱遥感概念并研制出第一台成像光谱仪以来,世界上一些发达国家,如美国、加拿大、澳大利亚和欧盟等在研究和发展高光谱遥感技术方面展开了大量的工作。已经研制出了覆盖不同光谱波段、不同空间分辨率及不同平台的高光谱遥感技术体系。经过世界各国遥感科学家的不断努力和大量探索研究,高光谱遥感平台从卫星、航空到地面都有突破性进展。

7.2.1 卫星平台

20 世纪 90 年代中期,以美国为首的发达国家投入巨资发展星载高光谱成像技术,到目前为止已经发射了数颗星载高光谱卫星,德国、芬兰也在加紧研制自己的高光谱卫星。因为卫星平台处于数百千米外的太空,所以以卫星为平台的高光谱成像的成像仪很难兼顾分辨率和视场角。目前主要分为两类:一类是高空间分辨率,小视场角,典型的有美国 NEMO 卫星上的 Hyperion、欧洲航天局的 CHRIS 及中国的高分;另一类是中等分辨率,大视场角,如美国的 LAC、欧洲的 MERIS。

7.2.2 地面成像

地面成像光谱仪在国外起步较早,并取得了诸多应用成果,其中有以线阵探测器为基础的光机扫描型,有以面阵探测器为基础的固态推扫型,也有以面阵探测器加光机的并扫型。目前,国外一些公司和研究机构专门从事这种设备的研制,如芬兰的 Spectral Imaging Ltd 公司、美国的 Resonon 和 Surface Optics Corporation 公司等。在国内有中国科学院遥感应用研究所研制的地面成像光谱辐射测量系统(FISS)及中国科学院上海技术物理研究所研制的搭载在嫦娥三号上的月面高光谱成像仪。

7.2.3 航空平台

在航空高光谱遥感方面，从 1983 年世界第一台成像光谱仪 AIS-1 在美国研制成功以后，许多国家先后研制了多种类型的航空成像光谱仪。如美国的 AVIRIS、加拿大的 CASI、澳大利亚的 HyMap、芬兰的 Aisa(Aisa FENIX)及中国的 PHI 等。航空平台的高度一般为 10 km 以内，所以搭载的高光谱成像仪的瞬时视场一般小于卫星平台上的。与其他遥感平台相比，轻小型无人机有着无可比拟的诸多优点，如适应性好、成本低廉、高时间分辨率以及航线自由等。进入 21 世纪，随着分光技术、导航技术以及微型计算机技术的不断发展，国内外一些研究机构开展了以轻小型无人机为平台的高光谱成像技术的研究。

美国 Headwall 公司，在 2011 年研制了适用于轻小型无人机的高光谱成像系统 Micro-Hyperspec VNIR，该成像仪质量仅为 0.97 kg。西班牙的研究机构 IAS-CSIC 使用该高光谱成像仪，成功获取了基于固定翼无人机的低空遥感高光谱数据。从试验结果可以看出，经过几何校正，目标的几何信息基本得到恢复，获得了较高质量成像数据。目前，我国无人机高光谱成像技术已经得到了广泛的应用。陶惠林等以冬小麦为研究对象，获取了不同生育期的无人机高光谱影像，进行冬小麦长势监测，提升了监测精度。于丰华基于无人机高光谱遥感进行了东北粳稻生长信息反演建模研究。

7.3 高光谱遥感技术在农业中的应用

7.3.1 作物叶面积指数的高光谱遥感监测研究

叶面积指数(leaf area index，LAI)与植物的蒸腾作用、光合作用、降水截获、净初级生产力等密切相关。因此，实时、快速、无损地监测作物叶面积指数的动态变化、作物群体的长势信息、产量预测及病虫害监测等都具有重要意义。

Wiegand 等和 Bunnik 早在 20 世纪 70 年代就对叶面积指数与植被光谱特征展开研究。在此基础上，大量科学家通过光谱反射特征，构建植被指数，如归一化植被指数(NDVI)、比值植被指数(RVI)等，并将其应用于水稻、玉米、棉花、花生等作物 LAI 的监测研究，为高光谱监测作物 LAI 奠定基础。Haboudanea 等、Darvishzadeh 等通过不同方法降低土壤背景对高光谱反射率的影响，分析高光谱反射率与 LAI 的相关性，建立 LAI 高光谱遥感反演模型。冯伟等指出小麦 LAI 与光谱反射率在可见光波段(590～710 nm)和近红外波段(745～1 130 nm)具有较好的相关性。梁亮等通过分析红边归一化指数($NDVI_{705}$)、修正红边归一化指数($mNDVI_{705}$)等 18 种高光谱植被指数，采用优化型土壤调节指数(OSAVI)建立了小麦 LAI 高光谱遥感反演模型。林卉等从 21 种高光谱指数筛选了优化型土壤调节指数(OSAVI)并建立了小麦 LAI 值反演的最小二乘支持向量回归(LS-SVR)模型。

7.3.2 作物生物量的高光谱遥感监测研究

作物生物量是反映作物地上部长势状况的重要指标，是作物重要的生态生理参数之一,与作物群体的净初级生产力和最终产量密切相关。因此,通过高光谱遥感技术对作物群体或个体生物量的动态监测具有重要意义。自从高光谱遥感技术应用于农业生产和科研领域以来,已有许多科学家利用植被光谱特征开展对生物量的遥感监测。Hansen等研究指出对565 nm和708 nm进行归一化处理后能较好地反演小麦地上部生物量。王大成等报道利用人工神经网络方法能显著提高小麦生物量诊断的准确性。国内学者也通过不同的手段获得作物光谱反射率,并对作物生物量展开预测。冯伟等报道以RVI(810、560)、红边光谱比值植被指数(VOG2)和修正型简单比值植被指数(MSR_{705})等光谱参量为变量可以很好地对冬小麦叶干重进行遥感监测。付元元等将波段深度分析和偏最小二乘回归两种方法相结合能精确估算冬小麦生物量,同时又克服了生物量较大时的样本饱和问题。

7.3.3 作物产量的高光谱遥感监测研究

作物产量是粮食供需平衡和农业政策制定的重要依据。因此,在作物生产中,准确预测大面积粮食作物产量受到农业部门的广泛关注。遥感测产是通过遥感技术对作物群体长势信息的遥感监测,建立作物产量监测模型,进而实现对作物产量的预测。通过遥感技术进行作物估产能够对大面积作物产量进行预报,同时对不同区域范围及不同栽培条件下的作物产量变异状况进行客观评价。所以,准确的预测作物产量信息倍受关注。

国外学者早在20世纪末已经对遥感估测作物产量进行了阐述,指出遥感技术的作物产量预测是行之有效的手段,且有比较理想的预测结果。近年来,许多学者通过不同手段对高光谱反射率和小麦产量进行了研究,明确关于小麦产量的一些敏感光谱波段和植被指数,同时建立了小麦产量的高光谱遥感监测模型。冯伟等通过大田试验分析小麦冠层光谱参数与籽粒产量的定量关系,建立了基于拔节—成熟期特征光谱指数和灌浆前期高光谱参数累计值的小麦产量预测模型。曹学仁等指出近红外波段光谱反射率($R_{760-850}$)和差异化植被指数(DVI)与灌浆期小麦千粒重、产量具有较高的相关系数,可以建立有效的冬小麦产量高光谱遥感估算模型。薛利红等分析了比值植被指数(RVI)、垂直植被指数(PVI)、归一化植被指数(NDVI)等植被指数与水稻籽粒产量的相关性,基于叶面积氮指数建立了水稻的植被指数—累积叶面积氮指数—产量估测模型。

7.3.4 作物籽粒蛋白质含量的高光谱遥感监测研究

小麦籽粒蛋白质含量是决定小麦品质的主导因素之一,其不仅与遗传基因型有关,而且受生态环境(温度、光照、土壤、水肥)等条件限制。传统的籽粒蛋白质含量监测通过成熟期或采收后室内化学分析,费时费工。农业遥感技术通过对作物群体冠层光谱反射特征的探索,可以在较大区域内快速、无损地获取作物长势信息,是现代农业生产管理中农业信息获取的重要途径,科学家们正在尝试通过这一高新技术实现对作物品质的监测,试图为作物水肥调控开辟新的道路。

19世纪末,国外科学家们就已经开始关注并通过高光谱遥感技术展开对小麦籽粒蛋白质含量的研究。Fernandez等通过研究小麦籽粒蛋白质与冠层光谱反射率指出,籽粒蛋白质含量的敏感波段在绿光、红光及近红外波段均有存在。Dennis等研究认为可以通过小麦生育中期植株氮素状况对成熟期籽粒蛋白质含量进行预测。卢艳丽等通过分析冬小麦冠层叶绿素含量与籽粒蛋白质含量及特征光谱参量的定量关系,指出可以利用叶绿素含量差值及560 nm反射峰深度(P-Depth 560)实现对冬小麦籽粒蛋白质含量的监测。前人多通过高光谱参数与生态生理参数的直接或间接关系,建立籽粒蛋白质含量的高光谱遥感监测模型。但是由于作物在不同生长发育阶段、不同营养胁迫条件下生态生理参数或冠层光谱反射率都存在一定差异,因此有必要对不同生育时期作物生态生理参数与冠层光谱反射率及籽粒蛋白质含量间的定量关系进行分析,探索影响三者之间差异的因素,进而建立具有更好预测精度的监测模型。

7.3.5 作物氮素营养的高光谱遥感监测研究

氮素营养是作物生长的重要大量元素之一,对作物群体长势、产量及品质形成都有重要作用。了解作物氮素营养动态变化,建立作物氮素含量的高光谱遥感监测模型,准确监测并诊断作物氮素营养状况,评价作物长势,是实现氮肥优化管理的前提。因此,氮素遥感诊断一直是作物遥感监测研究的重点领域。

自20世纪末,国外学者已经通过高光谱遥感技术对不同农作物氮含量展开研究。Lee等指出红边位置与短波近红外波段的比值预测对棉花(Gossypium spp)叶片氮素浓度具有较高的监测精度。Hansen等指出基于归一化植被指数(NDVI)可以监测冬小麦氮素状况。绿素指数(CI green)和红边叶绿素指数(CIred-edge)和叶片含氮量的相关性。国内对高光谱遥感研究相对起步较晚。李映雪等利用NDVI和红边位置预测冬小麦叶片含氮量,精度达到0.8以上。朱艳等提出NDVI与冬小麦叶片氮含量极显著相关;冯伟等研究指出基于修正归一化指数(mND_{705})、红边面积类参数(REIPLE)可以有效监测小麦的氮含量。梁亮等通过高光谱指数—微分归一化氮指数(FD-NDNI)估算冬小麦氮含量。翟清云等认为NDSI、差值光谱指数(DSI)和比值光谱指数(RSI)能很好地估测沙土、壤土和黏土上小麦叶片氮含量。

7.4 冬小麦越冬中期冻害高光谱敏感指数研究

7.4.1 引言

冬小麦越冬期冻害是小麦越冬休眠期至早春萌动期受较长时间0 ℃以下强烈低温或剧烈变温造成的伤害,在全球小麦种植区内经常出现,是冬小麦生产的主要气象灾害之一。黄淮平原是重要的小麦产地,也是国家粮食丰产科技工程主要实施示范区,其种植面积和产量均占全国的30%以上,为缓解国家粮食供需紧张的局面做出了积极贡献。但冻害作为黄淮平原小麦生产的主要农业气象灾害之一,给小麦高产、稳产带来较大影响。以往研究多针对冬小麦拔节期晚霜冻害、低温冷害等,在冻害防御措施、灾后恢复、危害机制、实地调查等方面取得了许多研究成果,但有关冬小麦越冬期冻害的研究较少。

现有的小麦冻害监测方法包括调查分析法、统计分析法和遥感监测法。调查分析法是根据各台站地面最低温度绘制等值线图,结合田间抽样调查和小麦发育状况,根据冻害指标估算冻害发生情况;统计分析法的核心是构建统计判别方程或建立回归方程来判识冻害,如李俊芬等用二级分辨法对多年小麦越冬气候条件进行统计分析。这两种方法属传统的冻害监测方法,无法准确确定大范围冻害发生的时空变化特征,无法实现对冻害的大面积精确监测和统计。遥感具有宏观、客观、快速、及时的特点,随着近年来遥感技术的不断成熟,基于遥感技术和高分辨率卫星资料的冻害监测方法成为冻害研究的主流。目前,遥感监测冻害的方法主要有两类:一是反演地表温度,其中有些是利用遥感资料反演地面最低温度,有些是利用遥感监测与气象预报相结合监测冻害,或利用 NOAA 数据反演地面温度,结合生育期资料,实现冻害监测和估算,有些人将遥感资料和统计方法结合,通过建立 NOAA-AVHRR 亮温数据与气象站点最低气温资料的线性回归关系,实现冻害监测和估算。这些研究的技术核心均是遥感反演地面温度方法。这种方法虽然可以实现大面积监测作物冻害,但地面温度不是作物冻害发生的唯一因素,还有作物类型、积温、发育期等。二是基于灾前灾后归一化植被指数变化表征冻害程度。杨邦杰等在作物不同发育期利用 NOAA-NDVI 数据突变特征,并结合地面气象数据监测了冻害的发生;Feng 等基于 MODIS-NDVI 恢复率和冬小麦产量相关性评估霜冻害程度。但 NDVI 受多种因素影响,可能并非冻害监测的最佳指数。目前,利用高光谱数据进行农作物长势监测和估产的研究较多,杨智等基于田间试验,在比较小麦冠层多光谱和高光谱反射特征的基础上,讨论了不同生育期冠层反射光谱参数与小麦产量及产量构成因素的定量关系。王进等基于新疆棉花生长发育规律对棉花各生育期冠层进行高光谱反射率的测定,研究不同灌水量、氮素营养条件及品种对棉花冠层光谱反射特性的影响,但针对冬小麦冻害后的高光谱特征及生理生态参数的研究还少见报道。

叶绿素含量是衡量作物光合能力的重要指标。极端气候特别是温度的变化,会影响叶绿素的合成情况,影响叶绿素含量,尤其是在轻度冻害发生情况下,作物根系无法吸水,叶绿素含量会发生明显变化,冻害严重时细胞内生物膜系统崩溃,叶绿体破裂,叶绿素降解将使叶绿素含量发生急剧变化,因而可以通过对叶绿素含量变化的监测,对冻害发生程度进行评估。因此,引起叶绿素变化的敏感光谱指数可以作为冻害监测的敏感指数。

本书拟通过冬小麦盆栽试验,对冬小麦冻害过程进行人工地面观测、光谱仪观测、叶绿素测定等,研究冻害与光谱特征间的关系,以期找到冬小麦冻害高光谱敏感波段和指数,为遥感监测冻害提供科学依据。

7.4.2 资料与方法

7.4.2.1 冻害试验

试验在郑州农业气象试验站进行。供试小麦品种为偃展 4110,弱春性、早熟,为河南省种植面积较大的代表性品种,适宜在全省范围种植。2012 年 10 月 15 日播种,常规管理。据地面观测,12 月 19 日冬小麦进入越冬期。越冬中期 2013 年 1 月 15 日从大田移栽装盆,盆大小为 30 cm(长)×20 cm(宽)×25 cm(高)。尽量整块移植,以减少对根系的破坏。1 月 22 日 17:00 将盆栽苗移入试验箱(BPHJS-120A 高低温湿热试验箱,可控温度为 −20~85 ℃)进行低温处理,1 月 23 日 10:00 搬回大田环境中,17:00 再移入,次日 10:00 再搬回,如此连续处理 3 d。试验箱温度变化模拟真实降温过程,设最低温 −11 ℃(T1)和

−16 ℃(T2)两个处理,温度变化过程见表 7-1,尽量保持试验箱内空气湿度和土壤湿度与大田一致。每个处理 3 盆,作为重复组,同时 3 个盆栽一直放于大田中,作为对照(CK)组。

表 7-1　17:00 至次日 10:00 试验箱温度设置　　　　　　　　单位:℃

处理	17:00	18:00	19:00	20:00	21:00	22:00	23:00	0:00	1:00
T1	−1.0	−1.2	−1.4	−1.8	−2.5	−3.5	−4.7	−6.0	−7.3
T2	−6.0	−6.2	−6.4	−6.8	−7.5	−8.5	−9.7	−11.0	−12.3
处理	2:00	3:00	4:00	5:00	6:00	7:00	8:00	9:00	10:00
T1	−8.5	−9.5	−10.3	−10.8	−11.0	−10.8	−10.3	−9.5	−8.5
T2	−13.5	−14.5	−15.3	−15.8	−16.0	−15.8	−15.3	−14.5	−13.5

根据以往研究,越冬期最低气温达到 −10~−8 ℃ 时冬小麦出现轻冻害,低于 −11 ℃ 时冬小麦出现中度冻害,本书研究设置 −11 ℃ 和 −16 ℃ 两种条件以确保冻害发生,以便观测冻害后冬小麦植株的光谱特征。观测显示,T1 处理样本大部分叶片约 1/3 为水渍状,以后逐渐干枯。T2 处理样本大部分叶片约 1/2 为水渍状,以后逐渐干枯。T1 处理冻害程度轻于 T2 处理,对照组未发生冻害,正常生长。

7.4.2.2　光谱反射率和叶绿素测定

低温处理前,于 1 月 22 日利用 GER1500 便携式光谱仪测量各盆植株的光谱数据,用 SPAD-502 叶绿素仪测量叶片叶绿素相对含量或绿度值(SPAD);低温处理后,选择典型晴天分别于 2 月 2 日、19 日、22 日、25 日,3 月 1 日、7 日、15 日和 27 日测定光谱数据,并测定相应叶绿素含量,1 月 24 日、26 日和 28 日由于天气原因,仅测叶绿素含量。

GER1500 便携式光谱仪测量范围为 350~1 050 nm,512 个通道,波长精度为 1.5 nm,视场角 23°。选择晴朗无云的天气,在 10:00~14:00 进行观测,以确保有足够的太阳高度角。在输出光谱数据设置项中,每条光谱的平均采样次数设为 10,同一目标的观测次数(记录的光谱曲线条数)为 5,取均值。测量叶绿素时,用 SPAD-502 叶绿素仪测量每株同部位叶片的叶尖处、中部和叶鞘处的叶绿素含量,取其均值。

7.4.2.3　分析方法

在 Excel 中进行光谱反射率的倒数对数、一阶导数、二阶导数变换以及高光谱特征变量的计算,利用 SPSS 统计软件进行叶绿素含量和光谱变换指数及变量的相关分析。随机把样本分为训练样本和验证样本,建立叶绿素含量与高光谱变量的拟合模型,并采用均方根误差(RMSE)评价模型的模拟效果,RMSE 值越小,说明模拟越能反映实际情况。

7.4.3　结果与分析

7.4.3.1　冻害处理前后叶绿素含量和光谱的变化特征

由图 7-1 可知,低温处理前,1 月 22 日所测各处理叶绿素含量基本一致,24 日冻害处理过程中,T1(−11 ℃)、T2(−16 ℃)冻害处理的植株叶绿素含量下降,CK 组植株叶绿素含量则上升,冻害处理结束后的 26 日、28 日 T1 略有上升,T2 先下降后上升,说明轻度或中度胁迫下叶绿素呈先升后降变化趋势。3次低温处理结束后第3天(1月28日),植株虽受到一定程度的冻害,各处理叶片中的叶绿素含量均略有下降但变化差异不显著;此后,从2月2日开始低温处理的植株叶片叶绿素含量迅速下降,T2处理比T1处理下降更快,而CK组叶绿素含量变化不大,各处理间叶绿素含量差异显著($P<0.01$),至3月27日观测结束(即受冻后第32天),T1处理叶片叶绿素含量为CK组的84.2%,T2仅为CK组的57.4%。可见,受冻后样本叶绿素含量明显下降,且冻害越重下降越多,叶绿素含量的变化可一定程度上反映冻害程度。

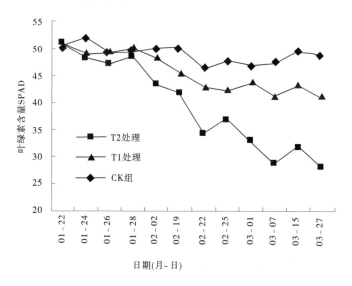

注:01-22为低温处理前;01-24为低温处理期间;01-26起为低温处理后。

图 7-1　不同处理叶绿素含量的变化

由图7-2可见,T1处理、T2处理、CK组的光谱反射率在可见光波段(400~750 nm)均有两个弱反射区和一个小反射峰,在近红外波段(750~1 000 nm),T1处理、T2处理、CK组的反射光谱都有一个反射高台,这是因为细胞内海绵组织和细胞间隙结合水多次反射的结果,该波段的反射率下降说明叶片细胞受损。因此,植株冠层反射光谱的变化能反映生境变化对叶片叶绿素和叶细胞组织的影响。

由图7-2(a)可见,低温处理前(1月22日)光谱基本一致;由图7-2(b)可见,在低温处理后24 d(2月19日)光谱呈现明显差异,T2处理的样本在可见光波段反射率高于T1处理和CK组,在近红外波段反射率低于T1处理和CK组,说明T2处理的植株叶片细胞较T1处理的植株受损严重,T1处理的植株叶片细胞也有一定受损,光谱波段反射率变化与叶绿素含量变化基本一致。

7.4.3.2　叶绿素含量与光谱的相关性分析

导数变换可以减弱或消除背景、大气散射的影响,提高不同吸收特征的对比度,反映由于植被中生化物质的吸收引起的波形变化,并揭示光谱峰值的内在特征。因此,可以利用导数光谱建立生化组分与反射光谱间的关系,估算植被内部生化组成及其含量的信息。另外,原始光谱的倒数经对数变换后也可以反映地物的吸收特征。因此,考虑到冻害对叶

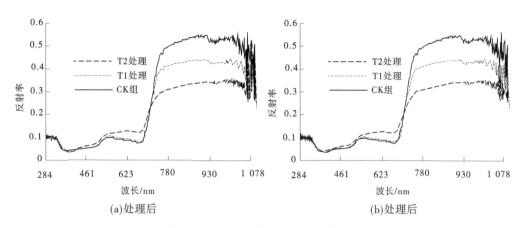

图 7-2 低温处理前后的叶片光谱特征

片中的叶绿素含量及其内部机械结构的影响,本书研究利用各处理叶片的高光谱反射率(ρ)及其倒数对数[$\lg(1/\rho)$]、一阶导数($\mathrm{d}_\rho/\mathrm{d}_\lambda$)和二阶导数($\mathrm{d}_\rho^2/\mathrm{d}_\lambda^2$)与叶绿素含量进行相关分析,结果见图 7-3。

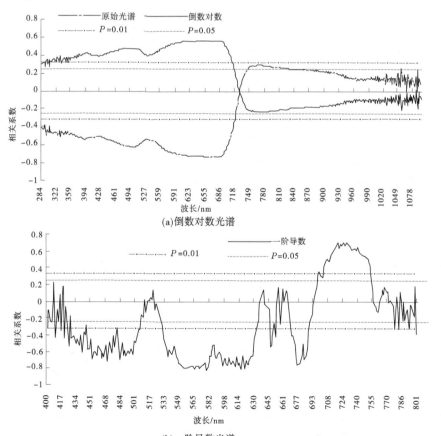

图 7-3 叶绿素含量与高光谱反射率及其倒数对数、一阶导数和二阶导数的相关系数

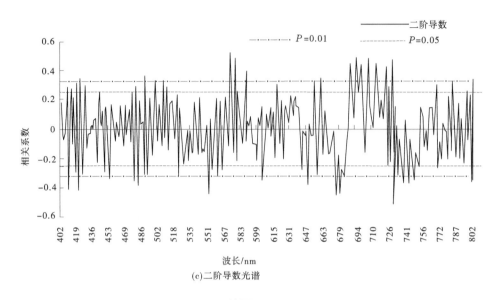

(c) 二阶导数光谱

续图 7-3

由图 7-3 可见,在可见光范围内,叶绿素含量与原始光谱反射率呈负相关,在近红外范围内呈正相关,表明叶绿素含量越高,可见光波段内的光谱反射率越低,而近红外的光谱反射率越高,倒数对数光谱则相反。一阶导数光谱在 500~800 nm 范围内与叶绿素含量的相关系数波动稍小,大部分波段相关性通过 0.01 水平显著性检验。二阶导数光谱相关系数波动较大,仅在 600~750 nm 范围内波动稍小,少部分波段相关性通过 0.01 水平的显著性检验。根据图 7-3 选取波段 684.92 nm 处倒数对数光谱、578.37 nm 处一阶导数光谱、571.93 nm 处二阶导数光谱作为冻害后光谱变化敏感波段,这些波段与叶绿素含量的相关系数均通过 0.01 水平的显著性检验,且相关系数最大。

7.4.3.3 叶绿素含量与高光谱特征变量间的相关性分析

1. 高光谱特征变量

常见的高光谱特征变量有基于高光谱位置变量、面积变量和植被指数变量三种类型,其中基于光谱位置的变量有蓝边幅值(D_b)和蓝边位置(λ_b),即波长 490~530 nm 范围内一阶导数光谱中的最大值及其对应的波长位置(nm);黄边幅值(D_y)和黄边位置(λ_y),即波长 560~640 nm 范围内一阶导数光谱中的最大值及其对应的波长位置(nm);红边幅值(D_r)和红边位置(λ_r),即波长 680~760 nm 范围内一阶导数光谱中的最大值及其对应的波长位置(nm);绿峰反射率(R_g)和绿峰位置(λ_g),即波长 510~560 nm 范围内最大的波段反射率及其对应的波长位置(nm);红谷反射率(R_r)和红谷位置(λ_b)即波长 650~690 nm 范围内最小的波段反射率及其对应的波长位置(nm)。

基于光谱面积变量有蓝边面积(S_{D_b})、黄边面积(S_{D_y})和红边面积(S_{D_r}),分别为蓝边、黄边和红边波长范围内一阶导数波段值的总和,以及绿峰面积(S_{D_g}),即在波长 510~560 nm 范围内原始光谱曲线所包围的面积。

基于光谱植被指数的变量有 R_g/R_r(VI_1),即绿峰反射率 R_g 与红谷反射率 R_r 的比值指数，$(R_g - R_r)/(R_g + R_r)$（VI_2）即绿峰反射率 R_g 与红谷反射率 R_r 的归一化指数，S_{D_r}/S_{D_b}（VI_3）即红边面积 S_{D_r} 与蓝边面积 S_{D_b} 的比值指数，S_{D_r}/S_{D_y}（VI_4）即红边面积 S_{D_r} 与黄边面积 S_{D_y} 的比值指数，$(S_{D_r} - S_{D_b})/(S_{D_r} + S_{D_b})$（$VI_5$）即红边面积 S_{D_r} 与蓝边面积 S_{D_b} 的归一化指数，$(S_{D_r} - S_{D_y})/(S_{D_r} + S_{D_y})$（$VI_6$）即红边面积 S_{D_r} 与黄边面积 S_{D_y} 的归一化指数。

2. 相关性分析

利用 SPSS 统计软件计算叶绿素含量与各高光谱变量间的相关系数，结果见表 7-2。

表 7-2 叶绿素含量与高光谱变量间的相关系数

光谱变量类型	变量	描述	相关系数 R
位置变量	D_b	蓝边幅值	-0.21^*
	λ_b	蓝边位置	-0.12
	D_y	黄边幅值	-0.63^{**}
	λ_y	黄边位置	0.15
	D_r	红边幅值	0.37^{**}
	λ_r	红边位置	0.07
	R_g	绿峰反射率	-0.77^{**}
	λ_g	绿峰位置	-0.77^{**}
	R_r	红谷反射率	-0.79^{**}
	λ_b	红谷位置	0
面积变量	S_{D_b}	蓝边面积	-0.44^{**}
	S_{D_y}	黄边面积	-0.60^{**}
	S_{D_r}	红边面积	0.56^{**}
	S_{D_g}	绿峰面积	-0.76^{**}
植被指数变量	VI_1	R_g/R_r	0.74^{**}
	VI_2	$(R_g - R_r)/(R_g + R_r)$	0.74^{**}
	VI_3	S_{D_r}/S_{D_b}	0.83^{**}
	VI_4	S_{D_r}/S_{D_y}	-0.34^{**}
	VI_5	$(S_{D_r} - S_{D_b})/(S_{D_r} + S_{D_b})$	0.83^{**}
	VI_6	$(S_{D_r} - S_{D_y})/(S_{D_r} + S_{D_y})$	0.54^{**}

注：$*$ 和 $**$ 分别表示相关系数通过 0.05、0.01 水平的显著性检验。余同。

由表 7-2 可以看出，叶绿素含量与除蓝边幅值、蓝边位置、黄边位置、红边位置、红谷位置外的所有高光谱变量间的相关系数均通过 0.01 水平的显著性检验。其中，叶绿素含量与红边面积和蓝边面积构成的植被指数的相关系数大于 0.8。叶绿素含量与绿峰位置、绿峰面积、绿峰反射率和红谷反射率构成的植被指数之间的相关系数绝对值在 0.7~0.8。故根据表 7-2 选取 R_g、λ_g、R_r、S_{D_g}、VI_1、VI_2、VI_3、VI_5 这些相关系数大于 0.7 的变量作为估算模型的自变量。表明叶绿素含量与高光谱变量存在显著相关关系,能够建立模型通过光谱变量变化来估算叶绿素含量,从而揭示冬小麦发生的冻害程度。

7.4.3.4 叶绿素含量估算的敏感指数分析

1. 叶绿素含量估算的单变量模型

基于以上分析,选择 684.92 nm 处倒数对数光谱、578.37 nm 处一阶导数光谱、571.93 nm 处二阶导数光谱和 R_g、λ_g、R_r、S_{D_g}、VI_1、VI_2、VI_3、VI_5 参数,利用线性、对数、指数、二次函数模拟建立单变量叶绿素估算模型,方程均通过 0.05 水平的显著性检验,其中二次函数模型的决定系数 R^2 较大且其回代计算的绝对误差值较小(见表 7-3)。

表 7-3 叶绿素含量与高光谱变量的拟合模型参数

变量	模型	a	b	c	R^2	F	RMSE
R_g	线性	70.88	−291.97		0.57**	75.72	7.54
	对数	−4.95	−20.06		0.44**	45.99	8.54
	二次函数	41.65	463.44	−4 321.97	0.71**	68.96	6.19
	指数	88.91	−8.19		0.51**	61.01	8.73
λ_g	线性	1 214.17	−2.11		0.68**	120.67	6.52
	对数	7 429.55	−1 169.30		0.67**	119.57	6.54
	二次函数	−0.17	185.58	−50 766.00	0.76**	121.77	6.50
	指数	1.06×10^{16}	−0.06		0.62**	96.16	7.65
R_r	线性	62.48	−233.88		0.73**	157.38	5.94
	对数	11.76	−11.93		0.48**	53.56	8.25
	二次函数	54.16	16.38	−1 420.41	0.80**	116.47	5.07
	指数	71.35	−6.77		0.70**	137.79	7.41
S_{D_g}	线性	70.13	−9.97		0.52**	61.54	7.97
	对数	61.42	−19.17		0.40**	39.18	8.84
	二次函数	40.59	17.49	−5.64	0.65**	53.30	6.75
	指数	86.47	−0.28		0.46**	48.90	8.98
VI_1	线性	26.21	13.21		0.31*	26.50	9.48
	对数	37.67	24.59		0.45**	47.02	8.50
	二次函数	−42.37	103.38	−26.30	0.68**	61.72	6.43
	指数	25.31	0.37		0.29*	23.30	10.48

续表 7-3

变量	模型	a	b	c	R^2	F	RMSE
VI_2	线性	37.34	53.29		0.47**	51.62	8.32
	二次函数	35.71	127.99	−213.46	0.73**	78.11	5.92
	指数	34.55	1.52		0.44**	45.91	9.75
VI_3	线性	24.77	1.85		0.53**	64.25	7.88
	对数	−6.41	22.35		0.721**	149.59	6.05
	二次函数	−12.07	9.01	−0.30	0.87**	192.38	4.11
	指数	24.43	0.05		0.47**	51.81	9.48
VI_5	线性	−58.31	128.38		0.82**	267.37	4.83
	对数	66.62	97.12		0.83**	291.65	4.66
	二次函数	−176.78	444.30	−207.60	0.84**	153.27	4.53
	指数	2.07	3.77		0.82**	255.83	6.12
$\lg(1/\rho_{684})$	线性	20.03	20.73		0.32*	26.75	9.46
	对数	40.88	27.46		0.41**	40.27	8.79
	二次函数	−90.95	214.35	−78.99	0.71**	69.39	6.17
	指数	20.35	0.62		0.33*	28.05	10.33
$d\rho_{578}/d\lambda_{578}$	线性	40.72	−33392.57		0.67**	116.49	6.60
	二次函数	43.90	−30017.57	−2.97×10^7	0.71**	68.52	6.20
	指数	37.80	−1009.25		0.70**	135.94	7.33
$d^2\rho_{571}/d^2\lambda_{571}$	线性	41.53	98314.04		0.26*	20.73	9.82
	二次函数	43.35	124993.52	−5.80×10^8	0.31*	12.52	9.54
	指数	38.74	2969.81		0.28*	22.13	10.24

注:线性方程:$y = a + bx$;对数模型:$y = a + b\ln x$;二次函数模型:$y = a + bx + cx^2$;指数模型:$y = ae^{bx}$。

2. 叶绿素含量估算的多元回归模型

由于农作物叶片中各种生化物质对应特定的光谱吸收特征是进行波段选择的基本依据。但这些化学成分相互混合在一起,彼此间加强或削弱了各自的吸收特征。因此,估测某一生化成分时只用单一波段是不够的,需要进行波段选择和重组。根据表 7-2 选择表 7-3 中的 11 个变量进行多元逐步回归分析,建立叶绿素的多元回归模型为

$$y = 355.161 + 160.323VI_5 - 0.980VI_3 - 387.09S_{D_b} - 0.746\lambda_g - 6.207VI_1$$
$$(R^2 = 0.901, P < 0.01, F = 98.341, RMSE = 3.79) \tag{7-1}$$

式中:y 为估算的叶绿素含量。

3. 对叶绿素含量估算敏感的光谱指数

由表 7-2 模型的 R^2 可以看出,单光谱变量建立的叶绿素估算各类模型中二次抛物线模型的 R^2 较大,其中 VI_3、VI_5 和 R_r 的抛物线模型 R^2 超过 0.8,拟合程度最高。同时从

表 7-3 中预测值的 RMSE 可以看出，VI_3 的 RMSE 值最小，其次是 VI_5，均小于 5。因此认为以 VI_3 为自变量的抛物线模型最优，其训练样本拟合与验证样本精度检验水平均最高，其次为以 VI_5 为自变量的抛物线模型。

综合多元逐步回归模型分析，对叶绿素含量估算敏感的光谱指数即反映冻害程度的光谱敏感指数为 VI_3 和 VI_5，可以根据实际情况选择应用或结合运用。

7.4.4 结论与讨论

各处理小麦叶片的光谱反射率在可见光波段（400~750 nm）均有两个弱反射区和一个小反射峰。因为叶绿素含量与该波段光谱变化直接相关，叶绿素含量越高，冠层吸收的蓝紫光和红光越多，反射率就越小，从而出现了绿峰和蓝紫光、红光两个弱反射区。

不同叶绿素含量的植株在高光谱波段的反射率曲线图上显现一致的走向，但各反射率值呈现明显差异。同时，不同波段与叶绿素含量的相关性差异很大，在可见光范围内，叶绿素含量与原始光谱反射率呈负相关，在近红外范围内呈正相关，倒数对数光谱则相反。杨勇等研究表明，随着叶绿素含量的变化，光谱反射曲线不像植株水分含量光谱反射率曲线一样发生上下移动，而发生上下伸缩变化，即叶绿素含量影响光谱反射曲线的红边参数。冯伟等研究了白粉病胁迫下小麦冠层叶绿素密度的高光谱估测模型，孟卓强等对高光谱数据与冬小麦叶绿素密度进行了相关性研究，均表明由营养水平差异引起的作物长势不同而导致叶绿素密度的差异，使光谱反射曲线差异很大，说明不同营养水平的植株叶绿素含量与光谱反射率具有一定相关性。在可见光波段内光谱反射率随叶绿素密度增加而降低，在近红外波段内光谱反射率随叶绿素密度增加呈上升趋势，与本书研究结果相符。

本书研究结果显示，一阶导数光谱大部分波段相关性通过 0.01 水平显著性检验，二阶导数光谱相关系数波动较大，仅少部分波段相关性通过 0.01 水平显著性检验。同时，由相关性得出冻害监测的敏感性波段 684.92 nm 处倒数对数光谱、578.37 nm 处一阶导数光谱、571.93 nm 处二阶导数光谱，这些波段和叶绿素之间的相关系数均通过 0.01 水平的显著性检验，且相关系数最大。其中，以倒数对数光谱为自变量的估算模型最优。原始光谱的倒数经对数变换后可以反映地物的吸收特征，导数光谱能去除背景噪声的影响，提高光谱数据与叶绿素密度的相关性。另外，对叶绿素含量与高光谱特征变量的相关性分析表明，叶绿素含量与 D_y、D_r、R_g、λ_g、R_r、S_{D_b}、S_{D_y}、S_{D_r}、S_{D_g}、VI_1、VI_2、VI_3、VI_4、VI_5、VI_6 间的相关性均通过 0.01 水平的显著性检验，其中叶绿素含量与红边面积和蓝边面积构成的植被指数的相关系数大于 0.8。叶绿素含量和绿峰反射率、绿峰位置、红谷反射率、绿峰面积，绿峰反射率与红谷反射率构成的植被指数之间的相关系数绝对值在 0.7~0.8。以 VI_3 或 VI_5 为自变量的抛物线模型最优，其训练样本拟合与验证样本精度检验水平均最高，认为 VI_3 和 VI_5 为冬小麦冻害监测的敏感指数。该结论与张永贺等研究结果相近。

本书研究通过冬小麦越冬中期的冻害盆栽试验，进行叶绿素含量和各种高光谱变量的相关性分析，找到了冬小麦冻害的高光谱敏感波段和指数。但仍存在以下问题：一是本书研究仅针对越冬中期进行，对越冬前期和越冬后期没有进行相关研究，不能把越冬中期的敏感波段或指数强加于其他发育期。二是得到高光谱敏感指数后，如何对其进行应用以便与遥感数据进行结合，今后还需进行相关尝试和研究，以尽快实现通过高光谱遥感资料反演指数对冻害进行精确监测。

7.5 冬小麦叶面积指数地面高光谱遥感模型研究

7.5.1 引言

叶面积指数(LAI)指单位地表面积上的绿色叶面积的倍数,是描述植物冠层功能过程的重要参量。传统地面测量 LAI 的方法不但具有破坏性,而且比较费时费力。遥感具有实时、迅速、长时间、大面积等特点,已成为估算 LAI 的主要技术手段。高光谱遥感数据拥有更多的波段和更高的波谱分辨率,能够提供精细化的光谱信息,具有简便快速、非破坏性等优点,并且能够将地面观测点数据转换为具有一定空间分辨率的面数据,目前被广泛应用。

关于叶面积指数的遥感估测已有大量研究,Bunnik 从应用遥感中证实了提取 LAI 的可能性;Wiegand 等最早研究了光谱特征与 LAI 之间的关系;白兰东等以辐射传输方程 PROSAIL 为基础,模拟不同观测天顶角和不同叶面积指数下的植被冠层光谱,建立基于多角度遥感的植被指数与叶面积指数的线性关系;黄敬峰等用红边参数建立了开花前以及开花后不同时期油菜叶面积指数的估算模型。但多数研究只是基于一定的参数和模型形式进行建模,没有考虑多种不同参数及模型形式并从中选择最优模型。杨福芹等首先引入灰色关联分析对所选取的植被指数进行比较,筛选出 LAI 最优估算模型。由于全生育期光谱特征会有不同程度的变化,如果用一种参数模型模拟整个发育期的叶面积指数,势必会降低模拟精度。辛明月等通过大田试验,选择光谱反射率及其变换形式和植被指数对 LAI 进行相关性分析及模拟,每个光谱数据形式均按分蘖—抽穗期及抽穗—成熟期建立水稻 LAI 的模拟模型。对于光谱分辨率是否能够提升 LAI 的模拟精度这个问题,刘轲等利用实测冬小麦冠层高光谱反射率数据,构建了不同光谱分辨率和波段组合的 5 种光谱数据,结果表明当波段选择恰当,输入参数不确定性较小时,光谱分辨率较高的数据表现出更优的 LAI 反演精度与稳定性。

综上所述,本书研究为获得 LAI 最优估算模型,在原始光谱基础上进行倒数对数、一阶导数、二阶导数变换,并选取基于高光谱位置变量、面积变量和植被指数变量的常见高光谱特征指数进行建模,和以往研究相比,光谱变量多样,模型覆盖面广,并通过模型精度比较从中选择出最优估算模型;另外目前黄淮地区冬小麦 LAI 模拟研究还未见分发育期建立模型,本书研究拟分拔节—孕穗、开花—乳熟期进行建模并进行模型的比较;最后为获得更优的 LAI 反演精度和稳定性,本书研究选择使用高光谱分辨率的便携式地物光谱仪(ASD)进行数据采集和分析。

7.5.2 材料与方法

7.5.2.1 **数据采集**

数据 1:试验地点定在荥阳大田区域,为保证代表性,选择连片区域在 500 m×500 m 的地段,分别在拔节—孕穗期(4 月 2 日和 4 月 6 日)和开花—乳熟期(4 月 26 日和 4 月

28日)进行数据采集。

拔节—孕穗期和开花—乳熟期分别在研究区域选择9个采样单元,其中好、中、差不同长势的各为3个,采样单元一般为30 m×30 m。在每个采样单元,选择具有代表性的、均匀的、无病虫危害的样本点3个,因此每个发育期样本数为27,在采样点进行以下测量:

(1)光谱测量:使用ASD便携式光谱仪(美国)进行冬小麦冠层反射光谱数据的采集,波长范围325~1 075 nm,光谱采样间隔约1.5 nm。注意尽可能覆盖1 m×1 m直径范围,要求覆盖范围和测量叶面积区域重叠。选择晴朗无云或少云的天气,在10:00~13:00进行测定。测点距冠层顶部垂直高度约1 m,每次测量设5次平均,每个采样点测定5条光谱反射曲线,取5条曲线的平均值作为该采样点的冠层反射率曲线图。测量前均用白板进行标定。

(2)叶面积指数测量:与光谱数据采集同步,使用LAI2200冠层分析系统(美国)对叶面积指数进行数据采集,测5次求平均值。

数据2:针对鹤壁地区,下载近期高分卫星资料(空间分辨率16 m),计算NDVI,找到连片冬小麦分布区域,根据实地调查的冬小麦长势进行NDVI分类,本书研究分为好、中、差三种类型。按照数据1中方法进行相关数据的采集,拔节—孕穗期和开花—乳熟期分别在研究区域选择9个采样单元,根据NDVI分类图选择好、中、差不同长势的各为3个,每个采样单元选择样本点3个,因此每个发育期样本数为27。

7.5.2.2 数据处理

1. 倒数对数、一阶导数和二阶导数的计算

对每个样点的冬小麦冠层反射率数据进行处理,计算相应的倒数对数、一阶导数和二阶导数。

倒数对数 $= \lg(1/\rho)$

一阶导数 $\rho'(\lambda_i) = \mathrm{d}\rho/\mathrm{d}\lambda^2 = [\rho(\lambda_i + 1) - \rho(\lambda_i - 1)]/2\Delta\lambda$

二阶导数 $\rho''(\lambda_i) = \mathrm{d}^2\rho/\mathrm{d}\lambda^2 = [\rho'(\lambda_i + 1) - \rho'(\lambda_i - 1)]/2\Delta\lambda$

式中,λ_i为每个波段的波长;$\rho'(\lambda_i)$为波长λ_i的一阶导数光谱;$\rho''(\lambda_i)$为波长λ_i的二阶导数光谱;$\Delta\lambda$为波长λ_{i-1}至λ_i的间隔。

2. 高光谱特征变量

常见的高光谱特征变量有基于高光谱位置变量、面积变量和植被指数变量三种类型,其中基于光谱位置的变量有蓝边幅值(D_b)和蓝边位置(λ_b)、黄边幅值(D_y)和黄边位置(λ_y)、红边幅值(D_r)和红边位置(λ_r)、绿峰反射率(R_g)和绿峰位置(λ_g)、红谷反射率(R_r)和红谷位置(λ_r)。基于光谱面积变量有蓝边面积(S_{D_b})、黄边面积(S_{D_y})、红边面积(S_{D_r})和绿峰面积(S_{D_g})。

基于光谱植被指数的变量如下:

$VI_1 = R_g/R_r$,即绿峰反射率R_g与红谷反射率R_r的比值指数;

$VI_2 = (R_g - R_r)/(R_g + R_r)$,即绿峰反射率$R_g$与红谷反射率$R_r$的归一化指数;

$VI_3 = S_{D_r}/S_{D_b}$,即红边面积S_{D_r}与蓝边面积S_{D_b}的比值指数;

$VI_4 = S_{D_r}/S_{D_y}$,即红边面积S_{D_r}与黄边面积S_{D_y}的比值指数;

$VI_5 = (S_{D_r} - S_{D_b})/(S_{D_r} + S_{D_b})$，即红边面积 S_{D_r} 与蓝边面积 S_{D_b} 的归一化指数；

$VI_6 = (S_{D_r} - S_{D_y})/(S_{D_r} + S_{D_y})$，即红边面积 S_{D_r} 与黄边面积 S_{D_y} 的归一化指数。

3. 模型构建及检验

对各样点冬小麦冠层光谱反射率进行倒数对数、一阶导数、二阶导数变换以及高光谱特征变量计算。以数据1资料为基础，利用数理统计软件SPSS13.0对高光谱特征变量与叶面积指数进行相关分析，选择相关系数较大的光谱特征变量，利用线性、对数、指数、二次函数模拟建立单变量叶绿素估算模型，即线性方程：$y = a + bx$，对数模型：$y = a + b\ln x$，二次函数模型：$y = a + bx + cx^2$，指数模型：$y = ae^{bx}$；再选择相关系数较大的光谱特征变量进行多元逐步回归分析，建立叶面积指数的多元回归模型，即 $y = a + bx_1 + cx_2 + dx_3 + \cdots$。

利用数据2资料对所建立的LAI高光谱估算模型进行验证，并采用均方根误差[RMSE，式(7-2)]、相对误差[NRMSE，式(7-3)]和决定系数(R^2)等统计指标评价模型的模拟效果。

$$\text{RMSE} = \sqrt{\frac{1}{n}\sum_{i=1}^{n}(Y_i - X_i)^2} \qquad (7-2)$$

$$\text{NRMSE} = \frac{100\sqrt{\frac{1}{n}\sum_{i=1}^{n}(Y_i - X_i)^2}}{\frac{1}{n}\sum X_i} \qquad (7-3)$$

式中：Y_i 和 X_i 分别为估测值和观测值；n 为样本数。

7.5.3 结果与分析

7.5.3.1 叶面积指数与光谱的相关性分析

导数变换可以减弱或消除背景、大气散射的影响，提高不同吸收特征的对比度，反映由于植被中生化物质的吸收引起的波形变化，并揭示光谱峰值的内在特征。因此，可以利用导数光谱建立生化组分与反射光谱间的关系，估算植被内部生化组成及其含量的信息。另外，原始光谱的倒数经对数变换后也可以反映地物的吸收特征。因此，本书利用冬小麦冠层的高光谱反射率(ρ)及其倒数对数[$\lg(1/\rho)$]、一阶导数($d\rho/d\lambda$)和二阶导数($d^2\rho/d^2\lambda$)与叶面积指数进行相关分析，拔节—孕穗期分析结果见图7-4，开花—乳熟期分析结果见图7-5。

由图7-4和图7-5可见，在可见光范围内，叶面积指数与原始光谱反射率呈负相关，在近红外范围内呈正相关，表明叶面积指数越高，可见光波段内的光谱反射率越低，而近红外的光谱反射率越高，倒数对数光谱则相反。一阶导数光谱在700~800 nm与叶面积指数的相关系数波动稍小，大部分波段相关性通过0.01水平显著性检验。二阶导数光谱相关系数整体波动较大，少部分波段相关性通过0.01水平的显著性检验。根据图7-4拔节—孕穗期选取波段676 nm处倒数对数光谱、750 nm处一阶导数光谱、877 nm处二阶导数光谱作为光谱变化敏感波段。根据图7-5开花—乳熟期选取波段352 nm处倒数对数光谱、431 nm处一阶导数光谱、678 nm处二阶导数光谱作为光谱变化敏感波段，这些波段与叶面积指数的相关系数均通过0.01水平的显著性检验，且相关系数最大。

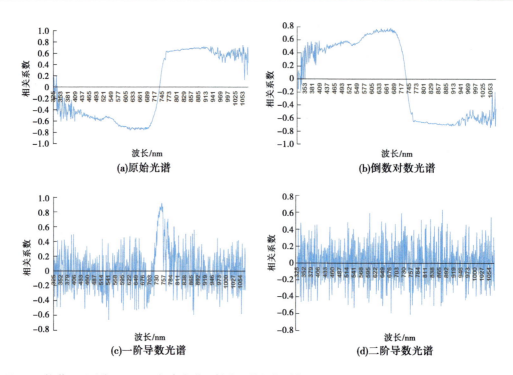

图 7-4 拔节—孕穗期 LAI2200 与高光谱反射率及其倒数对数、一阶导数和二阶导数的相关系数($n=27$)

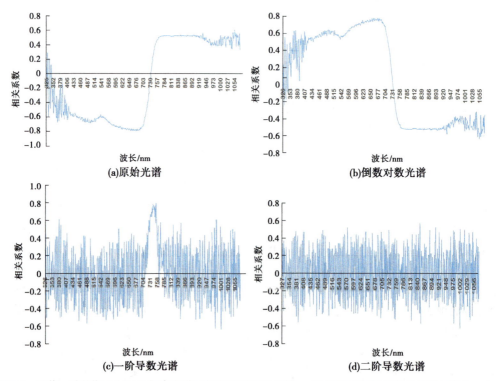

图 7-5 开花—乳熟期 LAI2200 与高光谱反射率及其倒数对数、一阶导数和二阶导数的相关系数($n=27$)

7.5.3.2 叶面积指数与高光谱特征变量间的相关性分析

利用 SPSS 统计软件计算叶面积指数与各高光谱变量间的相关系数,结果见表 7-4。

由表 7-4 可以看出,拔节—抽穗期叶面积指数与除蓝边位置、红边位置外的所有高光谱变量间的相关系数均通过 0.05 水平的显著性检验,其中叶面积指数和 D_r、S_{D_r}、VI_3、VI_5、VI_6 的相关系数大于 0.85。开花—乳熟期叶面积指数与除蓝边幅值、蓝边位置、黄边幅值、黄边位置、绿峰位置、红谷位置以及 VI_6 外的所有高光谱变量间的相关系数均通过 0.05 水平的显著性检验,其中叶面积指数和 R_r、VI_1、VI_2、VI_3、VI_5 的相关系数大于 0.7。因此,拔节—抽穗期选择变量 D_r、S_{D_r}、VI_3、VI_5、VI_6 作为估算模型的自变量;开花—乳熟期选择变量 R_r、VI_1、VI_2、VI_3、VI_5 作为估算模型的自变量。以上表明叶面积指数与高光谱变量存在显著相关关系,能够建立模型通过光谱变量变化来估算叶面积指数。

表 7-4 不同发育期 LAI2200 与高光谱变量间的相关系数

变量	相关系数 R 拔节—孕穗期	相关系数 R 开花—乳熟期	变量	相关系数 R 拔节—孕穗期	相关系数 R 开花—乳熟期
D_b	-0.50*	-0.37	S_{D_b}	-0.68**	-0.54**
λ_b	0.32	-0.19	S_{D_y}	-0.52*	-0.50*
D_y	-0.53*	-0.28	S_{D_r}	0.93**	0.59**
λ_y	0.81**	0.14	S_{D_g}	-0.72**	-0.56**
D_r	0.93**	0.66**	VI_1	0.82**	0.74**
λ_r		0.66**	VI_2	0.81**	0.76**
R_g	-0.76**	-0.62**	VI_3	0.90**	0.89**
λ_g	-0.77**	-0.40	VI_4	-0.83**	0.54**
R_r	-0.73**	-0.76**	VI_5	0.84**	0.87**
λ_r	-0.53*	-0.15	VI_6	-0.87**	0.38

7.5.3.3 叶面积指数估算模型的建立和检验

1. 叶面积指数估算的单变量模型

根据上述相关性分析,拔节—孕穗期选择 676 nm 波段倒数对数、750 nm 波段一阶导数、877 nm 波段二阶导数、D_r、S_{D_r}、VI_3、VI_5、VI_6 参数建模。开花—乳熟期选择 352 nm 波段倒数对数、431 nm 波段一阶导数、678 nm 波段二阶导数、R_r、VI_1、VI_2、VI_3、VI_5 参数建模。利用线性、对数、指数、二次函数模拟建立单变量叶面积指数估算模型,方程均通过 0.05 水平的显著性检验(见表 7-5、表 7-6)。

表 7-5 叶面积指数与高光谱变量的拟合模型参数（拔节—孕穗期）

变量	模型	a（常数）	b	c	R^2	F	RMSE
D_r	线性	0.30	178.07		0.48**	13.60	0.83
	对数	16.87	3.30		0.48**	13.55	0.84
	二次函数	-0.61	277.21	-2 511.64	0.48**	6.42	0.83
	指数	1.263	53.21		0.41**	10.38	0.87
S_{D_r}	线性	-1.42	8.7		0.36*	8.55	0.92
	对数	6.17	4.59		0.38*	9.25	0.91
	二次函数	-13.78	57.05	-46.05	0.43**	5.21	0.87
	指数	0.62	2.95		0.40**	10.12	0.96
VI_3	线性	-0.16	0.13		0.62*	23.91	0.72
	对数	-8.16	3.55		0.62**	24.53	0.715
	二次函数	-1.44	0.23	-0.002	0.62**	11.35	0.74
	指数	1.04	0.041		0.58**	20.99	0.75
VI_5	线性	-41.46	48.55		0.62**	23.92	0.72
	对数	6.94	44.69		0.61**	23.83	0.72
	二次函数	-19.12	0	26.36	0.62**	24.01	0.71
	指数	1.88×10^{-6}	15.52		0.61**	22.99	0.72
VI_6	线性	50.63	-43.39		0.31*	6.69	0.96
	对数	7.42	-47.40		0.31*	6.75	0.96
	二次函数	50.63	-43.39	0	0.31*	6.69	0.96
	指数	3 164 664	-12.69		0.25*	5.10	0.96
$\lg(1/\rho_{676})$	线性	-5.21	4.69		0.61*	23.40	0.72
	对数	-1.74	8.53		0.61**	23.36	0.72
	二次函数	-7.10	6.76	-0.56	0.61**	10.94	2.09
	指数	0.21	1.49		0.59*	21.70	0.75
$d\rho_{750}/d\lambda_{750}$	线性	-0.79	466.00		0.85**	82.79	0.45
	对数	21.34	3.78		0.82**	66.87	0.49
	二次函数	0.66	108.32	20 634.48	0.85**	40.44	0.44
	指数	0.83	149.82		0.84**	80.44	0.45
$d^2\rho_{877}/d^2\rho_{877}$	线性	3.23	377.48		0.40**	9.99	0.89
	二次函数	3.07	420.90	36 306.93	0.41**	4.90	0.88
	指数	3.01	126.13		0.43**	11.31	0.90

注：线性方程：$y=a+bx$；对数模型：$y=a+b\ln x$；二次函数模型：$y=a+bx+cx^2$；指数模型：$y=ae^{bx}$；样本数 $n=27$。余同。

表 7-6 叶面积指数与高光谱变量的拟合模型参数(开花—乳熟期)

变量	模型	a(常数)	b	c	R^2	F	RMSE
R_r	线性	5.62	-64.12		0.60**	28.54	0.51
	对数	-4.09	-2.18		0.58**	26.25	0.52
	二次函数	6.14	-94.49	377.88	0.61**	13.84	0.50
	指数	6.82	-21.70		0.74**	53.28	0.51
VI_1	线性	-0.82	2.67		0.55**	23.34	0.54
	对数	1.45	4.35		0.58**	25.68	0.52
	二次函数	-7.08	10.49	-2.39	0.59**	12.92	0.52
	指数	0.85	0.85		0.61**	19.05	0.57
VI_2	线性	1.38	9.24		0.58**	26.07	0.52
	对数	6.12	1.65		0.58**	26.6	0.52
	二次函数	0.78	15.66	-14.68	0.59**	13.02	0.51
	指数	1.67	3.01		0.66**	36.68	0.55
VI_3	线性	-0.25	0.18		0.79**	69.93	0.375
	对数	-7.09	3.53		0.78**	68.91	0.375
	二次函数	-1.10	0.27	-0.002	0.79**	33.79	0.37
	指数	1.05	0.056		0.81**	82.07	0.41
VI_5	线性	-27.849	34.75		0.75*	56.32	0.40
	对数	6.68	30.70		0.74**	54.36	0.41
	二次函数	169.57	-410.35	250.55	0.79**	33.77	0.37
	指数	0.000 11	11.40		0.86*	119.63	0.37
$\lg(1/\rho_{352})$	线性	-3.97	4.14		0.23*	5.78	0.70
	对数	-1.31	8.13		0.25*	6.25	0.70
	二次函数	-99.27	103.99	-26.09	0.40**	6.04	0.62
	指数	0.28	1.49		0.27*	7.14	1.21
$d\rho_{431}/d\lambda_{431}$	线性	3.87	-177.17		0.006	0.12	0.80
	二次函数	4.05	-377.398	-982 135.77	0.05	0.47	0.78
	指数	3.76	-66.64		0.01	0.27	0.81
$d^2\rho_{678}/d^2\rho_{678}$	线性	3.84	-162.40		0.03	0.63	0.79
	二次函数	3.58	281.36	430 858.75	0.11	1.14	0.76
	指数	3.73	-48.55		0.03	0.60	0.80

由表 7-5 模型的 R^2 可以看出,拔节—孕穗期单光谱变量建立的叶面积指数估算各类模型中大部分参数的二次抛物线模型 R^2 较大,其中 VI_3、VI_5、$\lg(1/\rho_{676})$、$d\rho_{750}/d\lambda_{750}$ 的抛物线模型 R^2 超过 0.6,拟合程度最高。同时从表 7-5 中预测值的 RMSE 可以看出,$d\rho_{750}/d\lambda_{750}$ 的 RMSE 值最小,其次是 VI_5。因此,认为以 $d\rho_{750}/d\lambda_{750}$ 为自变量的抛物线模型最优,其训练样本拟合与验证样本精度检验水平均最高,其次为以 VI_5 为自变量的抛物线模型。

因此,拔节—孕穗期单变量最优模型为:

$$Y = 0.656 + 108.321 d\rho_{750}/d\lambda_{750} + 20\,634.481 (d\rho_{750}/d\lambda_{750})^2$$
$$(R^2 = 0.852, RMSE = 0.442\,807) \tag{7-4}$$

由表 7-6 模型的 R^2 可以看出,开花—乳熟期单光谱变量建立的叶面积指数估算各类模型中大部分参数的指数模型 R^2 较大,其中 R_r、VI_3、VI_5 的指数模型 R^2 超过 0.7,拟合程度最高。同时从表 7-6 中预测值的 RMSE 可以看出,VI_5 的 RMSE 值最小,其次是 VI_3。因此认为以 VI_5 为自变量的指数模型最优,其训练样本拟合与验证样本精度检验水平均最高,其次为以 VI_5 为自变量的指数模型。

因此,开花—乳熟期单变量最优模型为:

$$Y = 0.000\,114 e^{11.4 VI_5} \quad (VI_5 = 0.863, RMSE = 0.371\,627) \tag{7-5}$$

2. 叶面积指数估算的多元回归模型

由于农作物叶片中各种生化物质对应特定的光谱吸收特征,是进行波段选择的基本依据。但这些化学成分相互混合在一起,彼此间加强或削弱了各自的吸收特征。因此,估测某一生化成分时只用单一波段是不够的,需要进行波段选择和重组。根据表 7-4 分别选择表 7-5、表 7-6 中的 8 个变量进行多元逐步回归分析,建立的叶面积指数的多元回归模型如下:

拔节—孕穗期叶面积指数估算多元回归模型为:

$$Y = -34.517 + 940.241 d\rho_{750}/d\lambda_{750} - 13.026 S_{D_r} + 33.692 VI_6$$
$$(R^2 = 0.925, P < 0.01, F = 53.545, RMSE = 0.315\,406) \tag{7-6}$$

开花—乳熟期叶面积指数估算多元回归模型:

$$Y = -0.678 + 0.619 VI_1 + 0.151 VI_3 - 65.416 d^2\rho_{678}/d^2\rho_{678}$$
$$(R^2 = 0.799, P < 0.01, F = 22.561, RMSE = 0.360\,37) \tag{7-7}$$

式中:Y 为估算的叶面积指数。

3. 模型比较和选择

单变量估算模型在光谱数据获取不完整的情况下,能够通过快速获取相应的单变量数据进行叶面积估算,相比多元回归模型可获得性更强,但多元回归模型尽可能多地包含原变量信息。

本书研究通过比较单变量模型和多元回归模型可以看出,拔节—孕穗期多元回归模型的决定系数 R^2 在 0.9 以上,大于单变量最优模型;均方根误差(RMSE)小于单变量最优模型,因此认为光谱数据能够完整获取的情况下,拔节—孕穗期应选择多元回归模型对叶面积指数进行模拟计算。开花—乳熟期多元回归模型的决定系数略小于单变量最优模型,但 RMSE 小于单变量最优模型,因此开花—乳熟期在光谱数据能够完整获取的情况下,优先使用多元回归模型。

7.5.4 结论和讨论

利用高光谱遥感数据估算小麦、棉花和水稻的叶面积指数已经有很多研究,本书基于冬小麦 LAI 估算模型是否最优考虑,对高光谱数据进行倒数对数、一阶导数、二阶导数变换,并选取基于高光谱位置变量、面积变量和植被指数变量的常见高光谱特征指数和 LAI 进行相关性分析及模型精度比较。研究结果表明,从不同曲线特征进行高光谱位置、面积和植被指数分析,与单纯进行 RVI、DVI、NDVI 等常规植被指数分析相比,考虑得更加直接和全面。另外,目前针对黄淮地区冬小麦 LAI 模拟还有分发育期建立的模型,本书分拔节—孕穗、开花—乳熟期进行建模并进行模型的比较,研究结果证实了分发育期建模的必要性,每个发育期敏感波段不同,寻找每个发育期最敏感的波段和指数分别进行建立模型,才能提高叶面积指数估算的精度,与辛明月等研究结果相似。本书由于采样时间限制,只在冬小麦关键生育期拔节—孕穗、开花—乳熟期各进行了两个时次的数据采集,可能代表性不够强;本书针对特定的时间、研究区建立的经验关系、模型是否具备普适性还需进一步探讨;另外荥阳地区连片冬小麦种植区面积有限,要进行大尺度遥感叶面积指数反演有难度,后期将主要针对鹤壁万亩方试验基地进行遥感数据反演等研究。

参考文献

[1] ABROL Y P, CHATTERJEE S R, KUMAR P A, et al. Improvement in nitrogen use efficiency: Physiological and molecular approaches[J]. Current Science, 1999, 76(10): 1357-1364.

[2] ANDREWS J, POMEROY M K, SEAMAN W L, et al. Relationships between planting date, winter survival and stress tolerances of soft white winter wheat in eastern Ontario[J]. Canadian journal of plant science, 1997,77(4):507-513.

[3] BARNSLEY M J, SETTLE J J, CUTTER M A, et al. The PROBA/CHRIS mission: A low-cost smallsat for hyperspectral multiangle observations of the earth surface and atmosphere[J]. IEEE Transactions on Geoscience and Remote Sensing, 2004, 42(7):1512-1520.

[4] BUNNIK N J J. The multispectral reflectance of shortwave radiation by agricultural crops in relation with their morphological and optical properties[D]. Wageningen: Mededelingen Landbouwhoge School, 1978.

[5] CABRERA M L, KISSEL D E, VIGIL M F. Nitrogen mineralization from organic residues: Research opportunities[J]. Journal of Environmental Quality, 2005, 34(1):75-79.

[6] CHEN J M, BLACK T A. Defining leaf area index for non-flat leaves[J]. Plant, Cell & Environment, 1992, 15(4):421-429.

[7] CHEN T H H, GUSTA L V, FOWLER D B. Freezing injury and root development in winter cereals[J]. Plant Physiology, 1983, 73(3):773-777.

[8] CLEVERS J G P W, GITELSON A A. Remote estimation of crop and grass chlorophyll and nitrogen content using red-edge bands on Sentinel-2 and-3[J]. International Journal of Applied Earth Observation and Geoinformation, 2013, 23:344-351.

[9] CLEVERS J G P W, KOOISTRA L. Using hyperspectral remote sensing data for retrieving canopy chloro-

phyll and nitrogen content[J]. IEEE Journal of Selected Topics in Applied Earth Observations and Remote Sensing, 2012, 5(2):574-583.

[10] COLLINS W. Remote sensing of crop type and maturity[J]. Photogrammetric Engineering and Remote Sensing, 1978, 44(1):43-55.

[11] DARVISHZADEH R, ATZBERGER C, SKIDMORE A K. Leaf Area Index derivation from hyperspectral vegetation indices and the red edge position[J]. International Journal of Remote Sensing, 2009, 30(23): 6199-6218.

[12] DARVISHZADEH R, SKIDORE A, ATZBERGER C. Estimation of vegetation LAI from hyperspectral reflectance data: Effects of soil type and plant architecture[J]. International Journal of Applied Earth Observation and Geoinformation, 2008, 10(3):358-373.

[13] DENNIS L W, PHILIP R V, DOUGLAS R R, et al. Baker canopy reflectance estimation of wheat nitrogen content for grain protein management[J]. GIScience & Remote Sensing, 2004, 41(4):287-300.

[14] FENG M C, YANG W D, CAO L L, et al. Monitoring winter wheat freeze injury using multi-temporal MODIS data[J]. Agricultural Sciences in China, 2009, 8(9):1053-1062.

[15] FERNANDEZ S, VIDAL D, SIMON E, et al. Radiometric characteristics of Triticum aestivum cv astral under water and nitrogen stress[J]. International Journal of Remote Sensing, 1994, 15(9):1867-1884.

[16] HABOUDANEA D, MILLERA J R, PATTEY E. Hyperspectral vegetation indices and novel algorithms for predicting green LAI of crop canopies: Modeling and validation in the context of precision agriculture [J]. Remote Sensing of Environment, 2004, 90(3):337-352.

[17] HANSEN P M, SCHJOERRING J K. Reflectance measurement of canopy biomass and nitrogen statue in wheat crops using normalized difference vegetation indices and partial least squares regression[J]. Remote Sensing of Environment, 2003, 86(4):542-553.

[18] INOUE Y. Synergy of remote sensing and modeling for estimating ecophysiological processes in plant production[J]. Plant Production Science, 2003, 6(1):3-16.

[19] KERDILES H, GRONDONA M, RODRIGUEZ R, et al. Frost mapping using NOAA AVHRR data in the Pampean region[J]. Agricultural and Forest Meteorology, 1996, 79(3):157-182.

[20] TARPLEY L, REDDY K R, SASSENRATH-COLE G F. Reflectance indices with precision and accuracy in predicting cotton leaf nitrogen concentration[J]. Crop Science, 2000, 40(6): 1814-1819.

[21] LUCIEER A, MALENOVSKY Z, VENESS T, et al. Hyper UAS-Imaging spectroscopy from a multirotor unmanned aircraft system[J]. Journal of Field Robotics, 2014, 31(4):571-590.

[22] MAMO M, MALZERB G L, MULLAB D J, et al. Spatial and temporal variation in economically optimum nitrogen rate for corn[J]. Agronomy Journal, 2003, 95(4): 958-964.

[23] OSBORNE S L, SEHEPERS J S, FRANEIS D D, et al. Detection of phosphorus and nitrogen deficiencies in corn using spectral radiance measurements[J]. Agronomy Journal, 2002, 94(6):1215-1221.

[24] RUNNING S W, NEMANI R R, HEINSCH F A, et al. A continuous satellite-derived measure of global terrestrial primary production[J]. Bioscience, 2004, 54(6):547-560.

[25] VANE G, GOETZ A F H. Terrestrial imaging spectroscopy: current status, future trends[J]. Remote Sensing of Environment, 1993, 44(2/3):117-126.

[26] VANE G, GREEN R O, CHRIEN T G, et al. The airborne visible/infrared imaging spectrometer (AVIRIS)[J]. Remote Sensing of Environment, 1993, 44(2): 127-143.

[27] WESSMAN C A, ABER J D, PETERSON D L, et al. Foliar analysis using near infrared reflectance spectroscopy[J]. Canadian Journal of Remote Sensing, 1988, 18(1):6-11.

[28] WHALEY J M, KIRBY E J M, SPINK J H, et al. Frost damage to winter wheat in the UK: the effect of plant population density[J]. European Journal of Agronomy, 2004, 21(1):105-115.

[29] 白兰东, 苟叶培, 邵文文, 等. 基于多角度遥感的植被指数与叶面积指数的线性关系研究[J]. 测绘工程, 2006, 25(1):1-9.

[30] 曹学仁, 周益林, 段霞瑜, 等. 利用高光谱遥感估计白粉病对小麦产量及蛋白质含量的影响[J]. 植物保护学报, 2009, 36(1):32-36.

[31] 翟清云, 张娟娟, 熊淑萍, 等. 基于不同土壤质地的小麦叶片氮含量高光谱差异及监测模型构建[J]. 中国农业科学, 2013, 46(13):2655-2667.

[32] 冯伟, 王晓宇, 宋晓, 等. 白粉病胁迫下小麦冠层叶绿素密度的高光谱估测[J]. 农业工程学报, 2013, 29(13):114-123.

[33] 冯伟, 姚霞, 田永超, 等. 小麦籽粒蛋白质含量高光谱预测模型研究[J]. 作物学报, 2007, 33(12): 1935-1942.

[34] 冯伟, 姚霞, 朱艳, 等. 基于高光谱遥感的小麦叶片含氮量监测模型研究[J]. 麦类作物学报, 2008, 28(5): 851-860.

[35] 冯伟, 朱艳, 姚霞, 等. 基于高光谱遥感的小麦叶干重和叶面积指数监测[J]. 植物生态学报, 2009,33 (1):34-44.

[36] 付元元, 王纪华, 杨贵军, 等. 应用波段深度分析和偏最小二乘回归的冬小麦生物量高光谱估算[J]. 光谱学与光谱分析, 2013, 33(5):1315-1319.

[37] 何丽莲, 祖艳群, 李元, 等. 不同小麦品种对UV-B辐射增强响应的生理特性差异[J]. 应用生态学报, 2006, 17(1):163-165.

[38] 贺佳, 刘冰锋, 李军. 不同生育时期冬小麦叶面积指数高光谱遥感监测模型[J]. 农业工程学报, 2014, 30(24):141-150.

[39] 黄敬峰, 王福民, 王秀珍. 水稻高光谱遥感实验研究[M]. 杭州:浙江大学出版社, 2010.

[40] 黄敬峰, 王渊, 王福民, 等. 油菜红边特征及其叶面积指数的高光谱估算模型[J]. 农业工程学报, 2006, 22(8):22-26.

[41] 吉书琴, 张玉书, 关德新, 等. 辽宁地区作物低温冷害的遥感监测和气象预报[J]. 沈阳农业大学学报, 1998, 29(1):16-20.

[42] 李军玲, 余卫东, 张弘, 等. 冬小麦越冬中期冻害高光谱敏感指数研究[J]. 中国农业气象. 2014, 35(6):708-716.

[43] 李俊芬, 臧新洲. 小麦越冬冻害的二级评价方法[J]. 河南气象, 2004, 27(2):38.

[44] 李映雪, 朱艳, 田永超, 等. 小麦叶片氮含量与冠层反射光谱指数的定量关系[J]. 作物学报, 2006, 32(3):358-362.

[45] 李志忠, 杨日红, 党福星, 等. 高光谱遥感卫星技术及其地质应用[J]. 地质通报, 2009, 28(2): 270-277.

[46] 李子扬, 钱永刚, 申庆丰, 等. 基于高光谱数据的叶面积指数遥感反演[J]. 红外与激光工程, 2014, 43(3):944-949.

[47] 梁亮, 杨敏华, 张连蓬, 等. 小麦叶面积指数的高光谱反演[J]. 光谱学与光谱分析, 2011, 31(6):1658-1662.

[48] 林卉, 梁亮, 张连蓬, 等. 基于支持向量机回归算法的小麦叶面积指数高光谱遥感反演[J]. 农业工程学报, 2013,29(11):139-146.

[49] 刘轲, 周清波, 吴文斌, 等. 基于多光谱与高光谱遥感数据的冬小麦叶面积指数反演比较[J]. 农业工程学报, 2016, 32(3): 155-162.

[50] 刘秀英,林辉,万玲凤,等.樟树幼林叶绿素含量的高光谱遥感估算模型[J].中南林业科技大学学报(自然科学版),2007,27(4):49-54.

[51] 刘璇,林辉,臧卓,等.杉木叶绿素a含量与高光谱数据相关性分析[J].中南林业科技大学学报(自然科学版),2010,30(5):72-76.

[52] 刘艳,王锦地,周红敏,等.用地面点测量数据验证LAI产品中的尺度转换方法[J].遥感学报,2014,18(6):1189-1198.

[53] 刘占宇,黄敬峰,吴新宏,等.草地生物量的高光谱遥感估算模型[J].农业工程学报,2006,22(2):111-115.

[54] 卢艳丽,白由路,杨俐苹,等.基于高光谱的土壤有机质含量预测模型的建立与评价[J].中国农业科学,2007,40(9):1989-1995.

[55] 孟卓强,胡春胜,程一松.高光谱数据与冬小麦叶绿素密度的相关性研究[J].干旱地区农业研究,2007,25(6):74-79.

[56] 牛铮,陈永华,隋洪智,等.叶片化学组分成像光谱遥感探测机理分析[J].遥感学报,2000,4(2):125-129.

[57] 宋开山,张柏,王宗明,等.大豆叶绿素含量高光谱反演模型研究[J].农业工程学报,2006,22(8):16-21.

[58] 孙泽洲,张廷新,张熇,等.嫦娥三号探测器的技术设计与成就[J].中国科学:技术科学,2014,44(4):331-343.

[59] 陶慧林,徐良骥,冯海宽,等.基于无人机高光谱长势指标的冬小麦长势监测[J].农业机械学报,2020,51(2):180-191.

[60] 童庆禧,郑兰芬,王晋年,等.湿地植被成像光谱遥感研究[J].遥感学报,1997,1(1):50-57.

[61] 王大成,王纪华,靳宁,等.用神经网络和高光谱植被指数估算小麦生物量[J].农业工程学报,2008,24(S2):196-201.

[62] 王建英,时凤云,崔力,等.濮阳小麦越冬冻害气候影响分析及防御对策[J].中国农村小康科技,2010(2):15-17.

[63] 王进,李新建,白丽,等.干旱区棉花冠层高光谱反射特征研究[J].中国农业气象,2012,33(1):114-118.

[64] 王连喜,秦其明,张晓煜.水稻低温冷害遥感监测技术与方法进展[J].气象,2003,29(10):3-7.

[65] 吴伟斌,洪添胜,王锡平,等.叶面积指数地面测量方法的研究进展[J].华中农业大学学报,2007,26(2):270-275.

[66] 辛明月,殷红,陈龙,等.不同生育期水稻叶面积指数的高光谱遥感估算模型[J].中国农业气象,2015,36(6):762-768.

[67] 徐家平,江晓东,李映雪,等.UV-B辐射增强和免耕对冬小麦冠层反射光谱特性的影响[J].中国农业气象,2013,34(4):486-492.

[68] 薛利红,曹卫星,罗卫红,等.光谱植被指数与水稻叶面积指数相关性的研究[J].植物生态学报,2004,28(1):47-52.

[69] 薛利红,曹卫星,罗卫红.基于冠层反射光谱的水稻产量预测模型[J].遥感学报,2005,9(1):100-105.

[70] 杨邦杰,王茂新,裴志远.冬小麦冻害遥感监测[J].农业工程学报,2002,18(2):136-140.

[71] 杨峰,范亚民,李建龙,等.高光谱数据估测稻麦叶面积指数和叶绿素密度[J].农业工程学报,2010,26(2):237-243

[72] 杨福芹,冯海宽,李振海,等.基于赤池信息量准则的冬小麦叶面积指数高光谱估测[J].农业工

程学报, 2016, 32(3):163-168.
[73] 杨勇, 张冬强, 李硕, 等. 基于光谱反射特征的柑橘叶片含水率模型[J]. 中国农学通报, 2011, 27(2):180-184.
[74] 杨智, 李映雪, 徐德福, 等. 冠层反射光谱与小麦产量及产量构成因素的定量关系[J]. 中国农业气象, 2008, 29(3):338-342.
[75] 于丰华. 基于无人机高光谱遥感的东北粳稻生长信息反演建模研究[D]. 沈阳:沈阳农业大学, 2015.
[76] 张竞成, 袁琳, 王纪华, 等. 作物病虫害遥感监测研究进展[J]. 农业工程学报, 2012, 28(20):1-11.
[77] 张学治, 郑国清, 戴廷波, 等. 基于冠层反射光谱的夏玉米叶片色素含量估算模型研究[J]. 玉米科学, 2010, 18(6):55-60.
[78] 张雪芬, 陈怀亮, 郑有飞, 等. 冬小麦冻害遥感监测应用研究[J]. 南京气象学院学报, 2006, 29(1):94-100.
[79] 张雪芬. 冬小麦晚霜冻害遥感监测技术与方法[D]. 南京:南京信息工程大学, 2005.
[80] 张永贺, 陈文惠, 郭乔影, 等. 桉树叶片光合色素含量高光谱估算模型[J]. 生态学报, 2013, 33(3):876-887.
[81] 朱艳, 李映雪, 周冬琴, 等. 稻麦叶片氮含量与冠层反射光谱的定量关系[J], 生态学报, 2006, 26(10):3463-3469.

第8章 深度学习技术在田块与作物识别中的应用

8.1 研究背景与研究内容

8.1.1 研究背景

8.1.1.1 农田地块提取

现代农业的发展离不开农田的支持,农田的精确划分为农业生产和管理提供基础数据。这些宝贵的信息使农业生产者能够实施精确的实践,如针对性的施肥、精确的灌溉和害虫监测,最大限度地提高作物产量,减少资源浪费。在早期阶段,农田的提取需要手动勾画,虽然这种方法可以获得高精度的农田,但需要大量的人力和时间投入,极大地限制了数据的应用。近年来,卫星技术取得了重大进展和发展,特别是高分辨率卫星的成功发射,为农田提取提供了强大的数据支持。

目前,人们对农田提取方法越来越感兴趣,主要可以分为边缘检测和区域分割两种方法。基于边缘的方法使用预定义的卷积核对图像进行卷积运算,并根据空间梯度变化检测物体边缘。Turker 等使用 Canny 算子检测边缘像素,并利用提取的边缘将农田划分为若干子区域。Yan 等使用几何轮廓模型对多时相 Landsat 图像进行分割,并利用分水岭分割算法将地块划分为多个独立的子区域。Graesser 等提出了一种基于时间序列的农田提取方法,它使用多方向卷积核获取物体的边缘信息,并通过形态学处理的边缘进行地块的分割。然而,以上方法受限于卷积核的类型,对高频噪声敏感。区域分割方法根据纹理和颜色等局部特征的相似性和互斥性将图像划分为若干子区域。Pedrero 等使用简单线性迭代聚类方法进行超像素分割,并采用监督分类来合并相邻区域。Su 等引入了一种基于均值漂移的农田分割方法,利用混合滤波器保证内部像素的同质性和边缘的连续性。该方法通过使用区域合并技术提高了农田分割的准确性。基于区域的分割方法高度依赖参数,可能导致内部差异较大的区域过分细分,而忽略了较小的可能被忽略的区域的不足分割。

卷积神经网络(CNNs)在遥感智能解译的发展中发挥了关键作用,这得益于计算机硬件和深度学习技术的快速进步。CNNs 在农田提取中受到了广泛关注。Waldner 等提出了一种多任务语义分割模型,可以同时执行农田分割、边缘检测和边界距离特征的学习任务。最终,利用分水岭分割算法将合并的地块划分为多个子地块。此外,Long 等提出了一种名为 BsiNet 的多任务学习网络,该网络还学习了分割、边缘和距离任务,通过空间分组增强模块提高了网络的表示学习能力。为了提高边界提取的准确性,Jong 等使用生成对抗网络作为鉴别器,辅助训练 ResUNet。试验结果表明,该方法提高了网络的适应性。上述方法在农田提取中发挥了重要作用。然而,它们仅使用了编码器最后一层生成的高级特征,忽视了特征聚合的引导能力。由于复杂的背景,往往检测到的边缘是不完整或孤立的,上述方法没有充分考虑分割和边缘检测的各自优势,难以获得细粒度的农田。

8.1.1.2 高光谱影像分类

高光谱影像具有丰富、连续的光谱特征,已被广泛应用于农业、生态、水文等多个领域,在这些领域中高光谱影像分类扮演着重要角色。传统的高光谱影像分类大多数基于统计学理论建模,例如最大似然分类(maximum likelihood classification,MLC)、支持向量机(support vector machine,SVM)、随机森林(random forest,RF)等,它们相继在高光谱影像分类中发挥了重要作用。一般而言,这些方法难以学习有效的判别特征,直接将它们应用于复杂地物分类效果不佳。

近年来随着深度学习技术的不断发展,卷积神经网络(convolutional neural network,CNN)凭借着灵活的特征提取能力被广泛应用于高光谱影像分类中。作为一种自适应的表征学习方法,它可以实现端到端的训练,并且能够从高光谱影像中提取更鲁棒的空谱特征,对于复杂地物分类更具有优势,例如 3D-CNN、SSRN。大多数 CNN 模型采用固定感受野尺寸进行特征提取,更大的感受野使学习精细特征变得困难,而较小的感受野很难捕获高阶语义信息。为了解决这一问题,基于空谱注意力的残差网络(A2S2KRN)方法被用于自适应捕获较大感受野,这种方法被证明是有效的。上述研究都是根据现有标签进行的,为了充分利用未标记样本的信息,许多半监督学习方法相继被提出,例如 SSCNN、SD-FL 和 X-GPN,而这些方法均基于局部邻域切片思想,它们将像元邻域作为输入,因此邻域尺寸限制了模型获取更大感受野的能力,并且相邻像元之间信息重叠度大,导致模型效率低下不可避免。为此,一种全局学习方法(FPGA)用于解决邻域切片的感受野受限问题,这种方法是基于全卷积的端到端的学习框架,将完整影像作为输入数据,它能够最大限度地利用全局上下文信息,并且有效减少冗余计算。

以上方法更加侧重于模型结构上的设计,利用 Softmax 损失作为目标函数来调整网络参数,网络结构和目标函数对于模型的精度同样起着重要作用,在模型结构一定的情况下,损失函数通常会起着决定性作用。众所周知,在分类任务中 Softmax 损失函数是一个非常流行的损失函数,其本质是最大化真实标签对应的概率,最小化剩余标签对应的概率。尽管这种损失函数在分类任务中取得了成功,但是也存在着一些问题,softmax 损失视为成对损失(类间损失和类内损失),在损失函数的优化过程中,类内和类间的惩罚是相同的,当类间相似性得分接近 0 时,可能仍然存在较大的梯度,这种情况是不合理的。此外,许多高光谱图像具有长尾的偏斜分布(例如 Indian Pines 数据集、Pavia University 数据集等),少数头部类拥有大多数样本实例,而大多数尾部类仅包含少数实例,导致 softmax 损失对尾部类表现不佳。在有些研究中,通过设计加权损失来解决惩罚不平衡梯度和长尾分布问题,并提出半监督学习方法来训练标记样本和未标记样本,以有效地弥补训练样本的不足。

8.1.2 研究内容

(1)为了突出田块间的边缘特征,提出一种注意力引导机制的多任务学习网络逐步学习边缘细节,使用可学习的距离特征作为分割和边缘检测任务的共享载体。基于视觉感知理论设计了一种区域边缘连接算法，它利用检测任务中的断裂边缘将合并的田块划分为若干区域。

（2）为了有效融合高阶语义信息和低阶细节信息，设计一种深度监督的全局学习网络框架，利用多尺度特征辅助分割实现更加鲁棒的预测。在多尺度分支末端添加权重配对的监督损失，能够促使网络更多关注分布在决策边界的小类样本，缓解样本的长尾分布问题。

（3）为了获取更多样化的样本，基于一致性正则和混合学习策略开展无标签样本和混合样本的学习方法研究，根据生成的伪样本引导网络实现自我监督学习。该方法不仅可以从大量无标签样本中筛选出置信伪样本，还能合成新的可靠伪样本，即使在少样本情况下也能提升网络的泛化性能。

8.2 全卷积网络与半监督学习

8.2.1 全卷积网络架构

FCN 最初是为语义分割而设计的端到端架构，该网络原则上可以接受任意大小的输入图像，采用反卷积层对最后一个卷积层的特征图进行上采样，使它恢复到输入图像相同的尺寸，从而可以对每个像素都产生一个预测，同时保留了原始输入图像中的空间信息，最后在上采样的特征图上进行逐像素分类，其基本思想如图 8-1 所示。

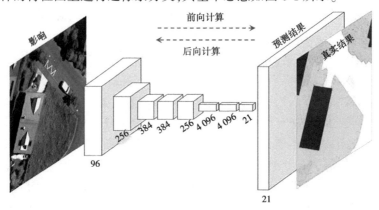

图 8-1 全卷积网络示意图

FCN 还通过使用跳跃连接的方式将模型最后一层进行上采样，如图 8-2 所示，并与尺寸相同的浅层特征融合，这种方式可以利用浅层的细节信息和底层的语义信息实现更精确的分割。FCN 利用反卷积替代了原始的全连接层，被认为是图像分割的先驱，但其分割精度还有很大的提升空间，最主要的问题在于物体的轮廓和边缘还是不够精细，容易忽略图像中存在的小尺寸物体。

UNet 网络是近年来最受欢迎的全卷积网络之一，主要由左半部分的编码器（收缩路径）和右半部分的解码器（扩展路径）两部分组成，这种结构可以同时获取上下文信息和位置信息。UNet 网络编码器进行了 4 次下采样，在解码器中，解码特征与对于尺度的浅

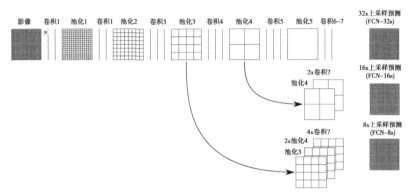

图 8-2 FCN 跳跃连接图

层编码特征进行横向连接,这种方式减少了细节信息的丢失,较小的网络结构对大尺度图像语义分割具有一定优势。DLinkNet 网络是在 UNet 网络基础上延伸而来的,与 UNet 不同之处在于使用预先训练的 ResNet34 作为编码器,包含五个下采样层,残差网络能够获取更高阶的语义特征,有效避免反向传播过程中出现梯度消失的情况。为了增加底层特征的感受范围,中间部分 B 设计了堆叠的空洞卷积模块,膨胀系数为 1、2、4、8 的空洞卷积层,解码器部分使用转置卷积层进行上采样,并通过相加操作(Element-wise Addition)进行编码层与解码层之间的连接,这样在一定程度上节省了计算时间。因此,DLinkNet 网络相比于 UNet 有更深的网络结构、更大的感受野,因此本节将采用 DLinkNet 作为分类网络的基础框架。

8.2.2 分类损失函数

一般而言,网络结构和目标函数对于模型的精度同样起着重要作用,在模型结构一定的情况下,损失函数通常会起着决定性作用。众所周知,softmax 损失函数是一个非常流行的损失函数,被广泛应用于遥感分割或分类领域。为了对 softmax 损失函数进行表达,定义一组训练样本 $X=\{(x_i,y_i)|1\leq i\leq N\}$,$N$ 代表样本个数,x_i 是第 i 个样本,y_i 是第 i 个样本的标签。$Z=\{z_i^j|1\leq i\leq N,1\leq j\leq C\}$($C$ 是类的数量)表示预测的目标特征,则 softmax 损失函数可以表示为:

$$L_{ce} = -\frac{1}{N}\sum_{i=1}^{N}\log\frac{\exp(z_i^{y_i})}{\exp(z_i^{y_i}) + \sum_{j=1,j\neq y_i}^{C}\exp(z_i^j)} \tag{8-1}$$

由式(8-1)可以看出,其本质是最大化真实标签对应的概率,最小化剩余标签对应的概率,这种优化策略类内距离优化较弱,导致类内特征不够紧凑。为了学习更鲁棒的判别特征,许多改进的 Softmax 损失函数被相继提出,例如 L-Softmax 损失、A-Softmax 损失、AM-Softmax 损失,这些方法相比于 Softmax 取得了进步,但它们对于类内和类间相似度的惩罚力度是相同的,以 AM-Softmax 损失函数为例进行分析,其公式如下:

$$L_{am} = -\frac{1}{N}\sum_{i=1}^{N}\log\frac{\exp[\gamma(z_i^{y_i}-m)]}{\exp[\gamma(z_i^{y_i}-m)] + \sum_{j=1,j\neq y_i}^{C}\exp(\gamma z_i^j)} \tag{8-2}$$

式中：m 为分类的间隔，用于控制分类的决策边界；γ 为超参数，用于控制样本的分布差异；z 表示归一化的目标特征。由式(8-2)可以看出，$z_i^{y_i}$ 和 z_i^j 具有相同的缩放系数 γ，说明损失函数对这两对相似度的惩罚力度是相等的。当 $\gamma=1$ & $m=0$，并且未对 z 进行归一化时，AM-Softmax 损失退化为原始的 Softmax 损失。因此，AM-Softmax 损失是一个更加广义的损失函数。

在遥感影像中，真实样本的类别分布通常不是均匀分布的，呈现出长尾分布特点，即头部类别样本多，尾部类别样本少。长尾分布会导致模型将在很大程度上由少数头部类别主导，在尾部类别上它的性能则会大大降低。在网络优化过程中小类的样本损失往往比大类样本损失更难优化，一种常用的解决策略是在训练中重新加权损失函数，一种基于有效样本数量的 Softmax 损失被提出用于解决类别不平衡问题，假设某个样本进行随机增强可以产生 n 个相似的样本，这些样本会分布在原始样本的邻域上，从而产生了"体积"，有效样本数量表示被选中的数据所表示的体积的期望，它可以表示为：

$$E_n = \frac{1-\beta^n}{1-\beta} \tag{8-3}$$

式中：$\beta = \frac{V}{V-1}$，V 为整个样本空间的体积，因此 β 可以被视为一个超参数取决于假设的样本空间大小。因此，可以根据有效样本量计算归一化权重：

$$E_i = \frac{1-\beta/1-\beta^{n_{y_i}}}{\sum_{k=1}^{N} 1-\beta/1-\beta^{n_{y_k}}} \tag{8-4}$$

式中：n_{y_i} 为标签 y_i 的样本数量；$\beta \in [0,1)$，为超参数用于控制有效样本的大小。关于有效样本数量的类平衡性损失，可以表示为：

$$L_{cb} = -\frac{1}{N} \sum_{i=1}^{N} E_i \log \left(\frac{\exp(z_{y_i})}{\sum_{j=1}^{C} \exp(z_j)} \right) \tag{8-5}$$

有效样本数量能够有效缓解样本不平衡问题，因此本章后续研究内容将以有效样本数量作为权重因子，对损失函数进行约束，详细内容如下。

8.2.3 半监督学习

深度学习表现出的优越性能往往需要大量的标注样本作为支撑，但是对于遥感影像分割而言，样本的标注工作是非常困难的，并且需要依赖专业知识。半监督学习试图通过有效利用未标记的样本，这可在很大程度上减轻对标记样本的需求。在最近的很多研究中，利用无标签样本在目标函数中添加一个损失项来使模型具有更好的泛化能力，例如一致性正则和熵最小化。

(1)一致性正则：能够促使模型具有更好的鲁棒性，即使输入样本受到随机干扰，都应该有一个相似的预测分布，该正则项可以表示为：

$$\| p_{\text{model}}(Y | \hat{X}; \theta) - p_{\text{model}}(Y | \hat{X}; \theta) \|_2^2 \tag{8-6}$$

式中：$\hat{X}$ 为随机扰动数据，所以左侧和右侧两项是不同的；$p_{\text{model}}(Y|\hat{X};\theta)$ 为模型关于 $\hat{X}$ 的分类预测概率。目前，常用数据扰动包括数据增广和对抗变换两种方式，其中基本数据增广包括色彩变化、翻转、旋转等，对抗变换通过设置扰动变化幅度，选择最大损失的方向来生成变换。此外，一致性正则除采用 L2 损失外，还有很多其他研究采用交叉熵损失。L2 损失相对于交叉熵损失而言，对噪声敏感性低，因此本章也基于 L2 损失进行半监督学习。

（2）熵最小化：能够使模型在无标签样本上有一个高置信度输出。为了提高伪标签的选择质量，一种简单有效的半监督方法是把无标签数据概率最高的类别当作伪标签，并且同时训练有标记和无标记数据。为了进一步筛选高置信度样本，有些方法将最大分类概率大于预先定义阈值的预测标签作为伪标签，这些模型最终能够在无标签样本上有一个低熵的输出。

8.3 多任务学习网络的农田地块提取方法

8.3.1 研究区和数据源

研究区域位于荷兰，以高效、现代化和可持续的农业而闻名，政府建立了一个农业信息系统（Basisregistratie Gewaspercelen）用于监管和管理农业生产。该系统提供了细粒度的矢量数据，用于测试所提出方法的有效性。本书研究使用两个无云合成的 Google 图像（18 000×18 000 像素），分辨率为 2 m，用于生成样本，数据来源于 2019—2020 年期间，图像的位置如图 8-3 所示。图像被切分成 2 400 个大小为 512×512 像素的补丁。其中，1 800 个补丁用于训练，600 个补丁用于验证。

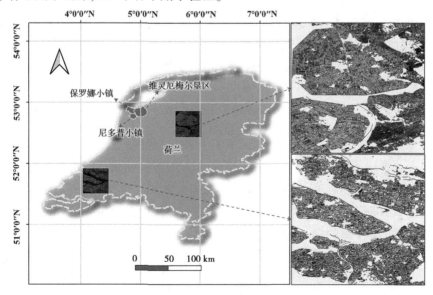

图 8-3 研究区概况

作为试验研究区域，选择了三个具有显著差异的农业城市（Anna Paulowna、Wieringermeer 和 Niedorp),选择考虑了农田的大小、密度和边缘模糊度等因素。Anna Paulowna 大约占地 64 km²,以其美丽的郁金香田而闻名。在 Anna Paulowna 的西北部,农田呈现出密集分布的特点,其规模相对较小。由于分辨率限制,这些农田之间的边缘可能会显得模糊或不够清晰。Wieringermeer 占地约 165 km²,以其农业产业而闻名。在 Wieringermeer,农田呈现出相当规则的外观,规模相对较大。Niedorp 占地约 86 km²,位于北荷兰的北部,以其历史建筑和美丽的乡村而闻名。在 Niedorp 的西部,田地没有那么规则的模式,田地之间的边缘模糊,很难被识别。此外,这些城市的谷歌图像来自不同的时间段。尽管合成图像已经应用了颜色平衡,但仍然可以注意到颜色差异。因此,这些试验区域可以有效评估网络的性能。为了增加样本的多样性,所有训练数据都经过了数据增强,包括随机旋转、缩放和翻转,每种增强策略的概率设为 0.2,训练样本的批量大小设为 8。

8.3.2 注意引导机制的多任务学习网络

本书研究的目标是探索利用深度学习中的表示学习优势来分割农田的方法。为了实现这一目标,提出了一种带有注意力引导机制的多掩膜学习网络(MLGNet),用于农田提取,该网络可以逐步地学习互补细节,并改善网络的表示能力。所提出的方法涉及使用多任务学习方案,同时训练用于语义分割和边缘检测任务的网络,这有助于不同任务之间的信息交换,使网络能够更好地推广所获取的特征。最终,利用断裂边缘基于格式塔尔特征法将合并的农田划分为子区域,从而帮助纠正网络的拓扑连接限制。

8.3.2.1 网络架构

在 MLGNet 网络中,自适应通道融合模块(ACFM)和注意力引导融合模块(AGFM)被设计用于集成多尺度语义和细节信息。如图 8-4 所示,该架构主要包括:编码器、解码器、多尺度分支和多任务学习方案四个部分。编码器主要是指 ResNet34 的架构,残差块后跟相应的下采样层,编码器的底层输入到堆叠的空洞卷积模块(SACM)以扩展模型的感受野。SACM 由四层空洞卷积组成,卷积核大小为 3×3,膨胀因子分别设置为 1、2、4 和 8。每个解码器块包含两个卷积层和一个反卷积层。编码器和解码器通过 ACFM 模块连接,每个 ACFM 模块的输出特征通过一系列上采样层传递到 AGFM 模块。在多尺度分支中,AGFM 模块用于引导网络逐层补充边缘细节。多任务学习方案(距离任务、边缘任务和分割任务)被添加到网络末尾以提高其泛化能力。

1. 自适应通道融合模块

自适应通道融合模块(ACFM)主要受到通道注意力网络的启发。ACFM 的结构如图 8-5 所示。全局平均池化(GAP)被用于在空间维度上压缩编码器和解码器的特征。压缩后的特征具有全局感受野,意味着通道上的整个空间信息被压缩成单个全局特征。假设来自编码器的第 l 层的输出特征为 $U_e^{(l)} \in R^{H \times W \times B}$,相应解码器的第 l' 层的输出特征为 $U_d^{(l')} \in R^{H \times W \times B}$,则压缩后的编码器特征 $z_e^{(l)} \in R^{1 \times B}$ 和解码器特征 $z_d^{(l')} \in R^{1 \times B}$ 可以表示为:

$$\left. \begin{array}{l} z_e^{(l)} = \dfrac{1}{H \times W} \sum\limits_{i=1}^{H} \sum\limits_{j=1}^{W} U_e^{(l)}(i,j) \\ z_d^{(l')} = \dfrac{1}{H \times W} \sum\limits_{i=1}^{H} \sum\limits_{j=1}^{W} U_d^{(l')}(i,j) \end{array} \right\} \quad (8\text{-}7)$$

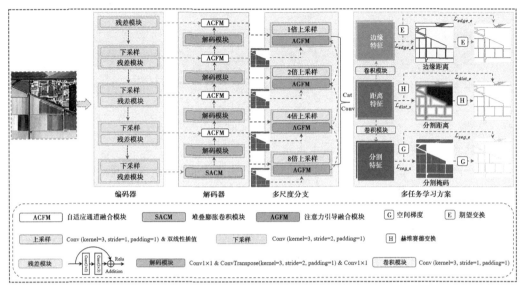

图 8-4 MLGNet 网络结构示意图

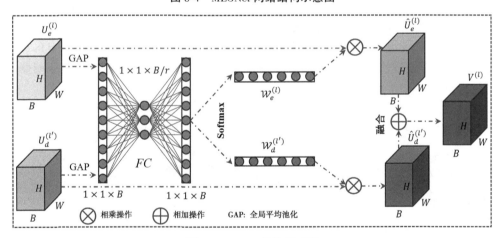

图 8-5 ACFM 结构示意图

为了学习更紧凑的特征,使用全连接网络来捕捉 $z_e^{(l)}$ 和 $z_d^{(l')}$ 通道间的非线性关系。这些紧凑特征可以用以下数学符号表示:

$$F_e^{(l)} = \text{ReLU}[\theta_{a1}^{(l)} \times (z_e^{(l)})^\text{T}] \tag{8-8}$$

$$F_d^{(l')} = \text{ReLU}[\theta_{a1}^{(l)} \times (z_d^{(l')})^\text{T}] \tag{8-9}$$

式中:$\theta_{a1}^{(l)} \in R^{d \times B}$ 为自适应融合模块中与第 l 层编码器对应的第一个全连接层的参数;ReLU(·)为非线性激活函数;T 为矩阵转置符号。全连接网络是一个自编码结构,特征学习主要受益于中间隐藏层。该层通过使用缩放因子 r 将维度压缩到 $d=B/r$,然后将它们恢复到原始维度 B。最终,Softmax 函数用于计算连接编码层和解码层的权重:

$$w_e^{(l)} = \frac{e^{\theta_{a2}^{(l)} \times F_e^{(l)}}}{e^{\theta_{a2}^{(l)} \times F_e^{(l)}} + e^{\theta_{a2}^{(l)} \times F_d^{(l')}}} \tag{8-10}$$

$$w_d^{(l')} = \frac{e^{\theta_{a2}^{(l)} \times F_d^{(l')}}}{e^{\theta_{a2}^{(l)} \times F_e^{(l)}} + e^{\theta_{a2}^{(l)} \times F_d^{(l')}}} \tag{8-11}$$

式中：$\theta_{a2}^{(l)} \in R^{B \times d}$ 表示自适应融合模块中与第 l 层编码器对应的第二个全连接层的参数。融合模块通过使用权重指标自适应地结合编码器和解码器的特征。因此，融合后的特征 $V^{(l)} \in R^{H \times W \times B}$ 可以表示为：

$$V^{(l)} = W_e^{(l)} \cdot U_e^{(l)} + W_d^{(l)} \cdot U_d^{(l')} \tag{8-12}$$

2. 注意力引导融合模块

浅层网络可以捕捉低级空间细节，但往往丧失语义信息，而深层网络则相反。现有研究表明，不同尺度特征之间存在具体的细节差异，辅助监督任务鼓励网络学习分层表示，有助于更好地捕捉这些差异。为此，AGFM 模块旨在更好地融合不同尺度的语义和细节信息，采用从深层到浅层的前向学习机制，以捕捉丢失的细节信息。更具体地说，使用自下而上的预测逐层逐渐擦除高置信度的非边缘区域，并通过使用真值掩模引导网络朝着学习补充特征的方向，而这些特征通常分布在目标边缘区域。

AGFM 的网络架构在图 8-6 中进行了可视化，假设来自第 l 层编码器和第 l' 层解码器的融合特征表示为 $V^{(l)} \in R^{H \times W \times B}$，邻近底层的分割预测表示为 $Q^{(l+1)} \in R^{\frac{H}{2} \times \frac{W}{2} \times 1}$，这是一个非概率的对数。基于经过双线性插值上采样 2 倍的 $Q_u^{(l+1)} \in R^{H \times W \times 1}$ 生成注意力权重特征 $W_u^{(l+1)}$，$W_u^{(l+1)}$ 是通过使用分割概率 $Q_u^{(l+1)}$ 进行边缘转换得到的。假设预测的分割概率为 $P_u^{(l+1)}$，边缘转换可以表示为：

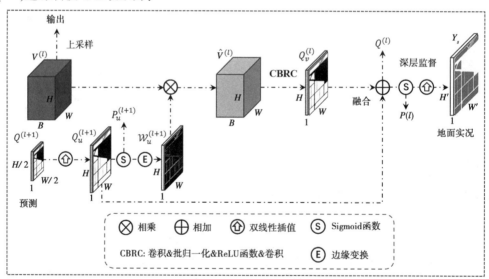

图 8-6　AGFM 模块示意图

$$W_u^{(l+1)} = 1 - 2 \times \left| P_u^{(l+1)} - 0.5 \right| \tag{8-13}$$

从式(8-13)可以明显看出，当像素的分割概率接近 0.5 时，表示分割预测不可靠。在这种情况下，权重值趋向于 1。另外，当像素的分割概率接近 0 或 1 时，表示对预测有很高的信心，权重值趋向于 0。融合后的特征 $\hat{V}^{(l)} \in R^{H \times W \times B}$ 可以描述为：

$$\hat{V}^{(l)} = W_u^{(l+1)} \times V^{(l)} \tag{8-14}$$

通常,不可靠的预测通常出现在边缘区域。对相邻的浅层特征进行权重融合,并使用融合特征 $\hat{V}^{(l)}$ 进行卷积,得到分割预测 $Q_v^{(l)}$。为了弥补高层特征中丢失的详细信息,对 $Q_v^{(l)}$ 和 $Q_u^{(l+1)}$ 执行加法操作,并使用地面真实掩模 $Y_s \in R^{H \times W}$ 监督多级侧输出。因此,AG-FM 的总损失可以表述为:

$$L_{\text{guide}} = \sum_{l=1}^{L} l_{\text{wce}}(B(P^{(l)}), Y_s) + l_{\text{jac}}(B(P^{(l)}), Y_s) \tag{8-15}$$

式中:$l_{\text{wce}}(\cdot)$ 为加权交叉熵损失,这对涉及类别不平衡的语义分割任务非常有优势;l_{jac} 为 Jaccard 损失;$B(\cdot)$ 为双线性插值函数。AGFM 是一种深度监督学习机制,不仅加速了模型的收敛,还增强了模型的表示能力。

8.3.2.2 多任务学习模式

一般来说,农田提取通常采用单一的分割任务。虽然这种学习方法可以达到可接受的结果,但它忽略了与分割相关的其他信息,大大提高了准确性的难度。多任务学习可以探索不同任务之间的潜在关系,这种方案有助于网络学习更通用的共享表示,提高网络的泛化性能和推理速度。

为了提高分割的准确性,在网络末端添加了三个可学习的任务(距离任务、分割任务和边缘检测任务)。距离图表示图像中任意像素到目标边界的最近距离。当一个点远离目标边缘时,距离值增加,当它靠近边缘时,距离值接近 0。基于学习到的距离图,不仅可以获得目标的边界信息,还可以获得更多相连的分割区域。因此,可学习的距离特征被用作分割和边缘检测任务的共享载体。区域分割和边缘检测的准确性显著影响距离特征的学习,而距离特征可以提高语义分割和边缘检测的准确性。这种方案确保了任务之间的相关性,以增强它们的性能。

1. 符号距离损失

为了实现距离图与分割图(或边缘图)之间的灵活转换,采用了符号距离函数(Signed Distance Function,SDF)来进行距离图的计算。SDF 的定义如下:

$$D(\vec{m}) = \begin{cases} \inf_{\vec{y} \in \Omega} \|\vec{m} - \vec{n}\| & \vec{m} \in \Omega_{in} \\ -\inf_{\vec{y} \in \Omega} \|\vec{m} - \vec{n}\| & \vec{m} \notin \Omega_{in} \end{cases} \tag{8-16}$$

式中:$\vec{m}$ 为区域内的锚点;$\vec{n}$ 表示边界上的任意点。当 $\vec{m}$ 在轮廓内部时,距离值为正;当 $\vec{m}$ 在轮廓外部时,距离值为负。深度学习具有出色的表示学习能力,使其能够学习距离的映射关系。在这个映射关系中,距离图被均匀编码为 one-hot 格式,并且通过分类来学习编码后的距离特征。为了更好地适应网络的学习,采用了截断的 SDF,使用整数阈值 τ 来计算真实值的距离,并以特殊方式将这些距离值转换为非负整数。因此,通过以下公式可以计算转换后的距离 $D_\tau \in R^{H \times W \times 2\tau}$:

$$D_\tau = (D + \tau) \times 1_{(-\tau \leq D \leq 0)} + (D + \tau - 1) \times 1_{(0 < D \leq \tau)} + (2\tau - 1) \times 1_{(D > \tau)} \tag{8-17}$$

式中:$D \in R^{H \times W}$ 为符号距离图;$1_{(\cdot)}$ 为硬置信度阈值函数。当表达式满足时,值为 1,否则为 0。

编码距离的估计可以看作是像素级分类任务。然而,由于目标内部和外部像素数量的显著差异,截断距离值的分布变得高度不平衡。为了减轻这种不平衡,加权交叉熵也被用作损失函数:

$$L_{dist_s} = l_{wce}(\hat{H}_\tau, H_\tau) \tag{8-18}$$

式中:$\hat{H}_\tau$ 为 D_τ 的 one-hot 编码;H_τ 为预测的概率。为了确保预测距离图中边缘位置的准确性,使用了 Heaviside 函数将预测的距离转换为边缘概率。由于 $\hat{H}_\tau$ 表示距离的预测概率,在进行边缘转换之前,需要使用以下公式将预测的概率转换为期望的距离:

$$E(\hat{D}_\tau) = \sum_{k=0}^{2\tau-1} k \times \hat{H}_\tau^k \tag{8-19}$$

式中:$\hat{H}_\tau^k$ 为预测标签属于第 k 类的概率。由式(8-19)可以看出,期望距离是通过对分类标签的预测概率进行加权平均来计算的。因此,边缘的概率可以使用以下的 Heaviside 函数变换来表示:

$$H(E(\hat{D}_\tau)) = 2 - 2 \times \tanh(|E(D_\tau) - \tau| / \in) \tag{8-20}$$

式中:$\in$ 为用于调整边缘概率分布的超参数。式(8-20)对原始的 Heaviside 函数进行了简单的调整,当 $E(\hat{D}_\tau) \to \tau$ 时,边缘概率接近于 1,否则函数迅速变化至 0。这个函数具有将截断距离函数转换为边缘概率的良好特性。为了确保预测距离图中边缘位置的准确性,使用以下公式来约束距离图的边缘:

$$L_{dist_e} = l_{smoothL1}\{H[E(\hat{D}_\tau)], H[E(D_\tau)]\} \tag{8-21}$$

式中:$l_{smoothL1}(\cdot)$ 为平滑 L1 损失函数。因此,关于距离图的最终损失可以表示为:

$$L_{dist} = \lambda_{dist1} \cdot L_{dist_s} + \lambda_{dist2} \cdot L_{dist_e} \tag{8-22}$$

式中:λ_{dist1} 和 λ_{dist2} 为用于平衡各种损失项的超参数。

2. 分割损失

通过基于距离特征的卷积操作获得分割图像。分割损失函数的计算方式与式(8-15)相同,可以表示为:

$$L_{seg_s} = l_{wce}(\hat{P}_s, Y_s) + l_{jac}(\hat{P}_s, Y_s) \tag{8-23}$$

式中:$\hat{P}_s \in R^{H' \times W'}$ 为最终预测的分割概率。分割的边界信息是通过使用空间梯度从预测的分割图中获得的。梯度卷积核使用了拉普拉斯算子。为了确保边缘的准确性,在分割概率的空间梯度和真实梯度之间添加了一致性约束。平滑 L1 损失被用作正则化项,其表达式如下:

$$L_{seg_e} = l_{smoothL1}(\nabla \hat{P}_s, \nabla Y_s) \tag{8-24}$$

式中:∇ 为拉普拉斯算子。完整的分割损失可以表示为:

$$L_{seg} = \lambda_{seg1} \cdot L_{seg_s} + \lambda_{seg2} \cdot L_{seg_e} \tag{8-25}$$

式中：λ_{seg1} 和 λ_{seg2} 为用于平衡各种损失的超参数。

3. 缓冲边缘损失

与传统的边缘损失不同，引入了缓冲距离作为网络学习的目标。当距离的绝对值小于或等于缓冲阈值 η 时，表示边缘区域，否则被视为非边界区域。较小的距离值表示更接近边缘。

同样，使用独热格式的距离图对分类器更容易接受。缓冲距离可以使用以下公式计算：

$$D_\eta = |D| \times 1_{(|D| \leq \eta)} + \eta \times 1_{(|D| > \eta)} \tag{8-26}$$

边缘检测任务被视为缓冲距离损失的优化过程。为了缓解损失不平衡的问题，边界距离损失采用加权交叉熵，并将期望的转换（即边缘距离）添加到正则化约束项中。其公式如下：

$$L_{edge_d} = l_{wce}(\hat{H}_\eta, H_\eta) \tag{8-27}$$

$$L_{edge_e} = l_{smoothL1}(E(\hat{D}_\eta), E(D_\eta)) \tag{8-28}$$

式中：H_η 为真实的边界距离，即 D_η 的 one-hot 编码格式；$\hat{H}_\eta$ 为预测的概率。因此，关于距离图的最终损失可以表示为：

$$L_{edge} = \lambda_{edge1} \cdot L_{edge_d} + \lambda_{edge2} \cdot L_{edge_e} \tag{8-29}$$

式中：λ_{edge1} 和 λ_{edge2} 为用于平衡损失的超参数。

上述公式涉及许多超参数，如果不进行多次手动调整，很难找到最优值。为了减少手动参数设置，采用了一种多任务学习方法来自适应地调整所有损失项中的平衡参数，该方法通过等方差不确定性来衡量每个任务的重要性，并且优化过程考虑最大化高斯似然函数，并引入不确定性噪声参数 σ。目标函数可以写成：

$$L = \sum_k \frac{1}{2\sigma_k^2} \cdot L_k + \log(\prod_k \sigma_k) \tag{8-30}$$

式中：L_k 为对应于 λ_k 的损失项；$\sigma_k > 0$ 表示要学习的噪声参数，σ_k 可以理解为与 λ_k 对应的可学习参数，通过最小化该公式来优化参数 σ_k，以实现任务的平衡。由式(8-30)可以看出，随着 σ_k 的增加，该任务的等方差不确定性也增加，因为存在较大噪声的任务被分配了较小的权重，因此很难学习。这种多任务学习方法可以显著降低对参数的依赖性，并增强网络的自动学习能力。

8.3.2.3 边缘骨架线划分子田

尽管语义分割可以获得完整的区域信息，但对于模糊边缘的检测结果往往会中断，导致多个子区域被合并在一起。为了获得精细的区域，提出了一种区域边缘线连接算法（ReCA），其中使用中断的边缘线将区域单元划分为几个子区域。一些边缘线可能是断开的，但仍然可以使用，可以连接或延伸这些边缘线，使其形成封闭的子区域。为了确保边缘线的连续性，在 ReCA 算法中制定了一些感知规则。根据格式塔定律，人类能够组织和安排视觉中物体的位置，并感知环境的完整性和连续性。因此，设计的方法在构建子区域时也遵循格式塔尔定律的一些规则，包括邻近性、连续性和封闭性。

在连接边缘线之前,需要从分割的概率图中提取整个外部轮廓。首先,使用形态学分割算法获得初始分割掩膜。然后,应用边界追踪算法来检测所有区域的外部轮廓。最后,提取的轮廓与外部缓冲区进行融合,以抑制伸长的边缘,并利用内部缓冲区恢复原始边界。尽管这些边缘是孤立的或中断的,但仍然可以用于分割区域。在 ReCA 算法中,制定了几个规则来连接和延伸这些断开的边缘线,形成封闭的子区域。需要注意的是,这些边缘线是边缘的骨架线,内部边缘线需要对每个区域单独处理,而不是对所有区域进行计算。

规则1:对于一些较短的边缘线,强制闭合或连接可能会导致错误的结果,因此需要删除这些线条。图 8-7(a) 显示了一个无分支的边缘线 AB。如果其长度满足条件 $\mathrm{len}(AB)<\varepsilon$,则删除 AB。图 8-7(b) 显示了一个分支的边缘线,它根据交叉点 O 分解为几条无分支线(OA、OB 和 OC)。如果分解后的线条 OA 满足条件 $\mathrm{len}(OA)<\varepsilon$,则删除 OA。这里,长度指的是连接边缘线上的像素数。

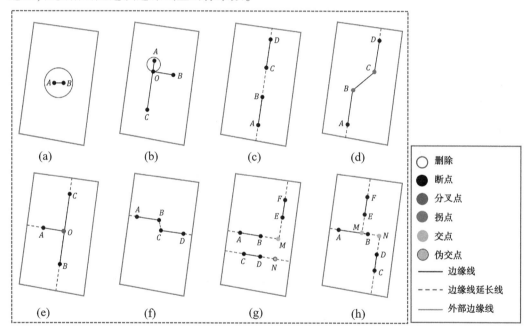

(a)~(h)分别表示不同的边缘连接方式,包括删除、连接、延伸和交叉。

图 8-7 拓扑连接规则的示意图

规则2:从连续性原理可以清楚地看出,人们倾向于感知连续的物体而不是离散的形式。为了保持边缘的连续性,我们连接两条近似共线的边缘线,并将边缘线在端点的方向上延伸到区域的外边界,形成一个封闭的子区域。共线性是基于断裂线与其所在线上端点的角度和距离来确定的。图 8-7(c) 显示了一组孤立的边缘线(AB 和 CD)。假设 AB 和 CD 之间的最小角度为 α,AB 的断裂点 A 和 B 到 CD 所在线上的最大距离为 $d_{AB \to CD}$,CD 的断裂点 C 和 D 到 AB 所在线上的最大距离为 $d_{CD \to AB}$。如果 $\alpha<\vartheta \& \max(d_{CD \to AB},d_{AB \to CD})<\varepsilon$,则认为 AB 和 CD 是共线的,其中共线意味着它们具有相同的直线方程。断裂点是通过计算骨架线上值为 1 的 8 邻域像素的数量来确定的。如果像素数等于 1,则该点是断裂点。

规则3:闭合性原则表明,视觉系统会自动尝试关闭开放的图形。图8-7(d)表示一条无分支的边缘线。假设轮廓线 AD 上的所有点到拟合直线 L 的最大距离为 $d_{AD \to L}$。如果 $d_{AD \to L} < \varepsilon$,则边缘线 AD 可以被认为是一条直线段。沿着直线段的方向将边缘线延伸到外边界。否则,根据其邻近点计算 A 和 D 的方向,并将它们延伸到外边界。图8-7(e)表示一条分支的边缘线。这个分支线在分支点 O 处分解为多条无分支线,然后以与图8-7(d)相同的方式延伸轮廓线。分支点是通过计算骨架线上值为1的邻域像素的数量来确定的。如果像素数大于或等于3,则该点是分支点。

规则4:根据近距离原则,感知领域中的对象会根据近距离进行分组。图8-7(f)说明了两个相邻的断裂点(B 和 C),如果点 B 和点 C 之间的距离 d_{BC} 满足 $d_{BC} < \varepsilon$,则可以直接连接这两个点,这里要确保断裂点是非连接的。

规则5:图8-7(g)~(h)展示了涉及多条边缘线的复杂情况。在图8-7(g)中,边缘线 AB 和 EF 的延伸线在点 M 处相交。值得注意的是,EF 和 CD 之间也存在一个交点 N。然而,由于 M 和 N 之间没有边缘线,并且 N 不与 FE 方向上的任何其他断裂点相邻,因此需要移除 N。考虑到 M 和 E 的接近性,在保持它们连接的同时,确保 AB 和 EF 之间的互连性,因此它们在交点后不再延伸。在图8-7(h)中,由于 M 和 N 都与 AB 方向上的邻近断裂点 A 和 B 相邻,需要保留交点 M 和 N。此外,由于点 N 在 AB 和 CD 之间建立了连接,因此它们在交点后不再延伸。

为了提供更清晰的 ReCA 算法描述,提供了一个详细的逐步过程。第一步是遍历每个完整的区域并获取其内部的骨架线,然后根据规则4连接更接近的断裂点。为了避免干扰结果,根据规则1删除了一些短线条。之后,检测骨架线的断裂点并计算相应点的方程。根据共线性,将断裂点进行分组,并计算非共线方程之间的交点。这里的共线性是基于规则2的。第二步是将同一组中的所有点沿着一个共同的方向进行排序,然后根据规则5删除伪交点。如果交点在区域内部,则将其插入到相应的组中。如果排序序列的两侧点不是交点,则需要根据规则3将两侧点延伸到边界。否则,只连接排序后的点而不延伸线条。最后,根据连接的线条将整个区域划分为多个子区域。

8.3.3 试验结果与分析

8.3.3.1 试验设置

1. 网络架构

我们的网络设计受到 DLinkNet 架构的启发,关键的不同之处在于编码层由五个通道大小分别为32、64、128、256 和512 的残差模块组成。第一个残差块设置为1,而其余的块遵循 ResNet34 的配置,分别为3T、4T、6T。ACFM 模块使用统一的缩放因子8,四个分支的特征输出维度都设置为32。

2. 参数设置

对于所有的试验,采用基于动量的 SGD 优化算法,并采用"poly"学习率衰减策略来优化网络,其中初始学习率、衰减系数、总的迭代次数和最大迭代次数分别设置为0.01、0.9、300 和300。在损失项中,距离阈值 τ 和边缘缓冲区阈值 η 分别设置为32 和8。在 ReCA 算法中,距离误差 ε 和角度误差 ϑ 均统一设置为10 和15。

3. 评估指标

为了更好地评估分割性能,使用 F1 分数、交并比(IoU)、召回率和精确度作为评估指标。此外,还对区域边缘进行缓冲区分析,并使用完整性(Com)、正确性(Cor)和质量(Qua)评估分割边缘的性能,其中 Com 和 Cor 分别表示边缘缓冲区的召回率和精确度,而 Qua 是一个综合指标,包括 Com 和 Cor。最终,使用领域数量作为额外的指标,评估实际合法地块和分割合法地块数量之间的差异。

8.3.3.2 试验结果

图 8-8 展示了农田的提取结果。复合地图通过叠加距离特征、边缘特征和分割特征创建的伪彩色表示。使用 ReCA 算法将提取的农田转化为矢量多边形。从全局的角度来看,通过与图像进行比较,可以看出提取的农田结构完整,并且成功地分割了许多小型农田,提取的农田在细节方面与真实地图表现出很高的相似性。值得注意的是,复合地图是通过截断的距离图、缓冲的边缘图和分割概率图生成的,其中农田的语义和细节信息更加突出。具体而言,它表明无论是大规模还是小规模的农田,都能够捕捉到边缘细节和整体语义信息。所提出的网络有效地整合了包括各种尺度特征,充分利用了不同尺度特征的优势。具体而言,AGFM 模块用于增强互补信息的吸收,网络可以受到不同任务的约束和引导,促进信息的传播,并能够学习更加稳健的表示。

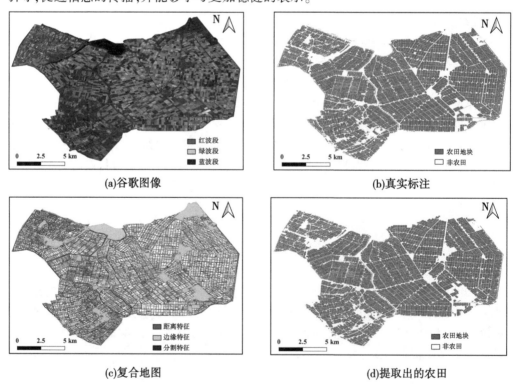

图 8-8 农田的可视化结果

从局部角度来看(见图 8-9),明显可以看到边缘检测、距离估计和分割任务之间存在一定的相关性和互补性。分割地图能够获取相对完整的农田,主要是因为使用距离图作为载体可以确保农田结构的完整性。经过仔细观察,边缘检测更能够突出不同农田之间的边缘细节,而分割任务主要关注语义信息,可能忽视了一些微弱的细节。因此,边缘检测在突出边缘细节方面具有相对优势。事实上,明显可以看到农田之间的显著边缘已经被有效地提取出来。然而,一些难以辨别的边缘很难被完全捕捉到,这些边缘仍然中断。这主要是因为场景的复杂性使得一些纹理特征变弱,难以获取连续的边缘。在这种情况下,无论选择何种分割阈值,都很难将合并的农田分隔开。实际上,这些断裂的边缘仍然非常有用,因为它们可以根据断裂的骨架线的方向获取连通的农田。

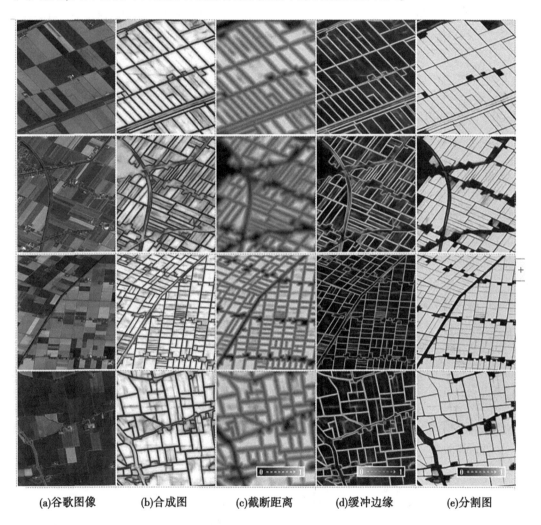

(a)谷歌图像　　(b)合成图　　(c)截断距离　　(d)缓冲边缘　　(e)分割图

图 8-9　多任务特征图

图 8-10 展示了使用 ReCA 算法得到的最终结果。整个地块需要基于具有特殊拓扑处理的分割掩码来获取,这种方式只涉及缓冲区域的外部轮廓来合并一些延伸的边缘。潜在的好处是在不考虑内部噪声的情况下获得完整的地块,我们主要关注如何有效利用可用的边缘线来分割地块。最终的处理结果显示在图 8-10(b)中的白色区域。为了获得可靠的分割线,从缓冲边缘中提取了骨架线,使用较低的阈值(缓冲边缘距离的 1/3)。这种方法利用了离缓冲边缘中心更近的值,有助于过滤更多的噪声边缘。图 8-10(b)中的

红线表示最终提取的骨架线。由图 8-10(c)可以清楚地看到,许多小型地块已经被划分出来,并且与实际的地块非常匹配。此外,该算法还检测到了一些在真实地图中未标出的未分割的地块。经过验证,发现检测结果是正确的。这表明由于手动干预,真实地图中也存在一些遗漏。

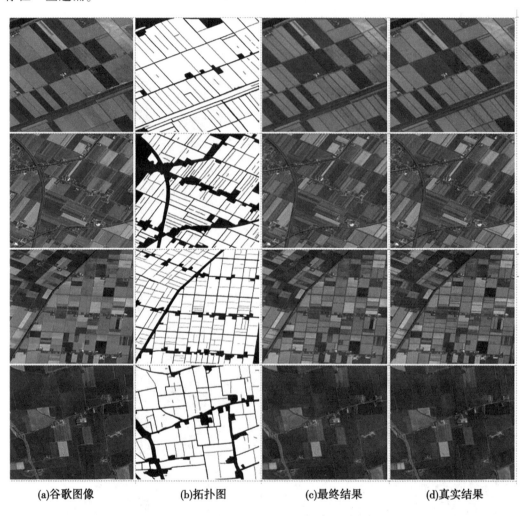

(a)谷歌图像　　　　　(b)拓扑图　　　　　(c)最终结果　　　　　(d)真实结果

图 8-10　ReCA 算法划分的农田示例

表 8-1 展示了来自 3 个不同城市的评估结果。通过实施 ReCA 算法,Com 分别提高了约 7%、6.5%和 6.5%。较高的 Com 值表示模型在捕捉边缘区域的真正阳性方面表现更好,而 Qua 同时增加了约 6%、6%和 5%。这也表明所提出的方法有助于提高边缘的整体准确性。更高的 Cor 值表示模型能够准确检测到位于边缘的真正阳性,由表 8-1 可以注意到 Cor 指标略微下降。这表明初始分割边缘具有更高的准确性。然而,精练的结果涉及连接或延伸边缘,这可能在补充边缘时引入一些错误。尽管如此,Cor 指标的整体变化仍然可以忽略不计。观察到提取的地块数量(Pre-N)分别为 1 858、3 385 和 1 602,而相应的参考计数(Ref-N)分别为 1 750、3 367 和 1 513,数量上存在非常小的差异。从数字的

角度来看,Pre-N 的结果分别超过 Ref-N 50、70 和 80 个。与谷歌图像进行比较后,发现真实地图中有一些边缘缺失,导致一些地块被合并在一起。这种现象的原因有两个:首先,在手动注释过程中存在一些遗漏;其次,所使用的数据源是 2019—2020 年的无云合成图像,导致真实地图和图像之间存在时间上的差异。总的来说,这些结果表明 ReCA 算法确实能够分割合并的地块。该方法结合了语义分割和边缘检测的优势,实现了更精确的划分。

表 8-1 田块边缘精度检验

研究区	不使用 ReCA 算法				使用 ReCA 算法				Ref-N
	Com	Cor	Qua	Pre-N	Com	Cor	Qua	Pre-N	
保罗娜小镇	68.46	82.93	60.09	1 114	75.64	80.75	65.97	1 858	1 750
维灵厄梅尔垦区	62.76	79.12	53.49	1 429	69.29	78.34	59.83	3 385	3 367
尼多普小镇	65.00	79.32	55.64	942	71.45	78.39	61.00	1 602	1 513

为了评估 MLGNet 的有效性,研究比较了一些先进的语义分割方法,包括 ResUNet、DLinkNet、ResUNet-a 和 BsiNet。为保证试验的公平性,所有对比方法使用了相同的优化算法、批量大小和常见样本。表 8-2 总结了不同方法的评估指标。在三个城市中,MLGNet

表 8-2 不同方法田块分割精度检验

研究区	方法	评价指标/%			
		IoU	F1	Recall	Precision
保罗娜小镇	ResUNet	85.47	92.17	90.08	94.36
	DLinkNet	86.26	92.62	90.50	94.84
	ResUNet-a	89.39	94.40	95.76	93.08
	BsiNet	87.01	93.05	91.84	94.31
	MLGNet	91.27	95.44	96.98	93.94
维灵厄梅尔垦区	ResUNet	90.71	95.13	94.78	95.49
	DLinkNet	91.29	95.45	95.20	95.70
	ResUNet-a	91.86	95.69	96.71	94.70
	BsiNet	90.19	94.83	94.00	95.68
	MLGNet	93.05	96.40	97.24	95.58
尼多普小镇	ResUNet	86.59	92.81	92.82	92.80
	DLinkNet	87.05	93.07	93.09	93.05
	ResUNet-a	88.11	93.68	95.99	91.49
	BsiNet	87.60	93.39	94.26	92.53
	MLGNet	89.76	94.61	96.54	92.75

实现了最高的 IoU 得分(91.27%、93.05% 和 89.76%)和 F1 得分(95.44%、96.40% 和 94.61%)。相比之下,ResUNet-a 和 BsiNet 的 IoU 略低于 MLGNet,这表明网络在预测与真实值之间有相对较大的重叠,同时在预测正负两种情况下保持良好的平衡。类似地,所提出的网络分别实现了最高的召回率,分别为 96.98%、97.24% 和 96.54%,表明它能够更好地识别真正的阳性。在精确度方面,DLinkNet 在精确度上略优于 MLGNet,分别提高了约 0.9%、0.1% 和 0.3%。然而,与其他方法相比,所提出的方法仍然表现出卓越的准确性。此外,它在农田提取方面显示出巨大的潜力。

为了评估不同方法之间的差异,图 8-11 展示了不同方法的部分分割图像。可以看到,MLGNet 在学习农业特征方面表现更好,非边缘噪声被有效抑制,边缘细节更加明显。所提出的方法生成了更完整的分割结果,捕捉到了小型延伸地块和大型地块。从图像对比中可以注意到,蓝色区域主要位于边缘不明显的区域,这使得通过语义分割难以将这些地块分割开来。此外,由图 8-11 的第三行可以看到,对于一些不容易区分的特殊类型,例如草地和地块,蓝色区域表示提取的地块。实际上,这些地块类型应该被归类为草地,该方法可以有效改善这种现象,表明我们的方法对非地块具有高辨识度。这主要是由于 AGFM 模块的引导效果,它使网络能够逐层学习互补的空间细节。此外,多任务学习方法也有助于网络学习更精细的特征。这些结果表明,所提出的网络框架和多任务学习方法非常有效。

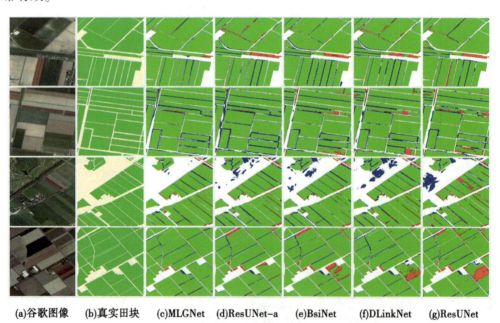

(a)谷歌图像 (b)真实田块 (c)MLGNet (d)ResUNet-a (e)BsiNet (f)DLinkNet (g)ResUNet

注:图中的绿色表示真阳性,白色表示真阴性,蓝色表示假阳性,红色表示假阴性。

图 8-11 使用不同方法分割字段的示例

8.3.3.3 试验分析

1. 模块收敛性分析

为了研究每个模块对网络收敛性的影响,我们评估了验证集上评估指标随训练轮数的变化。图 8-12 展示了不同模块的统计结果。基线表示没有注意力融合模块和多任务学习网络的统计结果。需要注意的是,在这种情况下,目标函数只包括交叉熵损失和 Jaccard 损失。wo/MLS 表示没有多任务学习方案的情况,其中网络添加了两个注意力融合模块。w/MLS 表示完整的网络结构,包含多任务学习方案。此外,可以注意到随着轮数的增加,验证集上的 IoU 和 F1 分数逐渐提高。当轮数达到大约 100 时,指标稳定,表明网络收敛。由图 8-12 可以推断出,基线在训练的早期阶段会出现振荡。wo/MLS 的振荡频率明显较低,指标值也高于基线,说明所提出的网络架构可以加快网络的收敛速度并增强其稳定性。这主要通过引导注意力模块实现,它使用一种深度监督形式来辅助学习每个分支的更好表示,从而提升模型性能。综合来看,MLS 在验证集上实现了最快的收敛速度和最高的准确性。多任务学习可以通过利用不同任务之间的相似性来提升模型性能。这意味着可以利用相同的特征提取器来处理各种任务,从而提高模型的泛化能力。

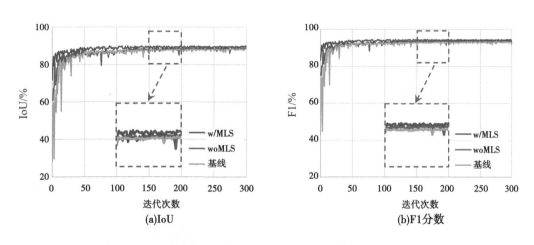

图 8-12 验证集上每个模块的收敛性分析(红框代表一张局部放大的地图)

2. 组件有效性分析

为了更好地评估每个组件的性能,对每个组件进行了广泛的分析,涉及三个方面。以 DLinkNet 架构作为基准线,这是一个经典的编码器-解码器网络,结果显示在表 8-3 中。引入两个融合模块(ACFM 和 AGFM)后,IoU 和 Qua 都有显著改善,其中 AGFM 对准确性的提升贡献更大,三个区域的 IoU 分别提高了约 2.5%、0.8% 和 1.9%,而相应的 Qua 分别提高了约 4.1%、2.1% 和 2.7%。这主要是因为 AGFM 能够通过渐进的学习方法学习互补的细节,从而引导网络增强目标区域。多任务学习(MLS)模块也对提升网络性能有所帮助。具体而言,该方法促使网络学习表示更加泛化。此外,引入 ReCA 显著提高了 Qua 指标。然而,IoU 指标的整体改善并不明显。这主要是因为 ReCA 是一种边缘连接方法,修复断开的线条,因此对完整地块的 IoU 影响较弱,而完整地块的 IoU 主要取决于分割的准确性。试验结果证实了所提出的模块在提高准确性方面的有效性。

表 8-3 不同功能模块有效性检验

研究区	功能模块				评价指标	
	ACFM	AGFM	MLS	ReCA	IoU/%	Qua/%
保罗娜小镇	×	×	×	×	86.26	52.03
	√	×	×	×	87.14	54.21
	√	√	×	×	89.62	58.35
	√	√	√	×	91.27	60.09
	√	√	√	√	92.13	65.97
维灵厄梅尔垦区	×	×	×	×	91.29	50.19
	√	×	×	×	91.52	50.24
	√	√	×	×	92.36	52.37
	√	√	√	×	93.05	53.49
	√	√	√	√	93.71	59.83
尼多普小镇	×	×	×	×	87.05	50.59
	√	×	×	×	87.14	50.81
	√	√	×	×	89.08	53.47
	√	√	√	×	89.76	55.64
	√	√	√	√	90.35	61.00

尽管大多数划分后的地块与实际情况一致，但仍存在一些不确定因素可能会影响最终的结果。图 8-13 中的第一行突出显示了这些细长地块与河流附近的植被在纹理特征上的相似性，由于样本稀缺，算法很难准确区分它们，导致分割结果的完整性不足。图 8-13 的第二行呈现了另一种情况，网络检测到了一个错误的边缘，导致一个完整的地块被分割成两个独立的子区域。尽管使用了长度阈值来移除这些错误的边缘，但它们的长度超过了固定阈值，因此被认为是可靠的。然而，这种情况并不常见。从图 8-13 的第三行可以观察到遗漏情况，其中某些边缘未包含在分割结果中，在分割图中的虚线框内可见模糊的边缘。然而，由于在从缓冲边缘提取骨架时应用了更加自信的阈值，它没有被检测到。虽然更加自信的阈值可以减少噪声边缘，但也可能会移除一些正常的结果。从图 8-13 的第四行可以看出，方向角度存在偏差。与实际图像相比，延伸的边缘线上可以观察到轻微的倾斜。这主要是因为初始的骨架线长度较小，导致其方向的不确定性较高。总体而言，所提出的方法令人满意地处理了大多数情况，并成功检测到了许多未经手动标

记的子区域。因此,我们的方法在农田提取方面具有重要的潜力和应用价值。

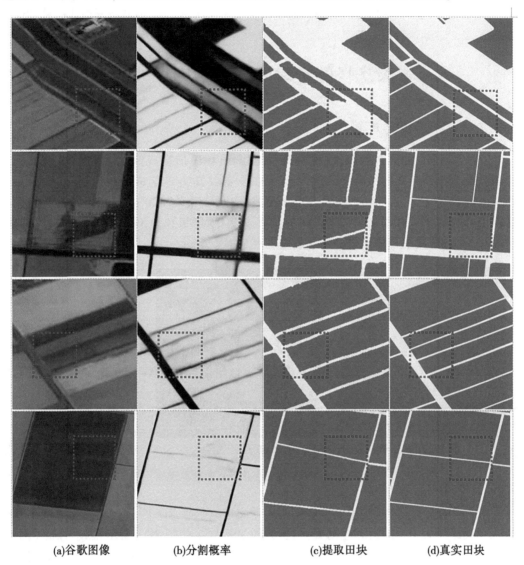

(a)谷歌图像　　　　(b)分割概率　　　　(c)提取田块　　　　(d)真实田块

图 8-13　农业领域不确定性的可视化

8.3.4　小结

本书提出了一种农田分割的方法,其中 MLGNet 的收敛性和准确性在分割和边缘检测方面显示出显著优势。从分割结果可以看出,非边缘区域的噪声可以有效地被抑制,边缘细节更加突出。这些性能改进主要归因于多尺度注意力融合模块和多任务学习方案。在分割农田时,我们充分利用了集成边缘检测和分割任务的优势,成功地将合并的地块划分为多个子地块。与初始分割结果的比较表明,我们的结果在多个指标上更接近实际情况。此外,所提出的方法能够勾画出未经手动标记的潜在地块,展示了这项研究的价值和重要性。虽然所提出的方法成功地提取了大多数子地块,但仍存在错误结果的情况。未来,相关工作将从以下两个方面继续探索:①优先考虑基于学习的边缘方向方法,以实现边缘的连通性;②引入时间序列数据进行作物识别,进一步增强本书研究的实用性和应用价值。

8.4 深监督伪学习的高光谱影像分类方法

8.4.1 研究区和数据源

(1)印第安纳松树试验数据(IP):该数据由 AVIRIS 航空成像光谱仪获取,研究区为美国印第安纳州西北部印第安纳松树试验区,影像及真实样本如图 8-14 所示,影像大小为 145×145 像素,去除水汽后剩余 200 个波段,空间分辨率为 20 m,共 16 种地物,影像及真实样本来源于公开高光谱数据集。在 IP 数据集中,随机选择 5% 的样本作为训练,剩余样本作为测试,其中具体样本类别及数量见表 8-4。

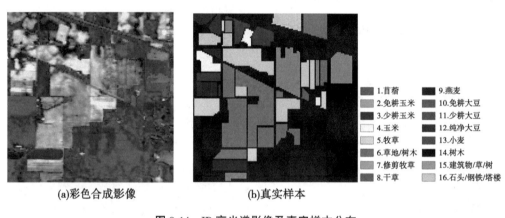

图 8-14 IP 高光谱影像及真实样本分布

(2)帕维亚大学数据(PU):该数据为由德国宇航中心 ROSIS 航天成像光谱仪获取的意大利帕维亚大学校园的高光谱影像,影像及真实样本如图 8-15 所示,该影像的大小为 340×610 像素,去除水汽吸收波段后余下 103 个波段,光谱范围为 0.43~0.86 μm,空间分辨率为 1.3 m。研究区包含 9 种地类,在 PU 数据集中,随机选择 0.5% 的样本作为训练,剩余所有样本作为测试,具体样本类别及数量见表 8-5。影像及真实样本数据来源于公开高光谱数据集。

(3)Houston2013 数据(HU):该数据由 ITERS CASI-1500 传感器在美国得克萨斯州休斯顿及其周边农村地区获取,空间分辨率为 2.5 m,数据大小为 349×1 905,含有 144 个波段,波段范围是 364~1 046 nm,覆盖了 15 类土地覆盖。影像及真实样本如图 8-16 所示。在该数据集中,各个类别的 5% 的样本用于训练,具体样本类别及数量见表 8-6。影像及真实样本数据来源于公开高光谱数据集。

表 8-4 IP 数据集样本数量情况

序号	类别	训练样本	测试样本	总样本
1	苜蓿	3	43	46
2	免耕玉米	72	1 356	1 428
3	少耕玉米	42	788	830
4	玉米	12	225	237
5	牧草	25	458	483
6	草地/树木	37	693	730
7	修剪牧草	3	25	28
8	干草	24	454	478
9	燕麦	3	17	20
10	免耕大豆	49	923	972
11	少耕大豆	123	2 332	2 455
12	纯净大豆	30	563	593
13	小麦	11	194	205
14	树林	64	1 201	1 265
15	建筑物/草/树	20	366	386
16	石头/钢铁/塔楼	5	88	93
	总计	523	9 726	10 249

表 8-5 PU 数据集样本数量情况

序号	类别	训练样本	测试样本	总样本
1	沥青	34	6 597	6 631
2	草地	94	18 555	18 649
3	砾石	11	2 088	2 099
4	树木	16	3 048	3 064
5	金属屋顶	7	1 338	1 345
6	裸土	26	5 003	5 029
7	沥青屋顶	7	1 323	1 330
8	砖块	19	3 663	3 682
9	阴影	5	942	947
	总计	219	42 557	42 776

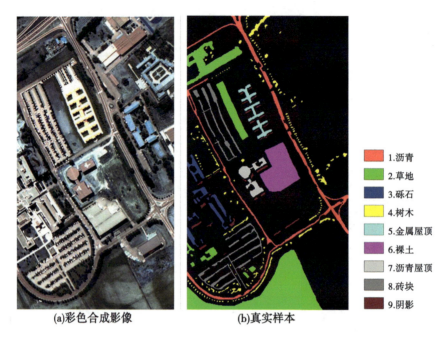

图 8-15 PU 高光谱影像及真实样本分布

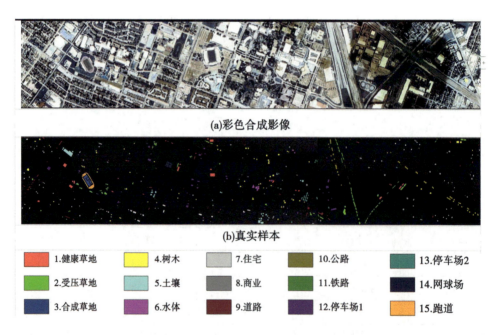

图 8-16 HU 高光谱影像及真实样本分布

8.4.2 深监督伪样本学习方法

与本节相关的数学符号定义如下:设 $X \in R^{H \times W \times B}$ 为输入的影像数据, $Y \in R^{H \times W}$ 是真实标签, $\hat{Y} \in R^{H \times W \times C}$ 表示预测的分割特征, $\overline{Y}$ 表示多个分支的平均预测。$I = \{l \mid 1 \leq l \leq 4\}$ 是预

定义的全尺度索引集合。$X=\{(x_i,y_i)|i\in(1,\cdots,N)\}$ 表示标记样本集合，其中 $x_i\in X$ & $y_i\in Y$，为了完成端到端的训练，利用掩码标记样本的位置信息，对于训练位置样本标记为 1，非训练样本标记为-1，在反向传播过程中忽略-1区域的值。$U=\{u_b|b\in(1,\cdots,\kappa_U N)\}$ 表示未标记的样本集合，κ_U 是一个超参数，用于决定 U 样本数量，$M=\{u_m|m\in(1,\cdots,\kappa_M N)\}$ 表示混合的样本集合，κ_M 是一个超参数，用于决定 M 样本数量。

表 8-6 HU 数据集样本数量情况

序号	类别	训练样本	测试样本	总样本
1	健康草地	63	1 188	1 251
2	受压草地	63	1 191	1 254
3	合成草地	35	662	697
4	树木	63	1 181	1 244
5	土壤	63	1 179	1 242
6	水体	17	308	325
7	住宅	64	1 204	1 268
8	商业	63	1 181	1 244
9	道路	63	1 189	1 252
10	公路	62	1 165	1 227
11	铁路	62	1 173	1 235
12	停车场 1	62	1 171	1 233
13	停车场 2	24	445	469
14	网球场	22	406	428
15	跑道	34	626	660
总计		760	14 269	15 029

8.4.2.1 深度监督的全局学习网络

通常而言，增加神经网络的深度可以在一定程度上提高网络的表征能力，但随着网络的不断加深，会出现难以训练的情况。为了加快网络的收敛速度，一些深度监督网络在侧边添加一些辅助的分割任务，这种结构可以灵活地进行多尺度预测，能更好地捕获全尺度下的细粒度信息和粗粒度信息。基于该思想，本书提出一种深度监督全局学习网络框架（DSGL）图 8-17 中展示了 DSGL 框架结构示意图，这种结构通过自上而下的路径和横向连接，能够加快网络的收敛速度，它由四部分组成：①输入层：对影像边界进行填充以保证模型能够接受。②基于 FCN 的模型：包括编码层、解码层及跳跃连接，编码层可以获取一些浅层的细节信息，而解码层可以获取更加高级的语义信息，为了将浅层细节信息与深层语义信息融合，在编码层和解码层添加了跳跃连接，跳跃连接也就是将相同尺度的特征在通道维度上进行拼接，充分利用编码层和解码层语义信息提升网络特征的表达能力。③深度监督学习分支:通过对解码层或编码层输出特征进行不同倍数的上采样及卷积操作,并使用了全尺度的特征输出(8倍、4倍、2倍、1倍),有时候解码层和横向连接是不必要的,可以直接通过编码层将输出特征上采样至原始图像大小,最后对不同尺度的侧边建立监督损失。

④全局分层采样器:保证端到端模型的收敛,其中训练样本是完整图像而不是局部块,因此地面真实标签中所有离散标记的像素都是离散的,并且所有标签都分配给随机序列。

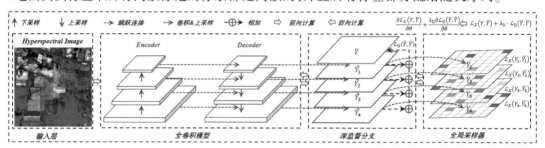

图 8-17 深度监督全局学习网络框架结构示意图

对于标准的训练方案,仅仅只在最后一层输出建立监督损失,其对应的目标损失函数可以定义为:

$$\mathop{\arg\min}_{\theta} L_X(Y,\hat{Y}) \tag{8-31}$$

与标准训练方案不同,假设网络包含多种尺度的侧边输出,这些不同尺度的特征能够获取细粒度的细节和粗粒度的语义信息,因此为了能够有效捕获全尺度语义信息,在每个侧边添加一个监督分割损失,假设模型有四个尺度的特征输出,对应的多尺度目标损失可以表示为:

$$\mathop{\arg\min}_{\theta} \sum_{l \in I} L_X(Y_l,\hat{Y}_l) \tag{8-32}$$

深度网络具有极强的分层特征表达能力,这种多分支的侧边输出通过集成分类能够有效提升模型的分类精度,为了提高监管分支之间的信息交互能力,在训练多分支损失的基础上增加了一个新的协同损失,即在每次迭代更新的过程中,通过集成结果对侧边的输出进行统一调整。在训练样本一定的情况下,对无标签区域特征增加协同损失能够进一步提升模型的分类精度,因此可以进一步调整多尺度侧边损失函数,它可以被定义为:

$$\mathop{\arg\min}_{\theta} \sum_{l \in I} [L_X(Y_l,\hat{Y}_l) + \lambda_U \cdot L_U(\bar{Y},\hat{Y}_l)] \tag{8-33}$$

其中 λ_U 表示一个平衡多分支损失和无标签协同损失的超参数,通过多分支损失和协同损失对网络进行调整,可以有效提升网络的泛化能力。对于分割任务而言,需要选择一个合适的损失函数,因此将在下一小节重点介绍相关解决方案。

8.4.2.2 权重配对的监督损失

在遥感语义分割任务中,监督学习的损失函数对于网络优化至关重要。大多数样本是相对容易学习的,学习有效的判别特征需要更多关注于分布在决策边界的难样本,此外,由于类分布的不平衡性,导致损失函数在优化过程中更侧重于头部类别的学习,这些问题在遥感影像语义分割中很容易被忽视。因此,本章设计了一种监督学习的权重配对损失函数(Supervised Learning with Pair-weighted Loss, SL-PW),在该损失项中,对于尾部的小类样本和决策边界的样本会赋予更大的权重。

假设 $z_i^{y_i}$ 表示类内相似性,$z_i^j(j \neq y_i)$ 表示类间相似性,Softmax 损失通过优化成对的 $z_i^{y_i}$ 和 $z_i^j(j \neq y_i)$ 来降低目标损失,即最大化类内相似性 $z_i^{y_i}$,最小化类间相似性 $z_i^j(j \neq y_i)$,因此等价于最小化 $(z_i^j - z_i^{y_i})$。为了保证类内和类间具有不同的惩罚力度,采用一种加权思想保证类内和类间惩罚力度的灵活性,$(z_i^j - z_i^{y_i})$ 可以改写为 $(\alpha_n^j z_i^j - \alpha_p^{y_i} z_i^{y_i})$,$\alpha_n^j$ 和 $\alpha_p^{y_i}$ 被看作是惩罚的权重,当相似性得分偏离最佳值时,α_n^j 和 $\alpha_p^{y_i}$ 有一个较大的权重值,对应较大的梯度进行网络的更新,α_n^j 和 $\alpha_p^{y_i}$ 可以被定义为:

$$\begin{cases} \alpha_p^{y_i} = [O_p - z_i^{y_i}]_+ \\ \alpha_n^j = [z_i^j - O_n]_+ \end{cases} \tag{8-34}$$

式中:$[\cdot]_+$ 为非负截断函数。从式(8-34)中可以看到,在给定类内参数 O_p 和类间参数 O_n 的情况下,当类内相似性得分 $z_i^{y_i}$ 较小时,此时有一个较大的惩罚权重 $\alpha_p^{y_i}$,与此同时,当类间相似性得分 z_i^j 较大时,此时也有一个较大的惩罚权重 α_n^j。因此,惩罚权重可以根据类内和类间的相似性进行自适应调整,这是一种难样本学习思想,能够保证类内和类间具有不同的惩罚力度。

在考虑间距 m 的情况下,分类器往往具有更好的分类性能,当 $\alpha_n^j(z_i^j - m_n) - \alpha_p^{y_i}(z_i^{y_i} - m_p) = 0$ 时,分类决策边界可以表示为:

$$\left(z_i^j - \frac{O_n + m_n}{2}\right)^2 + \left(z_i^{y_i} - \frac{O_p + m_p}{2}\right)^2 = S \tag{8-35}$$

式中:m_n 表示类间间隔;m_p 表示类内间隔,并且 $S = [(O_n - m_n)^2 + (O_p - m_p)^2]/4$。从式(8-35)中可以看出,决策边界是以 $(\frac{O_n + m_n}{2}, \frac{O_p + m_p}{2})$ 为中心的圆弧,其半径为 $\sqrt{S}$。理想情况下,优化的目标是希望类内相似性 $z_i^{y_i} \to 1$ & $z_i^j \to 0$,因此当 $\frac{O_n + m_n}{2} = 0$ & $\frac{O_p + m_p}{2} = 1$ 时,$S = m_n^2 + (1 - m_p)^2$,为了进一步简化参数,设置 $m_p = 1 - m, m_n = m$,此时式(8-35)可以表示为:

$$(z_i^j)^2 + (z_i^{y_i} - 1)^2 = 2m^2 \tag{8-36}$$

式中:m 为分类间距,可以看作松弛因子用来控制边界的决策半径,此时 $O_p = 1 + m$,$O_n = -m$,优化目标是期望 $z_i^{y_i} > 1 - m$ & $z_i^j < m$,在优化过程中,为了保证类内相似性大于类间相似性,需要满足条件:$z_i^{y_i} > z_i^j$,此时分类间隔的取值范围需要满足 $0 < m < 0.5$。

为了解决样本的长尾分布问题,采用有效的样本数量来重新计算损失。假设每个样本在特征空间中有一定的体积,样本有一定的重叠,模型的效益会随着样本量的增加而减少。因此,用样本的预期体积来判别影响模型性能的判别指标,可以看作是有效样本数。通过归一化的加权因子 E_i 来减少类间的不平衡,该因子与有效样本数量成反比,根据式(8-5)的权重加权策略,最终损失函数可以被改写为:

$$L_x = -\frac{1}{N} \sum_{i=1}^{N} E_i \log \frac{\exp[\gamma \alpha_p^{y_i}(z_i^{y_i} - m_p)]}{\exp[\gamma \alpha_p^{y_i}(z_i^{y_i} - m_p)] + \sum_{j=1, j \neq y_i}^{C} \exp[\gamma \alpha_n^j(z_i^j - m_n)]} \tag{8-37}$$

8.4.2.3 伪样本学习

为了充分利用有标签和无标签样本,本章提出一种基于一致性正则的半监督伪样本学习方法(Semi-Supervised Learning with Consistency Regularization, SSL-CR)。图 8-18 展示了 SSL-CR 的计算过程,首先通过对原始影像 X 进行两次随机扰动产生增广影像 $\hat{X}$,并将 $\hat{X}$ 进行混合产生混合影像 X',通过深度监督的全局学习网络获得各分支的平均预测,使用 Sharpening 函数最小化无标记数据,并根据阈值函数获取无标签的样本,在此基础上对有标签和无标签样本进行混合产生新的合成样本。因此,损失函数在有标签的损失 L_X 的基础上添加了无标签损失 L_U 和混合标签损失 L_M。最后的损失被表示为:

$$L = L_X + \lambda_U L_U + \lambda_M L_M \tag{8-38}$$

模型的平均预测 $\overline{Y}$ 可以通过两次轻微的扰动进行计算:

$$q(\overline{Y}_U) = \frac{(p_{\text{model}}(\overline{Y}_U \mid \hat{X}; \theta) + p_{\text{model}}(\overline{Y}_U \mid \hat{X}; \theta))}{2} \tag{8-39}$$

由于 $\hat{X}$ 是随机的,所以左右两项并不相等。为了减少预测分布的熵,使用 Sharpening 函数迫使 $q(\overline{Y}_U)$ 接近狄拉克分布,这种 Sharpening 函数可以被定义为:

$$q(Y_U) = q(\overline{Y}_U)^{\frac{1}{T}} / 1^T q(\overline{Y}_U)^{\frac{1}{T}} \tag{8-40}$$

式中:T 为超参数,用于控制分类的分布,如果 $T \rightarrow 0$,输出的预测更加接近狄拉克分布。因此,适当的减小 T 可以拉伸预测的分布,促使模型具有更小的熵,从而保证无标签伪样本的可靠性。

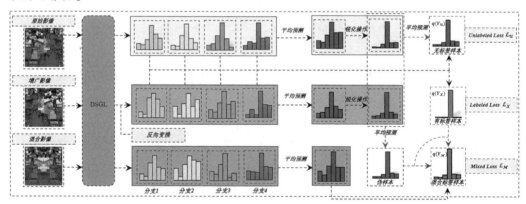

图 8-18　半监督伪样本学习示意

在 SSL-CR 算法中,来自锐化的无标签伪样本被视为"锚"点,强制要求每个分支与锚点匹配。从理论上讲,较高的概率对应于较低的熵。为了获得高置信度的伪标签,将最大化的分类概率 $\max(q)$ 作置信度衡量标准,并通过阈值条件 $\max(q) < \tau$ 过滤低熵样本。此外,假设原始训练数据是不平衡的,而可以收集到的未标记数据也可能是不平衡的。正如现有研究所揭示的,尾部类(即少数几个类)通常会保持较高精确度,尾部类的样本具有较高的置信度,这些应该得到更多的关注。其中,高精确度可以表示为:precision =

TP/(TP+FP),TP 表示实际为正例且被分为正例的样本数,FP 表示实际为负例但被分为正例的实例数,精确度 precision 表示被分为正例的示例中实际为正例的比例。针对无标签样本,为了保持各类样本的平衡,提升样本的可靠性,提出一种加权一致性损失函数,加权策略的设计主要考虑两方面。首先,熵越小分割的概率越大,所以概率被作为权重的指标。第二,尾部类与头部类相比表现出更高的精度,所以那些尾部的伪样本具有更低的风险。因此,有效样本的数量可以作为置信权重的另一个指标,相应的权重 W_u 表示为:

$$W_u = \max(q(Y_u))E_u \tag{8-41}$$

由于 L2 损失相比于交叉熵损失具有较低的敏感性,所以无标签损失采用 L2 一致性正则进行计算:

$$L_u = \frac{1}{\kappa_U N}\sum_{l \in I, u \in U} 1_{(\max(q(Y_u))>\tau)} W_u \| q(Y_u) - p_{\text{model}}(\hat{Y}_{l,u} \mid \hat{X};\theta) \|_2^2 \tag{8-42}$$

式中:$1_{(\max(q(Y_u))>\tau)}$ 为硬置信阈值函数;L_u 考虑了熵的最小化和分类的平衡。图 8-19 中展示了无标签损失的计算过程,通过各分支的平均预测可以得到更置信的预测 $q(Y_u)$,根据阈值函数滤掉低质量样本,选择更加可信的无标签样本。在无标签损失计算过程中采用 L2 损失,所以伪样本分配的是软标签,而不是硬标签,主要是因为错误的硬标签过于敏感,可能会引导网络偏移正确的优化方向。最后,通过每个分支的输出 $p_{\text{model}}(\hat{Y}_{l,u} \mid \hat{X};\theta)$ 去逼近 $q(Y_u)$,从而引导网络实现自我学习,即使样本数量很少也能提高分类性能。

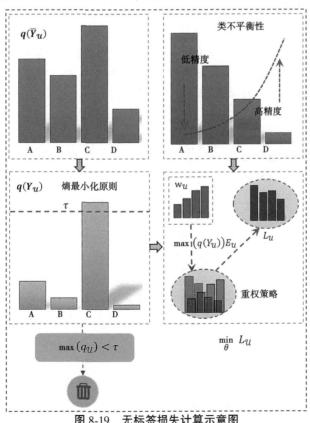

图 8-19 无标签损失计算示意图

为了增加样本的多样性,在 SSL-CR 中引入了混合策略来生成混合标签,采用加权叠加的方式对扰动的图像进行合成,随机选择其中一个图像作为参考图像,另一个图像作为目标,将这些来自目标图像的无标签样本与来自参考图像的有标签样本在相同位置使用相同的权重进行混合。对于合成的样本可以通过以下公式计算:

$$X' = \mu \hat{X} + (1-\mu)\hat{X} \tag{8-43}$$

$$q(Y_m) = \mu q(Y_X) + (1-\mu) q(Y_u) \tag{8-44}$$

式中:μ-Beta(α,α) 用于控制拉伸的强度,Beta(α,α) 表示 Beta 分布。与无标签样本损失相似,混合样本损失也同样使用 L2 的一致性正则计算:

$$L_M = \frac{1}{\kappa_M N} \sum_m 1_{(\max(q(Y_{m\in u}))>\tau)} \| q(Y_{m\in M}) - p_{\text{model}}(\bar{Y}_{m\in M'} | X';\theta) \|_2^2 \tag{8-45}$$

式中:$q(Y_{m\in u})$、$q(Y_{m\in M})$ 和 $p_{\text{model}}(\bar{Y}_{m\in M'} | X';\theta)$ 分别为相同位置的无标签样本、按比例混合样本和预测混合样本的预测值,所以式(8-45)中 u、M 和 M' 采用不同的标记形式。在早期的训练阶段,预测结果是不可靠的,只能使用标注的损失调整网络。随着网络的不断优化,模型逐渐变得可靠,预测的准确性也随之提高。因此,模型的训练过程分两个阶段进行。在第一阶段,使用标记的损失来逐步优化网络。在第二阶段,随着预测精度的提高,通过3个损失项来调整模型,直到网络收敛。

8.4.3 试验结果与分析

为了验证模型的分类性能,本书将与目前一些先进的高光谱分类方法进行对比,包括 SSCNN、SSRN、A2S2KRN、SDFL、X-GPN、UNET、DLINKNET、FPGA 和 MSSG-U。与此同时,试验将在3个公开的高光谱遥感数据集展开,在这些公开的数据集中,类别样本数目差异较大,能够很好地验证方法的性能。

8.4.3.1 参数设置

1. 网络结构

在网络结构方面,采用 DLinkNet 作为全局学习框架的基本模型。编码器包含4个下采样层,其中残差模块的大小由 {3,4,6,7} 调整为 {1,1,1,1},每个块的输出通道维度分别为 64、128、192 和 256。中心部分和解码器部分与 DLinkNet 一致。对于跳跃连接,使用 Concatenate 模式来代替 Add 模式。为了保证所有分支的大小一致,使用双线性插值对每个分支进行上采样,每个侧面的特征被送入卷积层,其输出通道维度为32。在整个计算过程中,卷积核的大小始终固定为 3×3。最后,4个分支的输出特征被送到各自的分类器进行分类。

2. 损失参数

对于有标签损失,设置 $\gamma=64, m=0.3, \beta=0.9999$;对于无标签损失和混合损失,统一设置 $\tau=0.97, T=3, \lambda_u=1, \lambda_M=1$。在训练开始时,当 epoch≤50 时,采用式(8-37)来计算有标签损失;当 epoch>50 时,根据式(8-38)计算所有目标损失项。

3. 优化方法

对于所有的试验,采用基于动量的 SGD 优化算法,初始学习率设置为 init_lr = 0.01,总的迭代次数设置为1 000,采用"Poly"学习率衰减策略动态调整学习率,即:

$$\text{lr} = \text{init\_lr} \times (1 - \text{epoch}/(\max\_\text{epoch}))^{\wedge} \text{power} \tag{8-46}$$

式中:epoch 为当前迭代次数;max_epoch 为最大迭代次数,本章设置为 3 000;power 为能量衰减系数,本章设置为 0.9。

4. 评价指标

本节根据一些常用指标来评估分割的准确性,其中包括平均精度(AA)、总体精度(OA)和 Kappa 系数。其中,AA 表示各类的平均精度,OA 是从全局的角度评价分类的性能,通过以下公式计算:

$$OA = N_T/N \tag{8-47}$$

式中:N_T 为正确分类的像元数;N 为所有像元数。

Kappa 代表分类与完全随机的分类产生错误减少的比例,可以用来评价遥感影像多分类结果的一致性和可信度,计算方式如下:

$$\text{Kappa} = \frac{N \cdot \sum_{i=1}^{C} x_{ii} - \sum_{i=1}^{C} \left[\left(\sum_{j=1}^{C} x_{ij} \right) \cdot \left(\sum_{j=1}^{C} x_{ji} \right) \right]}{N^2 - \sum_{i=1}^{C} \left[\left(\sum_{j=1}^{C} x_{ij} \right) \cdot \left(\sum_{j=1}^{C} x_{ji} \right) \right]} \tag{8-48}$$

式中:C 为类别数目;x_{ij} 为混淆矩阵中第 i 行、第 j 列上的元素。

8.4.3.2 试验结果

图 8-20 中展示了不同方法在 IP 数据集上的分类结果,图 8-20(a)~(e)属于基于补丁的方法(X-GPN 除外),它们能够有效地提取光谱空间特征,并从视觉角度获得平滑的分类结果。这些基于 FCN 的框架(例如 UNET、DLINKNET、FPGA、MSSG-U 和 DSPL)在空间细节上优于上述基于补丁的方法。相对于不同的方法,DSPL 提供了更平滑的分类,并且边缘更接近地面的真实特征。此外,与半监督学习方法(如 SSCNN、SDFL、X-GPN)相比,本方法还显示出很大的优势,因为它可以更充分地利用所有可用样本来帮助模型学习更稳健的分类特征。此外,DSPL 采用的基础模型是 DLINKNET,可以看出二者轮廓特征具有极强的相似性,但性能远高于 DLINKNET,这主要得益于三个方面,即深度监督分支网络、权重配对损失及半监督的学习策略。

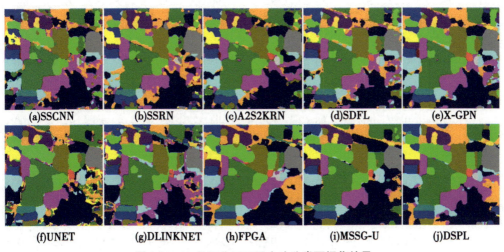

图 8-20 IP 数据集下不同方法分类可视化结果

在仅仅只有 5%的训练样本情况下,所有的分类精度均高于 94%(见表 8-7)。DSPL 在 8 个类别中实现了 100%的分类精度,它的准确率与 UNET 和 DLINKNET 相比,高出了 4%,在所有的全局学习框架中,DSPL 除纯净大豆的分类精度低于 MSSG-U 外,其他所有类别的精度均高于其他的全卷积结构。此外,DSPL 除在纯净大豆和石头/钢铁/塔楼分类精度较低外,其他类别的准确率均高于 99%,其中 AA 指标比 MSSG-U 的高了将近 3%,DSPL 之所以表现出如此优越的性能,主要在损失函数中增加了有效样本权重,使得少类别的样本在损失中更具有重要性。

表 8-7　5%样本下 IP 数据集分类结果　　　　　　　　　　　%

序号	SSCNN	SSRN	A2S2KRN	UNET	DLINKNET	SDFL	X-GPN	FPGA	MSSG-U	DSPL
1	100.00	100.00	100.00	100.00	76.74	79.07	100.00	93.02	94.00	100.00
2	94.85	94.31	91.36	99.26	95.58	93.29	97.27	96.83	98.22	99.56
3	90.41	94.70	96.75	91.62	96.70	92.10	97.46	95.43	98.08	99.49
4	100.00	93.13	95.93	96.00	86.67	78.07	96.89	95.56	98.63	99.56
5	100.00	100.00	99.51	94.32	87.55	95.90	93.45	92.58	98.50	99.34
6	90.59	95.98	95.69	94.37	99.71	99.57	99.28	96.83	99.57	99.86
7	100.00	88.89	93.33	96.00	100.00	100.00	100.00	100.00	86.36	100.00
8	96.67	91.21	99.60	99.56	98.90	99.13	100.00	100.00	100.00	100.00
9	100.00	50.00	100.00	100.00	88.24	100.00	100.00	88.24	100.00	100.00
10	90.72	96.17	94.73	94.37	94.58	97.00	96.32	98.05	94.61	100.00
11	94.20	98.51	97.39	94.34	96.48	96.39	95.67	99.19	99.18	99.87
12	92.45	86.71	94.52	93.25	89.70	94.20	99.11	97.87	97.92	95.74
13	100.00	96.08	96.08	94.33	98.97	98.48	98.97	98.45	99.49	100.00
14	95.56	99.68	99.84	99.08	99.00	99.51	99.92	99.42	100.00	100.00
15	100.00	80.82	99.43	98.63	87.16	94.32	95.90	99.73	91.04	100.00
16	100.00	95.74	97.44	85.23	96.59	96.63	94.32	98.86	94.38	96.59
OA	94.30	95.24	96.40	95.73	95.41	95.74	97.31	97.83	98.19	99.54
AA	96.43	91.37	96.97	95.65	93.29	94.60	97.78	96.88	96.87	99.38
Kappa	93.54	94.59	95.90	95.14	94.77	95.14	96.93	97.53	97.94	99.47

图 8-21 中展示了不同方法在 PU 数据集上的分类结果,尽管上述基于邻域块的方法(X-GPN 除外)在视觉上呈现了地面物体的基本轮廓特征,但分类图上仍然存在许多细小碎斑。与 IP 数据不同,PU 数据集具有更高的空间分辨率,因此空间信息对该数据集至关重要。图 8-21(f)~(j)展示了基于全卷积网络的全局分类器,这些方法能够提取完整的道路和房屋信息。而 DSPL 具有更强的特征表示,它可以提取各种地面物体的更完整的结构和更精细的边界,这主要由于多尺度的分支结构能够同时捕获粗粒度信息和细粒度信息。

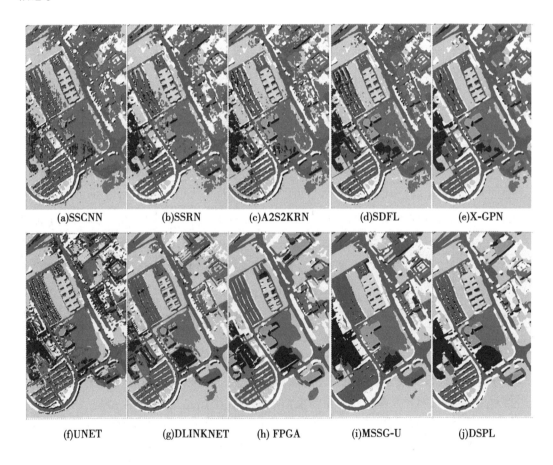

图 8-21 PU 数据集下不同方法分类可视化结果

如表 8-8 所示,DSPL 在 OA、AA 和 Kappa 中具有更高的准确度,在 5 个类别中实现了 100% 的分类准确度,尤其是在砾石中。不同方法的分类精度存在显著差异。然而,DSPL 的分类精度最高,分别比 DLINKNET、MSSG-U 和 FPGA 高出约 29%、约 15% 和约 24%。因此,DSPL 可以通过光谱空间特征有效地识别复杂砾石,这主要归功于多尺度深度监测机制,通过融合多尺度特征,可以获得语义成分完整、轮廓清晰的特征。

表 8-8　0.5%样本下 PU 数据集分类结果　　　　　　　　　　　　　　　　%

序号	SSCNN	SSRN	A2S2KRN	UNET	DLINKNET	SDFL	X-GPN	FPGA	MSSG-U	DSPL
1	98.73	99.75	99.25	98.23	98.65	97.41	97.39	97.73	99.66	100.00
2	96.36	98.83	99.53	99.75	99.92	98.00	98.82	99.08	95.67	100.00
3	100.00	100.00	100.00	100.00	99.55	100.00	100.00	98.64	100.00	100.00
4	97.90	97.44	98.36	99.24	99.83	99.92	100.00	99.66	100.00	100.00
5	100.00	99.51	100.00	99.58	100.00	100.00	100.00	100.00	100.00	100.00
6	100.00	100.00	100.00	88.31	99.03	100.00	100.00	97.08	100.00	97.40
7	97.56	98.74	98.30	96.93	98.59	92.92	94.35	97.34	89.25	98.01
8	99.50	98.10	99.75	89.33	90.69	93.20	93.65	90.18	94.78	98.73
9	91.86	94.24	89.21	94.20	92.51	96.41	95.88	94.11	97.79	98.32
10	92.69	97.01	93.86	99.91	98.97	97.85	98.28	99.91	100.00	100.00
11	92.04	94.59	99.23	99.06	97.87	93.91	99.91	98.30	100.00	100.00
12	94.20	93.11	90.52	95.30	99.23	96.16	97.01	96.58	98.53	98.46
13	97.93	98.61	94.56	95.73	97.30	95.17	93.03	88.76	90.00	97.30
14	98.60	100.00	99.30	100.00	99.75	100.00	100.00	100.00	100.00	100.00
15	98.15	97.70	97.70	100.00	99.84	100.00	100.00	100.00	99.84	100.00
OA	92.84	96.58	97.02	97.25	97.89	97.03	97.73	97.27	97.65	99.32
AA	94.50	97.03	97.30	97.04	98.12	97.40	97.89	97.16	97.70	99.21
Kappa	92.26	96.30	96.78	97.03	97.72	96.78	97.55	97.05	97.46	99.27

图 8-22 中展示了不同方法在 HU 数据集上的分类结果,从图 8-22 中可以看出,全局学习方法能够提取比较完整的道路和房屋信息,从总体上来看,DSPL 具有更强的特征表达能力,能够同时捕获大多地物的粗粒度信息和细粒度信息,但是商业用地、住宅用地及道路的分类结果容易混淆,主要是由于它们具有极其相似的光谱特征,难以通过少数样本捕获这些细粒度的空间差。表 8-9 中展示了不同分类器的评价指标,可以看出 DSPL 在 9 项类别中实现了 100%的分类精度,与其他基于全卷积的全局学习框架相比,本方法的总体准确率比 SSCNN 的方法高出约 7%,比其他全局学习框架精度高出了约 2%。可见 DSPL 在复杂的地面特征方面表现出优异的性能。

8.4.3.3　试验分析

本小节重点通过多种试验方式验证所提出的方法是否有效,包括模型参数敏感性分析、分类特征组件性能分析及运行时间分析等。

第8章 深度学习技术在田块与作物识别中的应用

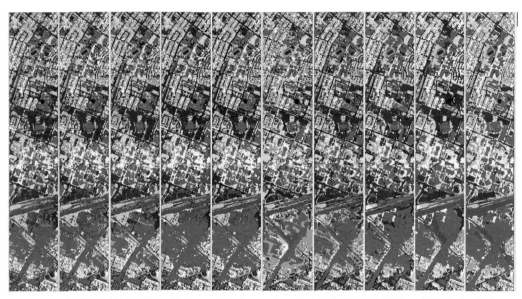

(a)SSCNN (b)SSRN (c)A2S2KRN (d) SDFL (e) X-GPN (f)UNET (g)DLINKNET (h)FPGA (i)MSSG-U (j)DSPL

图 8-22 HU 数据集下不同方法分类可视化结果

表 8-9 5%样本下 HU 数据集分类结果 %

序号	SSCNN	SSRN	A2S2KRN	UNET	DLINKNET	SDFL	X-GPN	FPGA	MSSG-U	DSPL
1	98.73	99.75	99.25	98.23	98.65	97.41	97.39	97.73	99.66	100.00
2	96.36	98.83	99.53	99.75	99.92	98.00	98.82	99.08	95.67	100.00
3	100.00	100.00	100.00	100.00	99.55	100.00	100.00	98.64	100.00	100.00
4	97.90	97.44	98.36	99.24	99.83	99.92	100.00	99.66	100.00	100.00
5	100.00	99.51	100.00	99.58	100.00	100.00	100.00	100.00	100.00	100.00
6	100.00	100.00	100.00	88.31	99.03	100.00	100.00	97.08	100.00	97.40
7	97.56	98.74	98.30	96.93	98.59	92.92	94.35	97.34	89.25	98.01
8	99.50	98.10	99.75	89.33	90.69	93.20	93.65	90.18	94.78	98.73
9	91.86	94.24	89.21	94.20	92.51	96.41	95.88	94.11	97.79	98.32
10	92.69	97.01	93.86	99.91	98.97	97.85	98.28	99.91	100.00	100.00
11	92.04	94.59	99.23	99.06	97.87	93.91	99.91	98.30	100.00	100.00
12	94.20	93.11	90.52	95.30	99.23	96.16	97.01	96.58	98.53	98.46
13	97.93	98.61	94.56	95.73	97.30	95.17	93.03	88.76	90.00	97.30
14	98.60	100.00	99.30	100.00	99.75	100.00	100.00	100.00	100.00	100.00
15	98.15	97.70	97.70	100.00	99.84	100.00	100.00	100.00	99.84	100.00
OA	92.84	96.58	97.02	97.25	97.89	97.03	97.73	97.27	97.65	99.32
AA	94.50	97.03	97.30	97.04	98.12	97.40	97.89	97.16	97.70	99.21
Kappa	92.26	96.30	96.78	97.03	97.72	96.78	97.55	97.05	97.46	99.27

1. 参数敏感性分析

为了验证参数的敏感性,分别在三个数据集上进行了测试,这些数据集在不同类别之间存在很大差异,能够有效检测模型的稳定性。在损失函数中,一些敏感性参数对于分类性能至关重要,它们分别是缩放因子 γ、类间距 m、锐化温度 T 和置信阈值 τ。在损失函数中,γ 表示一个超参数用于控制样本的分布差异,m 表示类间距用于控制决策边界的距离,γ 和 m 过高或过低都将影响模型的稳定性,因此将 γ 设置在 16~128,m 设置在 0.05~0.5。T 用于控制分类概率的分布,因此适当地降低温度 T 能够促使模型有一个较低的熵,此时通过 τ 作为最终的选择器用于获取更加可靠的伪标签。因此,将 τ 限制在一个较为可靠的范围,即 0.95~0.99,T 设置在 1~5,在此区间内分析分类精度的变化。图 8-23 中展示了各参数与精度变化曲线,从图中可以看出分类精度呈上升—下降趋势,当 $\gamma=64, m=0.3, \tau=0.97$ 和 $T=3$ 时,分类精度达到最高,参数在合理范围内没有显著影响,模型性能相对稳定。

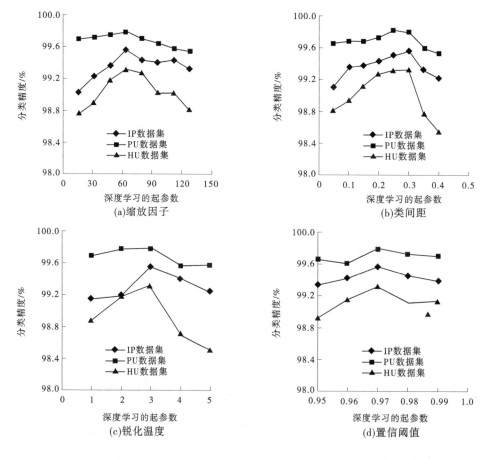

图 8-23 参数敏感性分析

2. 分类特征分析

图 8-24(b)~(d) 显示了不同尺度下分类器的输出结果,它们是自上而下依次进行上采样得到的,经过 4 倍和 8 倍上采样的分类结果具有更加完整的语义信息,而缺乏细节信

息,而经过1倍和2倍上采样的分类图则包含更清晰的边界信息,但缺乏完整的语义信息,图8-24(e)~(g)显示了不同尺度特征融合后的分类结果,将这些特征从粗到细进行融合,可以生成一个最终的更精细的显著性分类图,通过对比可以发现图8-24(g)同时具备粗粒度和细粒度信息,因此本书的分类结果也是在此基础上完成的。

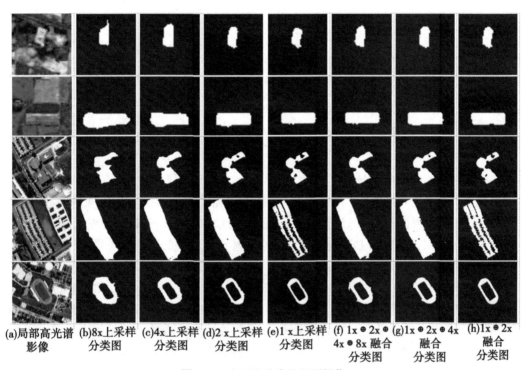

图 8-24　多尺度分类特征可视化

3. 各组件性能分析

为了更好地检验 DSSGL 的性能,对其中三个重要组件进行对比分析,它们分别是 DSGL、Pair-Weighted Loss 和 SSL-HCPL,并且通过 IP 数据集对每个模块进行了广泛的分析,该数据集各类样本差异较大,能够有效检测各项部件的性能,采用 UNET 和 DLINKNET 网络作为基线,基线方法对比结果如表 8-10 所示,表中所有测试结果均在 $\gamma=64, m=0.3, \beta=0.9999, \tau=0.97, T=3$ 情况下进行测试。从表 8-10 中可以看出,在样本量少且分布不均衡的情况下,二者分类精度均不高,但将 DSGL 引入至 UNET 和 DLINKNET 后,在仅使用常规的 Softmax loss 情况下,UNET 整体分类精度从 95.73% 增加到 97.79%,DLINKNET 分类精度从 95.41% 提高到了 98.19%,此时模型分类精度均有大幅度提升,主要由于多分支的全局学习框架能够有效学习不同地类全尺度的特征,当使用 Pair-Weighted Loss 作为目标损失时,UNET 和 DLINKNET 分类精度分别提升了 0.61% 和 0.73%,Pair-Weighted Loss 能够有效处理长尾分布的样本,并且学习难样本特征,实现梯度的灵活性优化,从而有效提升分类精度。在引入 SSL-HCPL 模块后,二者的分类精度再次提升,最终 UNET 精度指标达到了 99.32%,而 DLINKNET 更是达到了 99.54%,由此可见,通过引入半监督学习方法,能够有效利用高置信度样本数,进一步提升模型的分类性能。

表8-10 各模块性能评估

方法	DSGL	PW-Loss	SSL-HCPL	OA/%	AA/%	Kappa/%
UNET	×	×	×	95.73	95.65	95.14
	√	×	×	97.79	98.13	97.49
	√	√	×	98.40	98.48	98.18
	√	√	√	99.32	99.31	99.23
DLINKNET	×	×	×	95.41	93.29	94.77
	√	×	×	98.19	98.01	97.93
	√	√	×	98.92	98.89	98.76
	√	√	√	99.54	99.38	99.47

4. 各方法运行时间分析

表8-11给出了IP、PU和HU数据集上各种方法的运行时间,其中训练迭代都设置为1 000个时期。请注意,测试时间表示所有像素的预测成本。全局学习方法显著减少了IP数据集上的时间消耗。基于全卷积的网络比基于邻域块的网络训练得更快,尤其是在模型测试期间,基于邻域块学习的时间是全卷积学习的近40倍。在PU和HU数据集上,发现全卷积学习方法的训练时间与基于邻域块的学习方法几乎相等。然而,全局学习方法的特点是测试时间明显更短。这种情况主要源于全局学习方法中以全图像作为输入数据,从而最大限度地利用了全局上下文信息,有效地减少了重叠区域的冗余计算。因此,它可以显著缩短模型的推理时间。DSPL的训练时间与U-Net、DLINKNET和FPGA的训练时间基本相同,几乎没有额外的时间成本。因此,本书提出的方法是可靠、高效的,具有广阔的应用前景。

表8-11 不同方法运行时间对比

方法	IP 数据集		PU 数据集		HU 数据集	
	训练时间/s	测试时间/s	训练时间/s	测试时间/s	训练时间/s	测试时间/s
SSCNN	953.42	4.3	504.08	35.97	1 265.41	45.79
SSRN	612.91	3.84	321.78	22.82	812.33	36.5
A2S2KRN	723.49	4.62	388.36	34.77	1 026.36	43.48
UNET	84.21	0.13	319.64	0.14	657.11	0.48
DLINKNET	87.36	0.13	327.75	0.15	692.43	0.52
SDFL	567.23	3.89	283.13	17.83	778.67	32.91
X-GPN	915.04	0.83	3 945.18	7.46	711.84	14.07
FPGA	82.47	0.12	311.27	0.15	612.02	0.44
MSSG	39.88	0.92	164.71	7.74	575.22	23.9
DSPL	90.32	0.15	356.93	0.17	982.36	0.66

8.4.4 小结

本章提出了一种用于高光谱影像分类的深度监督伪学习框架,该网络可以通过深度监督分支输出多尺度特征,使用平均集成获得更稳健的预测。而配对加权损失的监督学习机制对小类样本更有利,可以有效地确保分类的平衡和梯度优化的灵活性。此外,半监督学习生成了更置信的伪样本,可以协同监督每个分支,使网络即使在小样本的情况下也能实现自学习和提高泛化能力。最后,在三个公开的数据集上进行了试验,结果表明,多尺度特征可以捕获丰富的粒度信息,包括粗粒度的语义信息和细粒度的细节信息。所提出的框架在给定的参数范围内表现出优异的性能。此外,与其他网络相比,本方法几乎没有额外的时间成本,因此在高光谱影像分类中显示出更具前景的应用。

在未来的工作中,我们将从以下两个方面继续扩展模型:
(1)将自适应多尺度融合模块集成到网络中,以获得更有效的预测。
(2)将探索超参数调整算法以提高网络的自动化水平。

参考文献

[1] ADEYEMI O, GROVE I, PEETS S, et al. Advanced monitoring and management systems for improving sustainability in precision irrigation[J]. Sustainability, 2017, 9(3):353.

[2] BACHMAN P, ALSHARIF O, PRECUP D. Learning with pseudo-ensembles[J]. Advances in Neural Information Processing Systems, 2014, 27.

[3] BADRINARAYANAN V, KENDALL A, CIPOLLA R. Segnet: A deep convolutional encoder-decoder architecture for image segmentation[J]. IEEE Transactions on Pattern Analysis and Machine Intelligence, 2017, 39(12): 2481-2495.

[4] BASNYAT P, MCCONKEY B, MEINERT B, et al. Agriculture field characterization using aerial photograph and satellite imagery[J]. IEEE Geoscience and Remote Sensing Letters, 2004, 1(1): 7-10.

[5] BERMAN M, TRIKI A R, BLASCHKO M B. The lovász-softmax loss: A tractable surrogate for the optimization of the intersection-over-union measure in neural networks[C]. Proceedings of the IEEE Conference on Computer Vision and Pattern Recognition. Piscataway, NJ: IEEE, 2018: 4413-4421.

[6] BUDA M, MAKI A, MAZUROWSKI M A. A systematic study of the class imbalance problem in convolutional neural networks[J]. Neural Networks, 2018, 106: 249-259.

[7] CAO Y, WANG Y, PENG J, et al. SDFL-FC: Semisupervised deep feature learning with feature consistency for hyperspectral image classification[J]. IEEE Transactions on Geoscience and Remote Sensing, 2020, 59(12): 10488-10502.

[8] CHEN S, TAN X, WANG B, et al. Reverse attention for salient object detection[C]. Proceedings of the European Conference on Computer Vision. Berlin, Germany: Springer, 2018: 234-250.

[9] CHENG T, JI X, YANG G, et al. DESTIN: A new method for delineating the boundaries of crop fields by fusing spatial and temporal information from World View and Planet satellite imagery[J]. Computers and Electronics in Agriculture, 2020, 178: 105787.

[10] CUI Y, JIA M, LIN T Y, et al. Class-balanced loss based on effective number of samples[C]. Proceedings of the IEEE Conference on Computer Vision and Pattern Recognition. Piscataway, NJ: IEEE,

2019: 9268-9277.

[11] DEBATS S R, LUO D, ESTES L D, et al. A generalized computer vision approach to mapping crop fields in heterogeneous agricultural landscapes[J]. Remote Sensing of Environment, 2016, 179: 210-221.

[12] DENG J, GUO J, XUE N, et al. Arcface: Additive angular margin loss for deep face recognition[C]. Proceedings of the IEEE Conference on Computer Vision and Pattern Recognition. Piscataway, NJ: IEEE, 2019: 4690-4699.

[13] DIAKOGIANNIS F I, WALDNER F, CACCETTA P, et al. ResUNet-a: A deep learning framework for semantic segmentation of remotely sensed data[J]. ISPRS Journal of Photogrammetry and Remote Sensing, 2020, 162: 94-114.

[14] GAO J, LIANG T, LIU J, et al. Potential of hyperspectral data and machine learning algorithms to estimate the forage carbon-nitrogen ratio in an alpine grassland ecosystem of the Tibetan Plateau[J]. ISPRS Journal of Photogrammetry and Remote Sensing, 2020, 163: 362-374.

[15] GARCIA-PEDRERO A, GONZALO-MARTIN C, LILLO-SAAVEDRA M. A machine learning approach for agricultural parcel delineation through agglomerative segmentation[J]. International Journal of Remote Sensing, 2017, 38(7): 1809-1819.

[16] GISLASON P O, BENEDIKTSSON J A, SVEINSSON J R. Random forests for land cover classification [J]. Pattern Recognition Letters, 2006, 27(4): 294-300.

[17] GRAESSER J, RAMANKUTTY N. Detection of cropland field parcels from Landsat imagery[J]. Remote Sensing of Environment, 2017, 201: 165-180.

[18] HAMIDA A B, BENOIT A, LAMBERT P, et al. 3-D deep learning approach for remote sensing image classification[J]. IEEE Transactions on Geoscience and Remote Sensing, 2018, 56(8): 4420-4434.

[19] HE K, ZHANG X, REN S, et al. Deep residual learning for image recognition[C]. Proceedings of the IEEE Conference on Computer Vision and Pattern Recognition. Piscataway, NJ: IEEE, 2016: 770-778.

[20] HEIDLER K, MOU L, BAUMHOER C, et al. HED-UNet: Combined segmentation and edge detection for monitoring the Antarctic coastline[J]. IEEE Transactions on Geoscience and Remote Sensing, 2021, 60: 1-14.

[21] HONG R, PARK J, JANG S, et al. Development of a parcel-level land boundary extraction algorithm for aerial imagery of regularly arranged agricultural areas[J]. Remote Sensing, 2021, 13(6): 1167.

[22] HOU Q, CHENG M M, HU X, et al. Deeply supervised salient object detection with short connections [C]. Proceedings of the IEEE Conference on Computer Vision and Pattern Recognition. Piscataway, NJ: IEEE, 2017: 3203-3212.

[23] HU J, SHEN L, SUN G. Squeeze-and-excitation networks[C]. Proceedings of the IEEE Conference on Computer Vision and Pattern Recognition. Piscataway, NJ: IEEE, 2018: 7132-7141.

[24] HU Z, YANG Z, HU X, et al. Simple: Similar pseudo label exploitation for semi-supervised classification[C]. Proceedings of the IEEE Conference on Computer Vision and Pattern Recognition. Piscataway, NJ: IEEE, 2021: 15099-15108.

[25] HUA Y, MARCOS D, MOU L, et al. Semantic segmentation of remote sensing images with sparse annotations[J]. IEEE Geoscience and Remote Sensing Letters, 2021, 19: 1-5.

[26] HUANG G, LIU Z, VAN DER MAATEN L, et al. Densely connected convolutional networks[C]. Proceedings of the IEEE Conference on Computer Vision and Pattern Recognition. Piscataway, NJ: IEEE, 2017: 4700-4708.

[27] JAY S, GUILLAUME M. A novel maximum likelihood based method for map depth and water quality from hyperspectral remote-sensing data[J]. Remote Sensing of Environment, 2014, 147: 121-132.

[28] JONG M, GUAN K, WANG S, et al. Improving field boundary delineation in ResUNets via adversarial deep learning [J]. International Journal of Applied Earth Observation and Geoinformation, 2022, 112: 102877.

[29] KENDALL A, GAL Y, CIPOLLA R. Multi-task learning using uncertainty to weigh losses for scene geometry and semantics[C]. Proceedings of the IEEE Conference on Computer Vision and Pattern Recognition. Piscataway, NJ: IEEE, 2018: 7482-7491.

[30] KIM Y, KIM S, KIM T, et al. CNN-based semantic segmentation using level set loss[C]. IEEE Winter Conference on Applications of Computer Vision. Piscataway, NJ: IEEE, 2019: 1752-1760.

[31] LI J, DU Q, LI Y, et al. Hyperspectral image classification with imbalanced data based on orthogonal complement subspace projection[J]. IEEE Transactions on Geoscience and Remote Sensing, 2018, 56(7): 3838-3851.

[32] LI M, LONG J, STEIN A, et al. Using a semantic edge-aware multi-task neural network to delineate agricultural parcels from remote sensing images[J]. ISPRS Journal of Photogrammetry and Remote Sensing, 2023, 200: 24-40.

[33] LI W, DU Q. Gabor-filtering-based nearest regularized subspace for hyperspectral image classification [J]. IEEE Journal of Selected Topics in Applied Earth Observations and Remote Sensing, 2014, 7(4): 1012-1022.

[34] LI X, WANG W, HU X, et al. Selective kernel networks[C]. Proceedings of the IEEE Conference on Computer Vision and Pattern Recognition. Piscataway, NJ: IEEE, 2019: 510-519.

[35] LIU B, YU X, ZHANG P, et al. A semi-supervised convolutional neural network for hyperspectral image classification[J]. Remote Sensing Letters, 2017, 8(9): 839-848.

[36] LIU B, YU X, ZHANG P, et al. Supervised deep feature extraction for hyperspectral image classification [J]. IEEE Transactions on Geoscience and Remote Sensing, 2017, 56(4): 1909-1921.

[37] LIU Q, XIAO L, YANG J, et al. Multilevel superpixel structured graph U-Nets for hyperspectral image classification[J]. IEEE Transactions on Geoscience and Remote Sensing, 2021, 60: 1-15.

[38] LONG J, LI M, WANG X, et al. Delineation of agricultural fields using multi-task BsiNet from high-resolution satellite images [J]. International Journal of Applied Earth Observation and Geoinformation, 2022, 112: 102871.

[39] LONG J, SHELHAMER E, DARRELL T. Fully convolutional networks for semantic segmentation[C]. Proceedings of the IEEE Conference on Computer Vision and Pattern Recognition. Piscataway, NJ: IEEE, 2015: 3431-3440.

[40] LUO W, ZHANG C, LI Y, et al. Deeply-supervised pseudo learning with small class-imbalanced samples for hyperspectral image classification[J]. International Journal of Applied Earth Observation and Geoinformation, 2022, 112: 102949.

[41] MASOUD K M, PERSELLO C, TOLPEKIN V A. Delineation of agricultural field boundaries from Sentinel-2 images using a novel super-resolution contour detector based on fully convolutional networks[J]. Remote Sensing, 2019, 12(1): 59.

[42] MELGANI F, BRUZZONE L. Classification of hyperspectral remote sensing images with support vector machines[J]. IEEE Transactions on Geoscience and Remote Sensing, 2004, 42(8): 1778-1790.

[43] MEYER F, BEUCHER S. Morphological segmentation[J]. Journal of Visual Communication and Image

Representation, 1990, 1(1): 21-46.

[44] MIYATO T, MAEDA S, KOYAMA M, et al. Virtual adversarial training: a regularization method for supervised and semi-supervised learning[J]. IEEE Transactions on Pattern Analysis and Machine Intelligence, 2018, 41(8): 1979-1993.

[45] PERSELLO C, TOLPEKIN V A, BERGADO J R, et al. Delineation of agricultural fields in smallholder farms from satellite images using fully convolutional networks and combinatorial grouping[J]. Remote Sensing of Environment, 2019, 231: 111253.

[46] RONNEBERGER O, FISCHER P, BROX T. U-net: Convolutional networks for biomedical image segmentation[C]. Medical Image Computing and Computer-Assisted Intervention-MICCAI 2015: 18th International Conference. Berlin, German: Springer, 2015: 234-241.

[47] ROY S K, MANNA S, SONG T, et al. Attention-based adaptive spectral-spatial kernel ResNet for hyperspectral image classification[J]. IEEE Transactions on Geoscience and Remote Sensing, 2020, 59(9): 7831-7843.

[48] SHEN Y, ZHU S, CHEN C, et al. Efficient deep learning of nonlocal features for hyperspectral image classification[J]. IEEE Transactions on Geoscience and Remote Sensing, 2020, 59(7): 6029-6043.

[49] SOHN K, BERTHELOT D, CARLINI N, et al. Fixmatch: Simplifying semi-supervised learning with consistency and confidence [J]. Advances in Neural Information Processing Systems, 2020, 33: 596-608.

[50] SU T, LI H, ZHANG S, et al. Image segmentation using mean shift for extracting croplands from high-resolution remote sensing imagery[J]. Remote Sensing Letters, 2015, 6(12): 952-961.

[51] SUN D, YAO A, ZHOU A, et al. Deeply-supervised knowledge synergy[C]. Proceedings of the IEEE Conference on Computer Vision and Pattern Recognition. Piscataway, NJ: IEEE, 2019: 6997-7006.

[52] SUN Y, CHENG C, ZHANG Y, et al. Circle loss: A unified perspective of pair similarity optimization [C]. Proceedings of the IEEE Conference on Computer Vision and Pattern Recognition. Piscataway, NJ: IEEE, 2020: 6398-6407.

[53] SUZUKI S. Topological structural analysis of digitized binary images by border following[J]. Computer Vision, Graphics, and Image Processing, 1985, 30(1): 32-46.

[54] TURKER M, KOC-SAN D. Building extraction from high-resolution optical spaceborne images using the integration of support vector machine (SVM) classification, Hough transformation and perceptual grouping[J]. International Journal of Applied Earth Observation and Geoinformation, 2015, 34: 58-69.

[55] TURKER M, KOK E H. Field-based sub-boundary extraction from remote sensing imagery using perceptual grouping[J]. ISPRS Journal of Photogrammetry and Remote Sensing, 2013, 79: 106-121.

[56] WAGNER M P, OPPELT N. Extracting agricultural fields from remote sensing imagery using graph-based growing contours[J]. Remote sensing, 2020, 12(7): 1205.

[57] WALDNER F, DIAKOGIANNIS F I. Deep learning on edge: Extracting field boundaries from satellite images with a convolutional neural network[J]. Remote Sensing of Environment, 2020, 245: 111741.

[58] WANG F, CHENG J, LIU W, et al. Additive margin softmax for face verification[J]. IEEE Signal Processing Letters, 2018, 25(7): 926-930.

[59] WANG H, WANG Y, ZHOU Z, et al. Cosface: Large margin cosine loss for deep face recognition[C]. Proceedings of the IEEE Conference on Computer Vision and Pattern Recognition. Piscataway, NJ: IEEE, 2018: 5265-5274.

[60] WANG M, WANG J, CUI Y, et al. Agricultural Field Boundary Delineation with Satellite Image Seg-

mentation for High-Resolution Crop Mapping: A Case Study of Rice Paddy[J]. Agronomy, 2022, 12(10): 2342.

[61] WANG X, SHRIVASTAVA A, GUPTA A. A-fast-rcnn: Hard positive generation via adversary for object detection[C]. Proceedings of the IEEE Conference on Computer Vision and Pattern Recognition. Piscataway, NJ: IEEE, 2017: 2606-2615.

[62] WANG Y, GU L, JIANG T, et al. MDE-UNet: A Multitask Deformable UNet Combined Enhancement Network for Farmland Boundary Segmentation[J]. IEEE Geoscience and Remote Sensing Letters, 2023, 20: 1-5.

[63] WANG Z, ACUNA D, LING H, et al. Object instance annotation with deep extreme level set evolution[C]. Proceedings of the IEEE Conference on Computer Vision and Pattern Recognition. Piscataway, NJ: IEEE, 2019: 7500-7508.

[64] WEI S, JI S, LU M. Toward automatic building footprint delineation from aerial images using CNN and regularization[J]. IEEE Transactions on Geoscience and Remote Sensing, 2019, 58(3): 2178-2189.

[65] WIEDEMANN C, HEIPKE C, MAYER H, et al. Empirical evaluation of automatically extracted road axes[J]. Empirical Evaluation Techniques in Computer Vision, 1998, 12: 172-187.

[66] XIE Q, DAI Z, HOVY E, et al. Unsupervised data augmentation for consistency training[J]. Advances in Neural Information Processing Systems, 2020, 33: 6256-6268.

[67] XU L, YANG P, YU J, et al. Extraction of cropland field parcels with high resolution remote sensing using multi-task learning[J]. European Journal of Remote Sensing, 2023, 56(1): 2181874.

[68] XU Y, DU B, ZHANG L. Beyond the patchwise classification: Spectral-spatial fully convolutional networks for hyperspectral image classification[J]. IEEE Transactions on Big Data, 2019, 6(3): 492-506.

[69] YAN L, ROY D P. Automated crop field extraction from multi-temporal Web Enabled Landsat Data[J]. Remote Sensing of Environment, 2014, 144: 42-64.

[70] YLI-HEIKKILÄ M, WITTKE S, LUOTAMO M, et al. Scalable crop yield prediction with Sentinel-2 time series and temporal convolutional network[J]. Remote Sensing, 2022, 14(17): 4193.

[71] YU C, HAN R, SONG M, et al. Feedback attention-based dense CNN for hyperspectral image classification[J]. IEEE Transactions on Geoscience and Remote Sensing, 2021, 60: 1-16.

[72] ZHANG Y, YANG Q. A survey on multi-task learning[J]. IEEE Transactions on Knowledge and Data Engineering, 2021, 34(12): 5586-5609.

[73] ZHANG Z, LIU Q, WANG Y. Road extraction by deep residual u-net[J]. IEEE Geoscience and Remote Sensing Letters, 2018, 15(5): 749-753.

[74] ZHEN M, WANG J, ZHOU L, et al. Joint semantic segmentation and boundary detection using iterative pyramid contexts[C]. Proceedings of the IEEE Conference on Computer Vision and Pattern Recognition. Piscataway, NJ: IEEE, 2020: 13666-13675.

[75] ZHENG Z, ZHONG Y, MA A, et al. FPGA: Fast patch-free global learning framework for fully end-to-end hyperspectral image classification[J]. IEEE Transactions on Geoscience and Remote Sensing, 2020, 58(8): 5612-5626.

[76] ZHONG Z, LI J, LUO Z, et al. Spectral-spatial residual network for hyperspectral image classification: A 3-D deep learning framework[J]. IEEE Transactions on Geoscience and Remote Sensing, 2017, 56(2): 847-858.

[77] ZHOU B, CUI Q, WEI X S, et al. Bbn: Bilateral-branch network with cumulative learning for long-tailed visual recognition[C]. Proceedings of the IEEE Conference on Computer Vision and Pattern Rec-

ognition. Piscataway, NJ: IEEE, 2020: 9719-9728.

[78] ZHOU L, ZHANG C, WU M. D-LinkNet: LinkNet with pretrained encoder and dilated convolution for high resolution satellite imagery road extraction[C]. Proceedings of the IEEE Conference on Computer Vision and Pattern Recognition Workshops. Piscataway, NJ: IEEE, 2018: 182-186.

[79] ZHOU Z, RAHMAN SIDDIQUEE M M, TAJBAKHSH N, et al. Unet++: A nested u-net architecture for medical image segmentation[C]. Deep Learning in Medical Image Analysis and Multimodal Learning for Clinical Decision Support: 4th International Workshop. Berlin, German: Springer, 2018: 3-11.

[80] ZHU Q, DENG W, ZHENG Z, et al. A spectral-spatial-dependent global learning framework for insufficient and imbalanced hyperspectral image classification[J]. IEEE Transactions on Cybernetics, 2021, 52(11): 11709-11723.

[81] ZHU Q, GUO X, DENG W, et al. Land-use/land-cover change detection based on a Siamese global learning framework for high spatial resolution remote sensing imagery[J]. ISPRS Journal of Photogrammetry and Remote Sensing, 2022, 184: 63-78.